U0170331

国家科学技术学术著作出版基金资助出版

大连市人民政府资助出版

太阳能转化科学与技术

Solar Energy Conversion Science and Technology

李 灿 著

科 学 出 版 社

北 京

内 容 简 介

太阳能是储量最大的清洁可再生能源，也是地球上其他可再生能源如风能、水能和生物质能等能源形式的根本来源，发展太阳能利用相关的科学与技术是人类当前和未来的重要努力方向之一。本书简述太阳能利用的科学原理与技术，重点介绍太阳能科学转化利用的多种途径和技术，以及相关科学基础知识、研究方法和前沿进展。全书共分6章，内容涵盖光科学及太阳能、自然光合过程中的光生物转化、人工光合成过程中的光催化和光电催化化学转化、光伏发电过程中的光电转化以及光热过程中的光热化学转化等。

本书是兼具学术研究和科学普及的通识性著作，可供专业科研人员及研究生作为学习或参考资料，也可供广大科学爱好者了解太阳能转化科学与技术阅读。

图书在版编目（CIP）数据

太阳能转化科学与技术 / 李灿著. —北京：科学出版社，2020.8

ISBN 978-7-03-064409-1

Ⅰ. ①太… Ⅱ. ①李… Ⅲ. ①太阳能发电－研究 Ⅳ. ①TM615

中国版本图书馆 CIP 数据核字（2020）第 023520 号

责任编辑：翁靖一 孙 曼 / 责任校对：杜子昂
责任印制：吴兆东 / 封面设计：东方人华

科学出版社 出版
北京东黄城根北街 16 号
邮政编码：100717
http://www.sciencep.com
北京中科印刷有限公司 印刷
科学出版社发行 各地新华书店经销
*
2020年 8 月第 一 版 开本：720 × 1000 1/16
2023年 6 月第三次印刷 印张：18
字数：300 000

定价：139.00 元

（如有印装质量问题，我社负责调换）

序　言

FOREWORD

能源是人类社会发展的物质基础。发展和利用可再生能源，特别是储量丰富且清洁的太阳能资源，将是建立生态文明社会、实现可持续发展的必由途径。世界各国对发展太阳能等可再生能源十分重视，发展低碳、绿色能源的呼声越来越高。我国是能源需求大国，最近十多年来，太阳能研究领域得到了快速发展，并且逐步从基础科学研究走向技术水平提升，进而实现规模化工业应用。与此同时，我国从事太阳能科学研究和技术开发的队伍也迅速壮大，社会大众也越来越关心太阳能的发展，科学引导和普及太阳能基础科学和技术知识十分必要。在此背景之下，李灿院士适时撰写了《太阳能转化科学与技术》一书。

该书全面介绍了太阳能转化的主要科学和技术，以及相关的研究方法和前沿进展，并规范了大部分评价标准。其涵盖了太阳能光伏发电、光能—化学能转化、光能—热能转化、自然光合作用等方面，在简要介绍太阳能转化的科学和技术的基础知识的同时，也引述了一些包括作者团队在内的国际学术界的部分最新研究成果作为示例。

太阳能转化的科学与技术跨越物理学、化学、生物和材料诸多学科和领域，据我所知，目前还缺乏同时包含太阳能转化各个方面内容的著作。我认为该书出版非常及时，可以满足太阳能研究领域人员快速全面了解本领域的基础知识、现状和发展趋势，特别是对于关注太阳能领域的广大科研人员、大学生、研究生、企业家和政府科技管理人员将大有裨益。

李灿院士在太阳能研究领域取得一系列科研成果，是本领域国际领衔的科学家之一，由其主笔，使得该书具有较高的权威性，必将产生较大的学术影响。值得指出的是，该书是一本优秀的通识性科学著作，写作中注意简化深奥的理论及公式推演，力求使用通俗易懂的语言阐明复杂的理论机理，并通过“碎锦补缀”穿插介绍基本概念、趣味科学故事、专用实验技术等，兼具学术性和科普性，是不可多得的图文并茂的通识性著作，对从事太阳能相关领域的研究人员和广大读者群具有重要参考价值。

中国科学院较早注意到太阳能科学研究的重要性，于 2009 年启动了“太阳能行动计划”，当时我和李灿院士共同组织了项目的实施，我们合作非常愉快，共同部署了太阳能研究的相关课题，涉及太阳能转化的多个方面，十多年来，本领域得到长足发展。特此欣然作序，相信该书的出版，会为普及太阳能科学与技术的基础知识、进一步促进太阳能等可再生能源的发展发挥重要作用！

褚君浩

中国科学院院士

复旦大学教授

中国科学院上海技术物理研究所研究员

前　言
PREFACE

随着经济社会的发展和人类物质生活水平的提高，能源的需求呈现不断增长的态势。但长期以来，全球能源主要依赖于煤炭、石油和天然气等化石能源。化石能源的过度开发和消耗，一方面致使该类能源因不可再生而逐渐枯竭；另一方面释放出大量的污染气体和温室气体，导致很多地区频现雾霾天气、极端天气等。更为严峻的是，化石能源的过度使用加速了全球生态失衡，直接危及人类社会的生存和可持续发展。为缓解日益严峻的能源和生态环境问题，发展和利用可再生能源成为全世界的共识，特别是太阳能的科学利用，受到各国政府、企业和科学家的关注。我国是能源需求大国，发展太阳能等可再生能源利用的科学与技术尤为重要。

太阳能是储量最大的清洁可再生能源，太阳每天源源不断地向地球的各个角落输送着光能。太阳能的利用本质上就是光能的利用。早在 2000 多年前，我国春秋战国时期的先哲墨子在《墨经》中就已经记载了人类对光的早期认识。直到 19 世纪末 20 世纪初，光的波粒二象性本质才为人类所认知。1905 年爱因斯坦提出光电效应理论；1954 年硅基太阳电池的成功研制，使太阳能光电物理转化的研究迅速得到人们的重视；1972 年光电催化分解水现象的发现，拉开了光能—化学能转化的光催化、光电催化研究的序幕。除此之外，人们还探索了太阳能光热转化为电能和化学能等多种太阳能转化的途径。当前，世界各国对太阳能科学研究日益重视，太阳能科学研究和技术发展十分迅速。为了普及太阳能转化科学与技术研究领域的知识，并提高该领域的研究水平，亟须一部全面综合介绍太阳能转化科学与技术的图书。

2016 年，我应能源材料化学协同创新中心［由厦门大学、中国科学技术大学、复旦大学和中国科学院大连化学物理研究所（“三校一所”）共同组建］能源化学课程负责人的邀请，在厦门大学就太阳能科学转化和技术研究的几个方面，初次给能源化学专业的学生作了讲座。此后，在中国科学院大连化学物理研究所开设了“太阳能转化科学”研究生课程，本书主要内容就是在此授课的记录和音像资料基础上整理加工而成，并采用了近年来取得的一些研究成果，旨在介绍太阳能转化科学与技术相关的原理、理论、研究方法以及最新进展。

本书定位为太阳能领域的通识性科学著作，面向对太阳能感兴趣的社会大众，特别是科研领域的广大工作者和科技管理工作者等，试图以通识科普读物的方式简明介绍太阳能科学利用所涉及的科学知识与技术路线。本书力求通俗，简化深奥的理论和公式推演，并辅之以“碎锦补缀”穿插介绍基本概念、科学故事、专用实验技术等。因而读者群可扩展到大专院校的大学生，甚至中学生群体。希望通过本书的出版，可以有效促进太阳能转化科学与技术领域的全面发展，并能够为传播科学和推动生态文明建设贡献绵薄之力。

全书共分 6 章，内容涵盖光科学及太阳能、自然光合过程中的光生物转化、人工光合成过程中的光催化和光电催化转化、光伏发电过程中的光电转化以及光热过程中的光热化学转化等。特别感谢我带领的太阳能研究团队成员和研究生在协助我核查文献、整理音像素材过程中所做的工作，他们是施晶莹、王旺银、李真、李仁贵、王秀丽、丁春梅、宗旭、于为、秦炜、傅平、陈真盘等。其中，施晶莹研究员负责联络协调出版及统筹整理书稿素材工作。也特别感谢中国科学院植物研究所韩广业研究员帮助修改了第 2 章内容。科学出版社翁靖一、孙曼等编辑对书稿的校对、修改做了大量工作，在此表示感谢。最后，感谢国家科学技术学术著作出版基金和大连市人民政府对本书出版的资助。

限于作者时间、精力和知识水平，书中疏漏及不妥之处在所难免，敬请广大读者批评指正！

李灿

2020 年立夏于大连

目　录 >>>

CONTENTS

第1章

绪　论

导　读

亘古至今，太阳通过其光辐射为地球输送着巨大的能量。从地球生命诞生、演化直到人类文明社会的建立，太阳都在自然界中起着举足轻重的作用。自然界的植物通过光合作用为地球生物提供了最基本的能量和适宜的生态环境。然而，人类社会快速增长的能源需求导致不可再生的化石能源的过度开采和利用，地球生态正在经历急剧的失衡过程。发展和利用可再生能源，特别是储量丰富且清洁的太阳能资源，将是人类建立生态文明社会、实现可持续发展的途径（图1.1）。

图1.1　蓝天白云、青山绿水的地球生态文明

1.1 光的本质和光科学

太阳作为巨大的自然光源，每时每刻都在源源不断地对外发射光能。我们每个人一出生就在光的世界里，光是自然界最普遍的现象，也是人类最早研究的自然现象之一。人类通过对光的研究发现了光的本质属性，并从科学规律的认识拓展到实际应用过程，光的研究发展成为大科学领域，并对自然科学的其他众多学科，以及工程技术领域甚至哲学领域产生深远的影响。

1.1.1 光科学发展简述

光科学是一门有悠久历史的学科，它的发展史可追溯到大约 2500 年前。据我国史料记载，人类对于光的最早认识出自我国春秋战国时期的思想家墨子（名翟，公元前 468—前 376 年）所著的《墨子》一书，即《墨经》光学八条中记载的“小孔成像”“凹面镜成像”“凸面镜成像”“光影关系”等。西方对于光的最早认识来自古希腊数学家欧几里得（Euclid，公元前 330—前 275 年），在其作品《反射光学》中也记载了光的透视、成像。直到公元 1015 年，也就是距今 1000 多年前，阿拉伯学者海赛姆（I. Haytham，物理学家和数学家，965—1040 年）的七卷本开山之作——《光学》问世，自此出现早期几何光学雏形，海赛姆也因此被誉为“光学之父”。18 世纪末至 19 世纪初，科学家们利用光的波动原理解释了光的干涉和衍射等现象，形成了波动光学。大约又历经一个世纪之后，科学家们根据热辐射、光电效应等实验结果提出光的量子性——粒子性，结合光的波动特性，提出了光的波粒二象性的学说。20 世纪中叶，光科学发展形成了几何光学、物理光学等分支学科。1960 年，世界上第一台激光器诞生，这是光科学发展史上的一个里程碑式的发明，此后光科学的发展进入现代光科学时期，光科学成为现代物理学和现代科学技术前沿的重要组成部分，并取得前所未有的飞跃式发展，出现了诸多全新的观念和全新的分支。例如，关于光的收集、传输、调制、转换、存储的光信息科学；随着对固体材料和新型光学材料的更广泛的应用，相继出现光纤、晶体材料、薄膜材料、半导体激光器及各种光电子器件；光信息技术大规模进入信息工程领域，

已经在国民经济及军事领域起着不可替代的作用。在人类孜孜不倦的探索中，对光的相关现象的研究发展成为大科学。

1.1.2　光本质的科学探索

光是什么？它是物质吗？如果是物质，那它是什么物质？是以什么样的形式存在的？这些就是关于光的本质的问题。公元17世纪，欧洲的学者对于光的粒了说和波动说展开了空前激烈的辩论，据此开始了对于光本质的科学探索并形成结论[1]。最早提出粒子说的是17世纪的科学巨匠艾萨克·牛顿（I. Newton，英国，1642—1727年），他也是光学大师，他认为光是由一颗颗像小弹丸一样的机械微粒所组成的粒子流，发光物体接连不断地向周围空间发射高速直线飞行的光粒子流，一旦这些光粒子进入人的眼睛，就引起了视觉。最早提出波动说的是和牛顿同时代的荷兰物理学家惠更斯（C. Huygens，1629—1695年），他认为光是一种机械波，由发光物体振动引起，是依靠一种特殊的名为“以太”的弹性介质来传播的现象。

粒子说首先占据上风，因为这一说法很好地解释了光的直进、反射和折射现象，通俗易懂，又能解释常见的一些光学现象，所以很快获得了人们的认可和支持。但是粒子说无法解释为什么几束在空间交叉的光线能彼此互不干扰地独立前行；为什么光线并不是永远走直线，而是可以绕过障碍物的边缘拐弯传播等现象。而这些现象恰好可以用波动说进行解释，但是波动说解释不了人们最熟悉的光的直线传播和颜色的起源等问题，所以没有得到广泛的支持。再加上当时受实验条件的限制，还无法测出水中的光速，便无法判断牛顿和惠更斯关于折射现象的假设谁对谁错。另外，牛顿在学术界久负盛名，其拥护者众多，致使粒子说盛极一时，在光学界称雄整个18世纪，貌似已经根深蒂固。

进入19世纪以后，波动说有了实验结果的强大支持。首先是英国物理学家托马斯·杨（T. Young，1773—1829年）著名的杨氏双缝实验，发现了光的干涉现象。其次是1819年法国物理学家菲涅耳（A. J. Fresnel，1788—1827年）设计了一个实验，成功地演示了光的明暗相间的衍射图样。这些实验现象都是波动说能够解释而粒子说所不能说明的。随后，法国物理学家菲佐（A. H. L. Fizeau）和傅科（J. B. L. Foucault）先后精确地测出光在水中的传播速度只有其在空气中传播速度的3/4，又一次证明了波动说的正确性。到19世纪60年代，英国物理学家和数学家麦克斯韦（J. C.

Maxwell，1831—1879 年）总结了电磁现象的基本规律，建立了电磁理论。1887 年，德国物理学家赫兹（H. R. Hertz，1857—1894 年）通过实验证实了电磁波的存在，并证明电磁波确实同光一样，能够产生反射、折射、干涉、衍射和偏振等现象。这一切使波动说压倒了粒子说，占据了主导地位。

然而，19 世纪末波动说在用于解释黑体辐射实验结果时遇到了很大的困难。英国数学家维恩（J. Venn，1834—1923 年）发现黑体温度及其辐射能与波长成反比，但是其导出的黑体单色辐射能随波长变化的分布函数公式仅在短波部分与实验结果相吻合，在长波部分有明显的偏离；英国物理学家瑞利（J. W. S. Rayleigh，1842—1919 年）和金斯（J. H. Jeans，1877—1946 年）根据经典电磁场理论和经典统计物理学中的能量均分原理导出了另一个黑体单色辐射能随波长变化的规律，但仅在长波部分与实验结果相符合，而在短波区趋于发散，这一情形被当时的物理学界称作“紫外灾难”。为了克服这一困难，1900 年德国物理学家普朗克（M. Planck，1858—1947 年）提出必须假定物质辐射（或吸收）能量不是连续地，而是一份一份地进行，只能取某个最小数值的整数倍。这个最小数值就称为能量子，辐射频率是ν，则其能量的最小数值为$\varepsilon = h\nu$。其中 h，普朗克当时把它称为基本作用量子，现在称为普朗克常量。同时导出与实验结果完全吻合的黑体辐射公式，如式（1.1）所示：

$$M(\lambda,T)=\varepsilon(\lambda,T)\frac{2\pi hc^2}{\lambda^5}\frac{1}{\exp\left(\dfrac{hc}{k\lambda T}\right)-1} \tag{1.1}$$

式中，M 为辐射能；λ为波长；T 为热力学温度；k 为玻尔兹曼常量；h 为普朗克常量；c 为真空中的光速（$c = 2.99792458\times10^8$ m/s）；$\varepsilon(\lambda, T)$为光谱发射率，理想黑体的光谱发射率为 1。普朗克常量成为判断微观量子现象的物理学基本参数，它标志着物理学从“经典幼虫”变成“现代蝴蝶”，即量子理论诞生和新物理学革命的开始，普朗克因此获得了 1918 年诺贝尔物理学奖。

1905 年，德国犹太裔物理学家爱因斯坦（A. Einstein，1879—1955 年）发展了普朗克的量子说。他首次提出光量子的概念，并赋予 $h\nu$ 真实的物理意义，建立了光子能量与光波频率的关系式$E = h\nu$，其中，E 为光子能量，h 为普朗克常量，ν 为光波频率。通过这一公式，将光的波动性和粒子性联系到了一起，并用光量子说解释了光电效应，这成为爱因斯坦获得 1921 年诺贝尔物理学奖的主要原因。另外，爱因斯坦还突破了经典力学的

束缚，提出了著名的质能方程$E=mc^2$，其中，E表示能量，m代表质量，而c则表示光速。该方程描述了物质质量与能量存在固定关系。上述两个方程成为现代物理学最著名的公式。

1923年美国物理学家康普顿（A. H. Compton，1892—1962年）成功地用光量子概念解释了X射线被物质散射时波长变化的现象（即后来为人所熟知的康普顿效应），从而使光量子概念被广泛接受和应用，1926年光量子被正式命名为光子（photon）。后来科学家们相继利用实验证明了电子束、氦原子射线、氢原子和氢分子射线都具有波的性质。在新的理论与事实面前，历经300多年的波动说与粒子说之争终以“光具有波粒二象性”初步达成共识，牛顿、惠更斯、托马斯·杨、菲涅耳等多位著名的科学家先后成为这一论战双方的主辩手，正是他们通过努力逐步揭开了遮盖在“光的本质”外面的那层扑朔迷离的面纱，即：光既是一种波也是一种粒子。

从光本质探索的发展历史可见，科学的发展绝非坦途，并且在某些特定时期变得异常艰辛，除了需要克服科学认识层面的困难，还需要突破权威认识的障碍。

1.1.3 光本质探索研究的科学意义及深远影响

光量子假设取得成功的同时，这一概念的形成亦带动了实验和理论物理学在多个领域的巨大进展，许多科学家在他们自己或前人的研究工作基础上，陆续提出量子概念。例如，玻尔在英国物理学家卢瑟福（E. Rutherford，1871—1937年）的原子有核模型基础上，结合普朗克能量子和爱因斯坦光量子假设，并在巴尔末研究结果的启发下，提出了定态假设、频率定则和角动量量子化条件，成功解释了氢原子和类氢离子的分立原子谱线结构，同时这些理论近似适用于碱金属原子光谱。但是，彼时物理学中仍有许多实验结果之间存在难以解释的矛盾，其面临的主要困难是：对于光需要有粒子说和波动说两种理论；确定原子中电子的稳定运动涉及不连续的状态。1923年，法国著名理论物理学家——德布罗意（D. de Broglie，1892—1987年）最早意识到这个问题，并且大胆地设想，人们对于光子建立起来的两个关系式会不会也适用于实物粒子？如果成立的话，实物粒子也同样具有波动性，即物质波理论，并从理论角度提出设计电子衍射实验加以证实。物理学的发展需要理论和实验两条腿向前迈进，理论这条腿已经先向前迈进了一步，这就给实验提出了研究课题。物质波理论提出后，如何从实验上证实物质波存在就成了人们关注的一个热点。1927 年，美国物理学家戴维孙（C. J. Davisson）和革末（L. H. Germer）用电子束射到镍晶体上的衍射（散射）实验证实了电子的波动性，这是荣获诺贝尔物理学奖的重大近代物理实验之一。此后，人们相继证实了原子、分子、中子等都具有波动性。这些实验证明了波粒二象性的普适意义，证实了德布罗意提出的理论设想，为物质波理论奠定了坚实基础。凭借物质波理论，德布罗意荣获 1929 年诺贝尔物理学奖。

在光的本质的科学探索历程中，参与的科学家有很多，其中不乏人类史上最伟大的科学家。图 1.2 示出的照片是 1927 年第五届索尔维会议［比利时工业化学家欧内斯特·索尔维（E. Ernest Solvay）始创的国际性学术会议］参加成员的合影，该会议堪称一场国际物理学界的群英会，在这次与会的 29 人中，有 17 人获得了诺贝尔物理学奖。在这次会议上，发生了著名的“玻爱之争”——玻尔（N. H. D. Bohr，1885—1962 年，丹麦物理学家）和爱因斯坦有关量子理论的争论[2]。这两人都是伟大的物理学家，对量子力学的发展都做出了杰出的贡献。爱因斯坦和玻尔分别因为解释光电效应问题和提出量子化原子模型而获得 1921 年、1922 年的诺贝尔物理学奖。在这场辩论中，他们围绕“上帝是否掷骰子”展开第一回合讨论。第二回合的争论发生在 1930 年于布鲁塞尔举行的第六届索尔维会议上，围绕一个著名的思想实验——“光子盒”进行。第三回合则发生在 1935 年，

图 1.2　1927 年第五届索尔维会议照片

在EPR佯谬及量子纠缠方面进行争论。正因为这两位大师的不断论战，量子力学才在辩论中发展成熟起来。光的粒子说和波动说的交替盛行，从最早的牛顿粒子说和惠更斯波动说的辩论到最后二者在波粒二象性中的统一，这一探索进程凸显了科学家们敬畏自然规律，尊重科学事实，在争论、批判以及实践检验中，勇于揭示自然规律、追求真理的科学精神。对于真理的探索是人类永无止境地进行科学研究的原动力。

光科学的建立，首先是促进了物理学科的发展。以量子力学为理论基础，固体物理很快成为物理学的一个分支，早期主要以晶体为研究对象，后来进一步建立了表面物理学和非晶态物理学，这样固体物理学相应地改称为凝聚态物理学，成为当前材料物理学的理论基础。其次，光科学的建立促进了多项极其重要的技术发明。例如，从真空二极管到电子管计算机、集成电路、超大规模集成电路的迅猛发展，其中超大规模集成电路成为现代社会的通用信息处理工具；随着激光器的发明，光电子技术诞生，发展了光通信、光存储、光纤传导、光信息处理等信息技术；等等。

光科学的建立也为哲学的发展注入了新的内容和研究对象，其中量子力学实现了波和粒子、宏观和微观、因果论和概率论的统一。这是物理学发展史上的一次大统一。它向人们提供了一种新的关于自然界的描述方法和思考方法。量子力学的一系列基本概念，如波粒二象性、物理量的不可对易性、测不准关系、互补原理等，都同传统的概念格格不入。哲学再次把这些矛盾的统一体纳入其研究范畴。

限于篇幅和写作宗旨，本书主要从能量转化的角度探讨光能的转化和利用技术，即光电、光化学、光热、光生物转化等方式。对于上述领域的问题不展开深入讨论。

1.2 太阳能与人类

太阳是地球上生命起源、演化的“第一推手”，它所释放的能量是维系地球上所有生命形式的能量来源，同时也是人类赖以生存的能源基础。太阳能取之不尽，是最清洁、最丰富的可再生能源。自然界存在的其他可再生能源，如风能、水能、海洋能等其实是太阳能产生的结果，生物质能则是植物通过光合作用吸收、转化并储存的太阳能；即使是不可再生的化石能源，也是上古时期遗留下来的光合产物的遗骸在地层下经过上亿万年的演变形成的能源，如煤、石油、天然气。因而，太阳能可以说是地球上主要能源的来源。由此可以预见，人类若能合理、高效地转化利用太阳能，将能解决所面临的能源问题。

1.2.1 太阳能与地球生命演化

150 亿年前的大爆炸导致宇宙诞生，经过大约 100 亿年的漫长时间，才演变形成了太阳系。除了太阳之外，太阳系还包含八大行星，即水星、金星、地球、火星、木星、土星、天王星和海王星。作为太阳系中唯一的恒星，太阳是当之无愧的“巨星”，其质量占整个太阳系总质量的 95%以上。地球是靠近太阳的第三颗行星，太阳是其唯一的光源。当前科学探测研究结果表明，除了地球外，太阳系其他行星上均无生命物种。即便在更大的银河系中，迄今也尚未发现具有生命活动的星球。

地球诞生于约 46 亿年前。约 38 亿年前，当地球的陆地还是一片荒芜的时候，溶解在海洋中的有机和无机物质，在太阳辐射以及闪电等外部条件激发下开始孕育出地球上最早的生命形式——原核细胞。约 35 亿年前，出现了光合细菌，此类细菌在太阳光的辐射下进行了最早的光合作用，开始释放氧气。又经过数亿年的演化过程，光合细菌被其他细胞吞噬，通过“内共生”方式创造出带有叶绿体的真核细胞，由此开始进行规模化太阳能利用，使游离态的氧气在地球大气中的含量不断增加，最终促成了地球的“大氧化事件”，为生命的多样化和向高级进化创造了生态环境。距今 2.5 亿~6500 万年前的时代，是爬行动物统治地球最鼎盛的时代，其中代表动物恐龙，统治地球时间长达约 1.6 亿年之久。随着地球大气的不断演化，约在 300 万年前，出现了早期人类，这也是地球大气演化达到一个特殊的生态平衡条件的结果。从这个角度来说，太阳光的辐射是人类生命起源的必要和关键条件，具有“第一推手”的作用。

1.2.2 太阳能及其光谱分布

太阳是位于太阳系中心的恒星，它几乎是热等离子体与磁场交织着的一个理想球体。太阳直径大约是 1392000（1.392×10^6）km，相当于地球直径的 109 倍；体积大约是地球的 130 万倍；其质量大约是 2×10^{30} kg，

是地球的 33 万倍。从化学元素质量组成（wt%，质量分数）来看，氢元素占据了约 3/4 的太阳质量（71 wt%），剩下的几乎都是氦（27.1 wt%），其余元素包括氧、碳、氖、铁和其他的重元素少于 2 wt%；从原子组成（at%，原子分数）来看，氢原子的数目占据了 91.2 at%，氦占据 8.7 at%，由此看来，太阳其实是一个巨大的“氢气球”。太阳中心温度约为 1500 万℃，压力约为 3000 亿 atm（1 atm = 101325 Pa），密度为水的 80～100 倍[3]。在如此超高温与超高压的情况下，氢发生核聚变反应：四个氢原子结合成一个氦原子，其间损失了 0.76%的质量，此微小的质量损失转化成为巨大的能量，主要以光及其他辐射形式源源不断地放射出来，这就是太阳能的源泉所在。

太阳表面的辐照度（单位面积内的辐射能量）为 63.2 MW/m^2，太阳光穿越太空、地球大气层到达地球表面的过程中（日地距离约 1.5 亿 km），辐照度不断减小。为量化太阳辐射的衰减程度，通常采用“大气质量”（air mass，简写为 AM）进行标记，如图 1.3 所示。大气质量为零（AM 0）的状态，指的是在地球外空间接收太阳光的情况，即太阳光穿越大约 1.5 亿 km 的太空到达地球大气层上界时，其辐照度衰减为 1353 W/m^2，约为太阳表面辐照度的 1/50000。这个数值可看作是一个常数（也称太阳常数），被称为大气质量零辐射（air mass-zero radiation）的标准值，记作 AM 0。太阳光辐射进入地球大气层时，由于大气臭氧层对紫外光的吸收、水蒸气对红外光的吸收以及大气中尘埃和悬浮物的散射等作用，其辐射能量衰减可达 30%以上。太阳光的入射角不同，穿过大气层的厚度就会随之变化，设

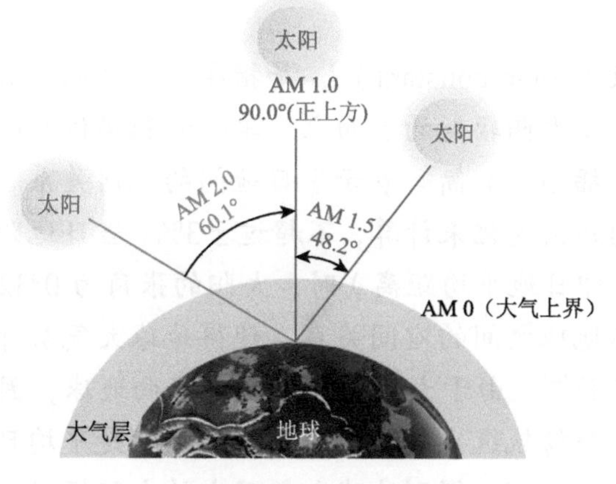

图 1.3　大气质量（AM）标记示意图

定太阳光入射光线与地面法线间的夹角为 θ 时，大气质量与 θ 的关系表达式如式（1-2）所示：

$$AM = 1/\cos\theta \tag{1.2}$$

$\theta = 0°$时，即太阳处在头顶正上方时，光线到达地表所需穿越的大气层长度最短，AM 1.0 即规定为“一个标准大气质量”，相当于晴朗夏日在海平面上所承受的太阳光；当$\theta = 48.2°$时，大气质量为 AM 1.5，是指典型晴天时太阳光照射到一般地面的情况，更接近人类生活实际状况，其辐射总量为 1000 W/m^2，故一般采用此值作为评估地面太阳能转化装置及器件、组件性能的入射光能量标准；$\theta = 60.0°$时，大气质量为 AM 2.0，即为两个标准大气质量。

为了便于对在不同时间和地点测量的太阳能转换效率进行比较，人们定义了地球表面太阳辐射的标准光谱和功率密度。地球表面的标准光谱被称为 AM 1.5G（G 是 global 的缩写，代表“全局”，包括直接辐射和散射辐射）或 AM 1.5D（D 是 direct 的缩写，代表“直接”，即仅包括直接辐射）。AM 1.5D 的辐射功率密度大致可以通过扣除 AM 0 光谱辐射的 28%（18%吸收和 10%散射）进行估算，而全局光谱辐射功率密度要比直接光谱的辐射功率密度高出约 10%。考虑四舍五入以及太阳辐射的固有变化，标准的 AM 1.5G 辐射功率密度被规定为 1000 W/m^2，成为当前测量和计算各类太阳能转换效率的标准入射光源条件。

太 阳 常 数

太阳常数（solar constant）I_{sc} 是指在平均日地距离时，在地球大气层外，垂直于太阳辐射的表面上，单位面积单位时间内所接收到的太阳辐射能。插图 1.1 简略表示了日地间的几何关系。地球轨道的偏心率以日地间距离变化来计算，不超过±3%。当日地距离等于一个天文单位距离（即日地平均距离）时，太阳的张角为 0°32′。太阳本身的特征以及其与地球之间的空间关系，使得地球大气层外的太阳辐照度几乎是一个定值[4]。由于太阳均匀地将光洒向地球，因此只需将太阳常数乘以地球公转轨道半径（1.5 亿 km，也就是平均日地距离）的虚拟球面的面积，就可以得到地球大气层上的太阳辐射总能量。

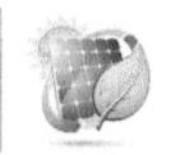

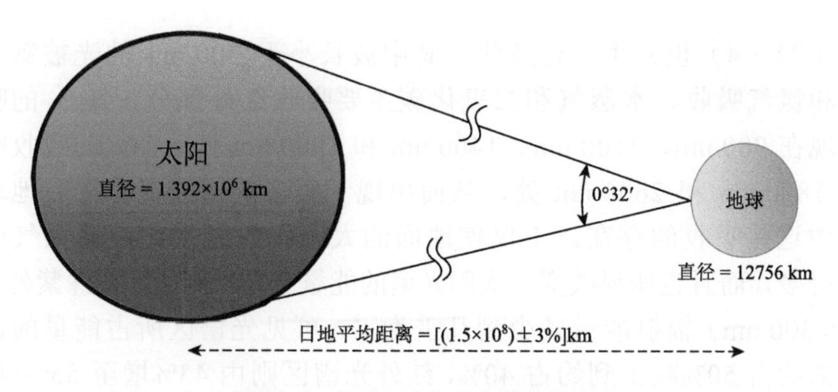

插图 1.1 地球与太阳的位置几何关系

太阳常数早期是根据地面上所测得的太阳辐射进行估算，后来将观测地点移到高山之巅以减少大气干扰，1978～1998 年的 20 年间，观测地点移到了人造卫星上，对太阳常数做出精确测定，使太阳常数的大小完全取决于发生在太阳上的物理过程。现在太阳常数一般取 1353～1366 W/m^2。

太阳光常常被认为是由七色光所组成，实际上这只是人眼可以分辨的部分，即可见光。事实上太阳光谱涵盖的波长范围很宽，从几埃（Å，1 Å = 0.1 nm）到几十米，其中 97%以上的太阳辐射能的波长位于 290～3000 nm 范围内，因而属于短波辐射。太阳可以看成是在宇宙空间中燃烧着的一个大火球，其表面温度高达 6000 K。由于宇宙是真空状态，被认为是绝热的，因此它的光谱可以看成是一个绝对黑体的辐射光谱。图 1.4 示出 AM 0 即外太空太阳的发射光谱，就是与 5778 K 的黑体辐射光谱［根据式（1.1）进行计算而得］十分接近的谱线[5]。而与黑体辐射光谱略有偏离的原因来自太阳大气层对不同波长的辐射有不同的透射率，太阳发出的白光穿过温度比它低得多的太阳大气层导致其部分谱线被吸收，因而在连续光谱的背景上分布着许多暗线，故太阳光谱实际上是一种吸收光谱。地球大气层上界太阳辐射能量的 99%以上分布在 150～4000 nm 的区间，大约 50%的太阳辐射能量在可见光谱区（波长为 400～780 nm），7%在紫外光谱区，43%在红外光谱区（波长大于 780 nm），最大能量出现在波长约 500 nm 处（蓝绿光波段）。太阳光透过地球大气层到达地表（按 AM 1.5 G 计）的辐射减弱，同时其光谱

分布（图 1.4）也发生一定变化，其中波长小于 300 nm 的光被氧气、臭氧和氮气吸收，水蒸气和二氧化碳主要吸收红外部分，H_2O 的吸收峰出现在 900 nm、1100 nm、1400 nm 和 1900 nm 处，CO_2 的吸收峰出现在 1800 nm 和 2600 nm 处，从而出现了很多的谱线“谷”。地球大气层中这些吸收的存在，不仅使地面的太阳辐射能量比地球大气层上界小得多，而且也明显改变了太阳光谱的能量分布。例如，在深紫外光谱区（＜300 nm）辐射能量减少到几乎为零，可见光谱区所占能量的比例由原来约占 50%减少到约占 40%，红外光谱区则由 43%增至 55%以上，有的季节或不同时区甚至达 60%。

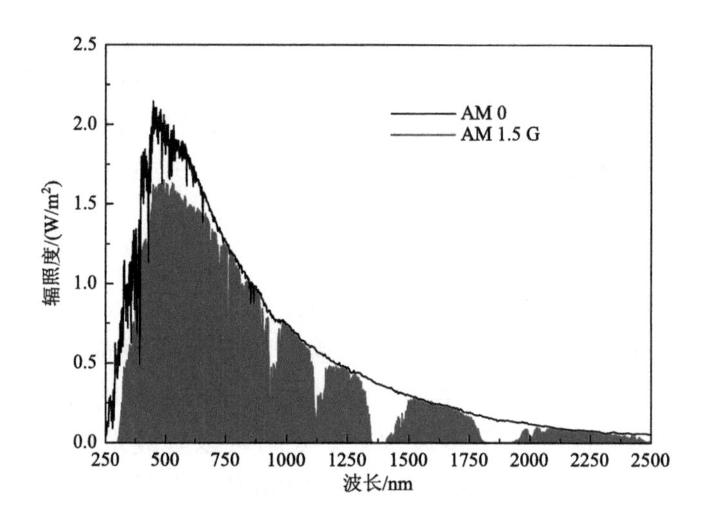

图 1.4　太阳的辐射能量分布

光子能量与光波波长的关系

描述光子能量的单位一般为“电子伏特”（eV），一个电子伏特的能量相当于把一个电子的电位提高 1V 所需要做的功，即 $1\ \text{eV} = 1.602 \times 10^{-19}\ \text{J}$。光子能量（$E$）和光波波长（$\lambda$，单位 nm）之间可以通过公式

$$E(\text{eV}) = h\nu = hc/\lambda = 1240/\lambda$$

进行相互转换，其中 h 为普朗克常量，c 为光速。

1.2.3 太阳能资源分布概况

地球上各地区接收的太阳辐射能量随地点、季节、时间和天气情况而变化。太阳能资源有以下几种评估方法。

（1）辐照度（单位：W/m^2）：被照平面单位面积上接收的辐射能量。标准太阳辐照度为 1000 W/m^2。

（2）日照时数（单位：h）：观测点的日照时间长度。我国一般所有的气象观测站都对该参数进行观测，采集辐照度≥120 W/m^2 的时间长度，即任何一个气象站都可以收集到"日照时数"的统计数据。

（3）水平面总辐射能量［单位：$kW·h/m^2$ 或者 MJ/m^2］：单位面积水平面上接收到的辐射能量。$kW·h/m^2$ 是国际上通用的单位，MJ/m^2 是我国气象站数据采用的单位，1 $kW·h/m^2$ = 3.6 MJ/m^2。我国根据太阳能水平面年总辐射能量的观测数值，将太阳能资源划分为四个等级：第一等级大于 6300 MJ/m^2，为最丰富带；第二等级处于 5040～6300 MJ/m^2 区间，为很丰富带；第三等级处于 3780～5040 MJ/m^2 区间，为较丰富带；第四等级小于 3780 MJ/m^2，为一般带。

（4）峰值小时数（单位：h）：峰值小时数 = 光伏组件上接收的总辐射量/标准太阳辐照度。从这个公式可以看出，如果"光伏组件上接收的总辐射量"以 $kW·h/m^2$ 为单位，则峰值小时数与光伏组件上接收的总辐射量具有相同的数值（但物理意义不同，单位不同）。该表示法较为直观，易于理解，成为当前被广泛采纳的太阳能资源表示方法。

下面以峰值小时数进行统计比较，介绍全球和我国陆地表面的太阳能资源分布情况。地球上大多数区域日照都比较充足，特别是非洲大部、欧洲南部、中东地区、南美洲东/西海岸、澳大利亚、美国西南部和中国西部等为太阳辐射较强的区域，平均每天峰值日照时间为 5.0～6.4 h；还有一部分地区如北美洲北部、南美洲中部、非洲中部和亚洲北部等区域的平均每天峰值日照时间保持在 3.5～5.0 h 之间；即使像北冰洋这样的高寒区域，其平均每天峰值日照时间仍在 2 h 之上，只有极少数区域的平均每天峰值日照时间不足 2 h。

我国陆地太阳能资源主要分布在北纬 22°～35°之间的地区。从东南沿海到西北内陆，太阳能辐射逐步增强，青藏高原为资源的高值中心，平均每天峰值日照时间范围为 5.4～6.2 h；内蒙古和新疆部分地区平均每天峰值日照时间为 3～5 h；四川盆地则处于低值中心，平均每天峰值日照时间在 2 h 以下。我国所接收到的太阳辐射总能量，西部高于东部；南北比较，除青藏高原外，南部低于北部，这是由我国南部地区多云、多雨的天气所致。我国平均日照时间大于 2000 h/a，陆地每年接收的太阳辐射总能量相当于 2.4×10^4 亿吨标准煤，属于地球上太阳能丰富或较丰富地区。我国具有太阳能资源商业化开发价值的陆地占全国陆地面积的 2/3 以上，可见我国是一个有条件大力发展太阳能利用的国家。

1.2.4　太阳能的特点及转化途径

太阳光作为能源，和当前普遍使用的化石能源相比，具有如下几个优点。

（1）分布广泛：太阳光普照大地，没有地域的限制。无论陆地或海洋，还是高山或岛屿，处处皆有太阳光，其可直接被开发和利用，且无需专门开采和运输。

（2）生态环境友好：太阳能是最清洁的能源。

（3）能量巨大：每年到达地球表面上的太阳辐射能约相当于 130 万亿吨标准煤，其总量相当于目前人类所利用的能源的 10000 多倍。

（4）可持续时间长久：根据目前太阳产生核能的速率估算，用于太阳核反应的氢的储量足够维持上百亿年，而地球的寿命大约为几十亿年，从这个意义上讲，可以说太阳的能量是永不枯竭的。

太阳能的缺点是能量密度低、分布不集中、不易收集，且由于地球上四季轮回、昼夜更迭、天气变化的原因，太阳能辐射呈现间歇性。

但总的来说，太阳能具有很多其他能源无可比拟的优越性，有着极其广阔的应用前景。

太阳每天向地球输送光能，因此太阳能利用的本质即太阳光能的利用。一般来讲，地球接收的太阳光，即太阳能可通过下述四种主要方式进行能量转化（图 1.5），这就是本书介绍的主要内容。

（1）光能—生物质能转化。地球上的植物利用自然光合作用固定空气中的二氧化碳和氮气，合成其自身需要的营养物质并释放氧气，从而完成光能到生物质能的转化。

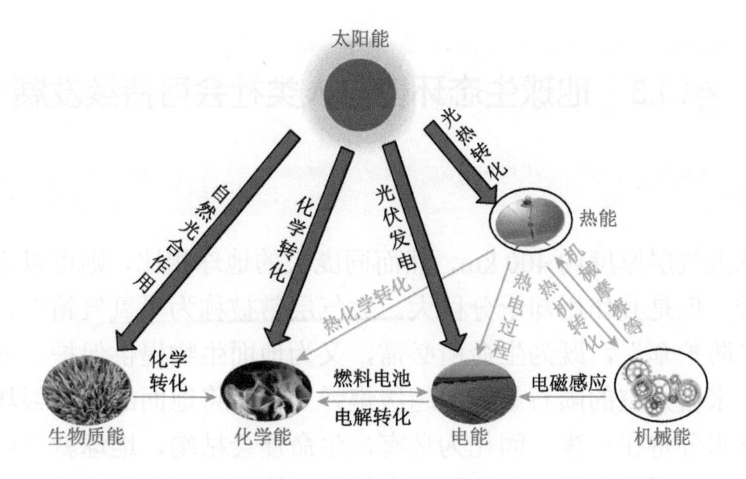

图 1.5 太阳能与其他各种能源存在形式之间的转化关系

（2）光能—化学能转化。这种转化方式主要基于人工光合成过程而进行，典型的例子如光解水制氢，而氢气使用如燃烧，放热之后又生成水，从而形成闭合循环的能量利用方式，构建一个清洁无污染、可循环再利用的能源生态体系。利用人工光合成过程将二氧化碳还原为甲烷、甲醇等太阳燃料（solar fuels）是利用太阳能将二氧化碳“变废为宝”的重要途径，属于光能—化学能转化过程。

（3）光能—电能转化过程。这一过程主要是利用光伏电池等器件将接收的太阳能转化为可以直接利用的电能。

（4）光能—热能转化过程。太阳能热的直接利用主要包括太阳能热水器、太阳灶、太阳房、太阳能高温聚热等，这些技术已经成熟，不作为本书讨论的内容。本书主要讲述太阳聚热到电能及化学能的转化利用过程，即利用太阳光聚焦产生的热量加热流体介质（如熔融盐、H_2O、空气等）驱动电机发电或通过热电效应发电，以及通过热化学反应将太阳能热转化为化学能。

当然，太阳能转化生成的这些能量之间也可以进行互相转化（图 1.5）。例如，生物质能还可以通过化学转化进一步转化为不同形式的化学能，而化学能可以通过燃料电池等形式转化为电能，电能通过电解等过程可以实现到化学能的转化，热能可以通过热机转化为机械能，机械能可以通过机械摩擦等转化为热能，机械能还可以通过法拉第电磁感应进一步转化为电能，等等。

1.3 地球生态环境与人类社会可持续发展

1.3.1 人类能源开发利用对地球生态环境的影响

地球大气层厚度约400 km，然而同庞大的地球相比，则可以说相当于一层薄带，但是其作用却十分巨大。大气层常被称为“氧气箱”、“保温罩”或“防护伞”，既为生命所必需，又为地面生物提供保护。如果没有大气层，来自太空的陨石就会像超级炮弹一样，将地面的一切毁坏殆尽，同时地球水分将在一夜之间化为乌有，生命便会枯竭，地球就会同月球、火星一样，只剩下岩石。但是地球大气层又极其脆弱多变，以大气中CO_2的浓度变化为例：人类物种刚开始出现的时候CO_2的浓度是280 ppm（1 ppm = 10^{-6}），截至2015年CO_2的浓度已上升到410 ppm，由此导致大气成分的大幅改变，给地球带来了严重的气候和环境问题。过去200年间全球气温持续升高，海平面上升，已经开始威胁到人类的生存。国际能源署（IEA）发布的2019年全球能源统计资料显示[6]，1971～2017年的约50年间，在能源结构中，煤炭使用量保持占比26%～27%，天然气从16%提升到22%，石油份额从44%降低到32%，虽然整体上化石能源使用比例略有下降，但仍然是当前世界范围内的主要能源。对于我国来说，能源结构中煤炭资源比例远高于世界平均值，而煤炭资源的利用过程中对环境造成的影响更大。有资料表明，目前全世界每年向大气排放CO_2约400亿吨，同时排放大量氮氧化物、未燃烧完全的固体小颗粒等各种污染物，造成大气、水资源污染等问题，导致地球自然生态系统失衡，从而引起海啸、厄尔尼诺等极端天气现象频发。另外，化石资源的日益耗竭，一方面导致能源短缺，另一方面时常引发局部战争。人类的活动行为使地球的生态环境遭受严重的破坏，地球家园越来越不适于人类生存，这直接威胁着人类社会的可持续发展。

1.3.2 人类社会可持续发展的能源战略

1973～1974年间爆发了中东石油危机，石油价格暴涨，在西方经济发达的石油消费国引发了能源恐慌，国际能源署就是在这样的背景下诞生的，它是由经济合作与发展组织在巴黎设立的一个政府间的能源机构，目的是促进全球制定合理的能源政策，建立一个稳定的国际石油市场信息系统，

改进全球的能源供需结构，以及协调成员国的环境和能源政策。国际能源署在《世界能源展望2006》中大力倡导要节能、发展可再生能源、保护生态环境、构建生态文明社会；《世界能源展望2016》报告显示，未来几十年全球能源结构面临转型，可再生能源和天然气将逐渐成为未来的主要能源，以满足未来25年能源需求的增长，天然气、风能和太阳能将逐渐取代煤炭成为能源主力。我国政府高度重视可再生能源的开发利用，2007年国家发展和改革委员会向全社会公布了《可再生能源中长期发展规划》，提出到2020年可再生能源消费量占能源消费总量的15%。2020年国家能源局发布的《中华人民共和国能源法（征求意见稿）》中明确将太阳能等可再生能源列为未来重点发展的方向。

为支持全球环境保护和促进环境可持续发展，世界银行于1991年设立全球环境基金，该基金会逐渐演变为一个由183个国家和地区组成的国际合作机构，其宗旨是与国际机构、社会团体及私营部门合作，协力解决环境问题。20多年来，众多国家利用全球环境基金的资金支持实施与生物多样性、气候变化、国际水域、土地退化、化学品和废弃物有关的环境保护活动，在全世界建立了大体上相当于巴西国土面积的保护区；减少了23亿吨碳排放；减少了中欧、东欧和中亚地区消耗臭氧层物质的使用；改善了33个大江大河流域和世界上1/3的大规模海洋生态系统的管理；通过改进农业耕作方式，减缓了非洲的荒漠化进程。所有这些努力对改善数百万人的生活条件和食品安全做出了贡献。

1896年，瑞典物理学家阿伦尼乌斯（S. A. Arrhenius，1859—1927年）警告说，二氧化碳排放可能会导致全球变暖。然而，直到20世纪70年代，随着科学家们逐渐深入了解地球大气系统，二氧化碳排放才引起了大众的广泛关注。1990年，第二次世界气候大会呼吁建立一个气候变化框架条约。1992年联合国政府间谈判委员会就气候变化问题达成了公约，即《联合国气候变化框架公约》，这是世界上第一个为全面控制二氧化碳等温室气体排放，以应对全球气候变暖给人类经济和社会带来不利影响的国际公约，也是国际社会在应对全球气候变化问题上进行国际合作的一个基本框架。

《联合国气候变化框架公约》缔约方自1995年起每年召开一次会议，即世界气候大会。1997年，149个国家和地区的代表在大会上通过了《京都议定书》，它规定2008～2012年，主要工业发达国家的温室气体排放量要在1990年的基础上平均减少5%～8%。2005年2月《京都议定书》正式生效。同年《京都议定书》第二阶段温室气体减排谈判启动，制定了“蒙特利尔路线图”。2009年192个国家和地区的谈判代表在哥本哈根商讨《京都议定书》一期承诺到期后的后续方案，达成了一项协议——《哥本哈根协议》。这是继《京都议定书》后又一具有划时代意义的全球气候协议书。本次世界气候大会因此被喻为“拯救人类的最后一次机会”。2015年巴黎气候变化大会成功举行，各国达成共识，争取通过控制二氧化碳减排，在21世纪末将全球温度上升限制在2℃内；制定一系列政策如设置碳交易和碳税，超出标准碳排放的企业通过购买碳排放配额来弥补。该大会通过了一项全球气候变化新协定——《巴黎协定》，涵盖了目标、资金、技术、能力建设、透明度等项目。它不仅是全球气候治理史上的重要里程碑，也为国际社会探索务实合作、包容共鉴的全球治理模式提供了有益借鉴。这是人类第一次为拯救自己的地球家园而采取的共同行动。

维持地球生态平衡的最佳做法就是不要去人为地剧烈扰动和改变它，要遵从道法自然、天人合一的自然规律，这是在我国先秦哲学家、思想家老子的《道德经》中就已有的思想。

不断注入的太阳光能量可以保持地球这个热力学半开放体系处于动态平衡，维持适合人类和地球上一切生物的生态环境。而要满足经济社会发展不断扩大的能源需求，也应从可再生能源特别是太阳能的开发利用入手，在保证能源需求的同时，维护地球生态环境的可持续发展，稳步迈向具有高度生态文明的未来。因此，太阳能科学转化利用不仅是为了满足人类日益增长的能源需求，更重要的是，它是拯救人类赖以生存的共同家园——地球生态的战略行动；这不仅是为了当下，更是为了子孙后代在地球上的繁衍生息，是人类敬畏自然、师法自然的伟大而神圣的使命。

参考文献

[1] 徐克尊，陈向军，陈宏芳. 近代物理学. 3版. 合肥：中国科学技术大学出版社，2015.

[2] 波尔金霍恩. 量子理论. 张用友，何玉红，译. 南京：译林出版社，2015.

[3] 卢昌海. 太阳的故事. 北京：清华大学出版社，2015.

[4] 达菲，贝克曼. 太阳能—热能转换过程. 葛新石，龚堡，陆维德，译. 北京：科学出版社，1980.

[5] Nelson J. 太阳能电池物理. 高扬，译. 上海：上海交通大学出版社，2011.

[6] International Energy Agency. World energy balances：overview. https://iea.blob.core.windows.net/assets/8bd626f1-a403-4b14-964f-f8d0f61e0677/World_Energy_Balances_2019_Overview. pdf[2020-5-14].

第2章

太阳能转化之自然光合作用

导读

自然光合作用（图2.1）是植物在叶绿体中通过光合酶利用太阳能将水和二氧化碳转化为有机物，并放出氧气的过程，可分为光反应和暗反应过程。在光反应中，光系统捕获光子后，在光合反应中心引起光化学反应，催化水裂解放出氧气，生成还原型辅酶Ⅱ（NADPH）和腺苷三磷酸（ATP）；在暗反应中，一系列酶利用还原力转化二氧化碳合成生物质。光合作用是地球上所有的生命活动的能量之源，是生命科学领域的重大基础科学课题，又与能源和环境问题密切相关。认识和理解光合系统的结构和功能特征，以及太阳能捕获转化与酶催化反应的协同关系，将启迪科学家设计和构建人工光合成体系。从自然光合作用到人工光合成的研究将成为合成生物学的一个重要方向。

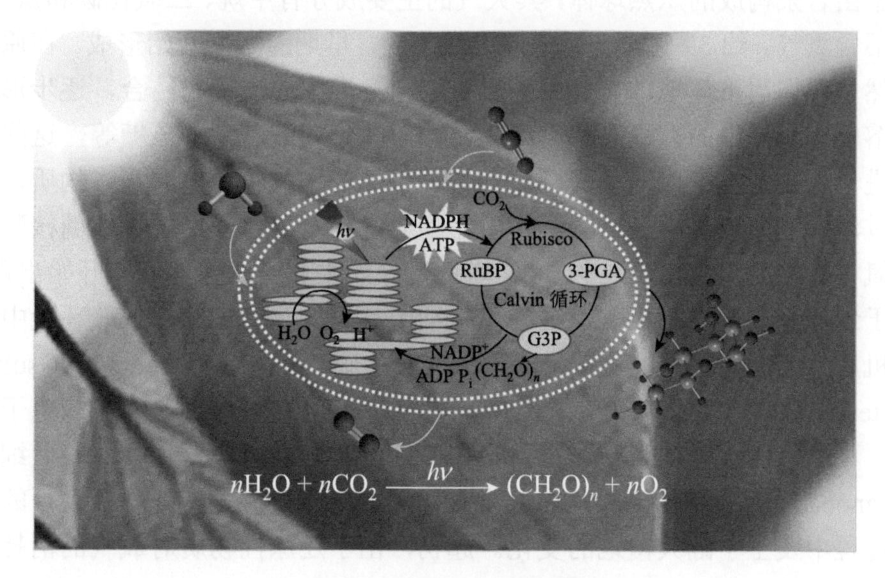

图2.1　自然光合作用示意图

2.1 光合作用概述

光合作用是光合生物利用光能将二氧化碳和水转化为有机物并释放氧气的反应过程，是地球上几乎所有生命生存和发展的基础。在这个过程中，光能被转化为化学能储存于有机物中。因此，光合作用不仅是物质转化的过程，同时也是重要的能量转化过程。其反应通式可表示为

$$nH_2O + nCO_2 \xrightarrow[\text{光合生物}]{\text{光能}} nO_2 + (CH_2O)_n \qquad (2.1)$$

光合作用的研究既是生命科学领域揭示自然奥秘的重大基础科学课题，又与能源和环境问题的解决密切相关。光合作用中太阳能转化的基本原理为人工光合成太阳燃料的开发提供了重要的理论基础。本章主要介绍光合作用中太阳能转化为化学能的相关内容。

2.1.1 光合生物演化简史

光合作用被认为是“地球上最重要的化学反应”，也是规模最大的化学反应，它在地球生物圈的形成和演化过程中占有十分重要的地位[1]。太阳系形成于距今约 50 亿年前，地球形成于距今约 46 亿年前。早期的地球是一个由岩浆构成的炽热球体，其大气的主要成分有甲烷、二氧化碳和氮气，但不含氧气。约 39 亿年前，地球逐渐冷却，早期的海洋开始形成。在原始自然条件作用下，地球大气中的无机物与海洋中的无机物结合，逐步形成了溶解在海洋中的有机质和无机物，如磷酸、核酸碱基、核糖等，这些物质进一步结合，形成氨基酸、核苷酸、单糖等构成生命体的基本物质，又经过漫长的进化过程，这些基本生命物质进一步结合，形成了核糖核酸、脱氧核糖核酸与蛋白质。约 38 亿年前，原始生命——原核细胞开始出现。由于地球大气中没有氧气，这些原核细胞都是厌氧型细胞，依赖环境中的有机质生存。随着生物进化，最早的光合生物——紫硫细菌（purple sulfur bacteria）形成，它们只有一个光系统，使用硫化物作为 CO_2 固定的电子供体，不能氧化水并放氧。约 35 亿年前，最早的放氧光合生物——蓝细菌（cyanobacteria）开始出现，通过光合作用放出氧气，并使地球在之后的进化过程中发生了翻天覆地的变化。起初，由于还原性物质对氧气的消耗，氧气在地球上并没有积累，直到地球完成氧化之后，氧气才开始逐渐积累。

约 21 亿年前，蓝细菌通过内共生的方式进入真核细胞，演化成真核细胞中的叶绿体，形成了真核光合放氧生物原始单细胞藻类，之后逐渐演化形成复杂的多细胞藻类。藻类的演化繁殖加速了氧气的生成和地球大气中氧气的积累。约 5.5 亿年前，大气中氧浓度达到 10%～16%，臭氧层开始逐渐形成。臭氧层是地球的保护层，可屏蔽大部分到达地球表面的紫外辐射，减弱其对生物的伤害，从而加速了生物的多样化演化过程。到 6 亿～2.5 亿年前的古生代，地球上陆地大面积增加，原始的亚欧大陆和北美大陆露出海面，出现了裸蕨类植物、昆虫和两栖类动物。植物的大量繁殖及气候变暖促进了光合作用的进行，使得约 3 亿年前地球大气中氧浓度超过了 30%。到 2.5 亿～0.65 亿年前的中生代，各大陆轮廓和大洋基本形成，裸子植物和大型爬行类动物开始出现，恐龙繁盛一时。中生代末白垩纪生物大灭绝事件之后，地球气候变冷，导致植物光合作用变弱，氧浓度逐渐降低到约 21%，这个时期出现了被子植物、鸟类和哺乳动物，而远古人类则出现于距今 100 万～300 万年前。可见，经过数十亿年的演化，地球上才形成了人类得以出现和赖以生存的生态环境，而放氧光合作用在这一过程中发挥了十分重要的作用[2]。

2.1.2　光合作用与生物圈

光合作用为地球上一切生命的生存和发展提供了物质和能量基础。目前，生物圈内可以进行光合作用的生物有光合细菌（蓝细菌、紫色细菌、绿硫细菌等）、低等植物（藻类、地衣等）和高等植物（苔藓、蕨类、种子植物等）。根据光合作用中氧气的释放与否，可将光合作用分为厌氧光合作用和放氧光合作用两类。厌氧光合作用主要在光合细菌（紫色细菌、绿硫细菌等）中进行，这类光合细菌是地球上最早出现、具有原始光合体系的原核生物，主要分布于水生环境中光线能照射到的缺氧区。它们将光作为能源，利用自然界中的有机物、硫化物、氨等作为电子供体进行光合作用，此过程中并无氧气放出。放氧光合作用主要在蓝细菌、藻类和高等植物内进行，这类生物以光为能源，将二氧化碳和水合成碳水化合物，并释放出氧气。放氧光合作用是进化过程中出现的高级光合作用方式，也是目前自然界中占主导地位的光合作用方式，放氧光合作用产生的氧气对形成臭氧层、维持地球大气中的氧平衡起关键性作用。

光合作用是地球生物圈形成和运转的关键环节。光合作用将光能转化为化学能储存于有机物中，为一切生物的生命活动提供必需的物质和能量。如图 2.2 所示，光合作用释放的氧气为生物高效的有氧呼吸和细胞代谢提供了前提，产生的碳水化合物为人类、动物和微生物提供了能量和物质，促进了生物向多样性进化。而生物通过呼吸作用分解碳水化合物并释放出能量，以维持自身的生命活动，同时释放出的二氧化碳可再次被光合作用利用。因此，自然界中，光合作用和呼吸作用协同完成了生物圈中最重要的物质循环：碳-氧循环。

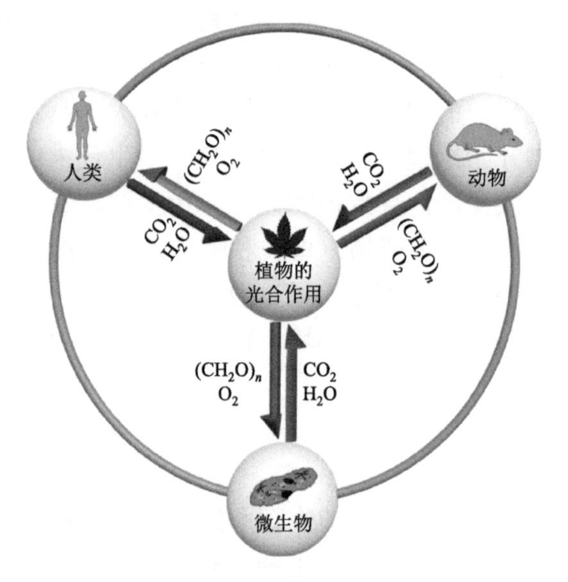

图 2.2　生物圈中最重要的物质循环：碳-氧循环

2.1.3　光合作用研究的历史

在 20 世纪以前，对光合作用的研究还处于基本认识阶段，主要是生态学上的发现。这期间，科学家逐渐认识到了光合作用主要来源于太阳光，二氧化碳和水先后被发现是光合作用的反应物质。

1772 年，英国牧师和化学家 J. Priestley 发现光照的植物可以释放后来被称为氧气的气体，这个现象被认为是人类对光合作用认识的首次发现。

1779 年，荷兰内科医生 J. Ingenhouse 发现植物在光照下产生氧气，进一步证实了 J. Priestley 的实验，植物依赖阳光放出氧气。

1782 年，瑞士科学家 J. Senebier 提出二氧化碳参与了绿色植物的光合作用。

1845 年，德国科学家 J. R. Meyer 明确地提出光合作用中植物把光能转化为化学能，淀粉是光合作用的产物。

1864 年，法国植物生理学家 J. B. Boussingault 测定了氧气释放和二氧化碳吸收之比，可以简单确定光合作用的反应式。

20 世纪，随着生理学和生物化学研究的飞速发展，光合作用的研究取得了丰硕的成果，确立了光合作用的基本理论。叶绿素化学、类胡萝卜素和维生素化学、二氧化碳还原机理、光合磷酸化机理、光合反应中心蛋白质结构解析等方面重要里程碑的进展获得了多次诺贝尔化学奖。

进入 21 世纪，随着分子生物学的发展，光合作用的研究进入了更加微观的层次。光合作用过程的水氧化放氧反应虽然早已被发现，但是水氧化的反应机理、光保护机制以及捕光复合物的能量传递机理等问题一直没有获得明确的认识。近年来，光系统Ⅱ中水氧化中心复合物锰簇结构的确定及其水氧化的反应机理成为科学家研究的重点领域。

经过 200 多年的研究历程，光合作用研究成为生物科学中一个重要领域，已经发展成了一门全面而系统的独立学科。

英国化学家 Joseph Priestley（约瑟夫·普里斯特利）

Joseph Priestley（1733—1804 年）（插图 2-1）于 1764 年获得爱丁堡大学法学博士，1766 年被推荐为英国皇家学会会员，1782 年当选为巴黎皇家科学院外籍院士。他大半生致力于气体成分的研究，发现了氧气、二氧化氮、氨等气体，著有《各种空气的实验和观察》《论各种不同的气体》。在 1772 年，他做了一个植物-蜡烛-老鼠的经典实验：在一个密闭的透明罩内，发现植物的存在可以改变空气，释放某种可以维持蜡烛燃烧以及老鼠生存的气体，由此他发现了植物在有光时，可以进行光合作用释放氧气的现象。他刻苦好学、兴趣广泛，在语言学、辩论学、物理学、神学等领域都颇有造诣，出版了《语言学原理》《口才学和辩论学讲义》《电学史》《光学史》《物质和精神的研究》等著作。为了纪念 Priestley 发现了氧气，Priestley 纪念委员会筹

插图 2.1　Joseph Priestley

集资金在美国华盛顿国家博物馆为其设立了雕像，并将剩余的资金由美国化学会创立了 Priestley 奖章。奖章由纪念委员会在美国化学会上颁发，表彰为化学科学做出杰出贡献的科学家。

2.1.4 光合作用的基本过程

光合作用的主要场所是叶绿体。藻类细胞只含有一个大叶绿体，而高等植物成熟的叶肉细胞可含有数十个甚至上百个叶绿体。叶绿体可以随着光照强度的变化在细胞内进行一定的运动，保证其在不同环境下接收到合适的光照。叶绿体外部有一层被称为被膜的生物膜结构，控制着叶绿体内外物质、能量和信息的交换。叶绿体内部由间质和类囊体组成。间质是叶绿体中的液体部分，含有光合作用中同化 CO_2 所需的所有酶类，是合成碳水化合物的场所。类囊体则是一种悬浮在间质中的膜系统，表现为两种不同的形态结构，其中类囊体膜层层垛叠的结构被称为基粒片层，而未发生垛叠的结构被称为基质片层。在类囊体膜上分布着许多进行光合作用的膜蛋白，是光合作用中光能吸收、传递和转化的场所。图 2.3 描述了叶绿体中光合作用的主要过程。

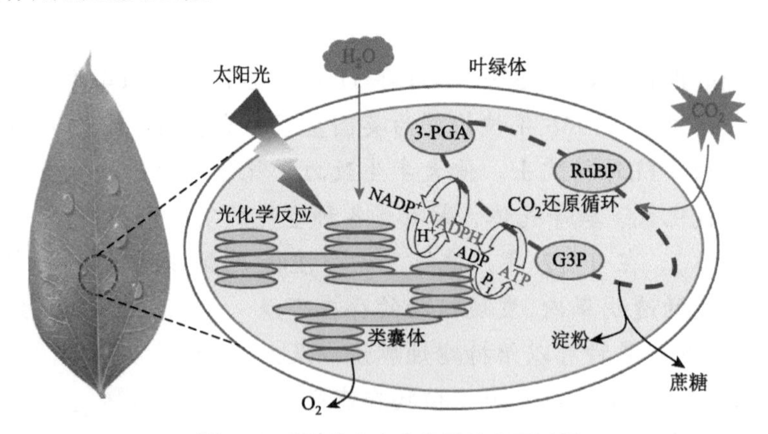

图 2.3　叶绿体中光合作用的主要过程

$NADP^+$：氧化型辅酶Ⅱ；NADPH：还原型辅酶Ⅱ；ATP：腺苷三磷酸；ADP：腺苷二磷酸；P_i：磷酸盐；RuBP：核酮糖-1, 5-二磷酸；3-PGA：3-磷酸甘油酸；G3P：甘油醛-3-磷酸

参与光合作用的膜系统：类囊体膜

生物膜是构成生命体系的基本单元，它把细胞和细胞器与周围的

介质分开，形成许多微小的具有特定功能的隔室，提供了大小、形状和微环境一定的单元。类囊体膜是一种位于叶绿体中的双层脂膜，它由糖脂、硫脂和磷脂构成，如单半乳糖甘油二酯（monogalactosyl diglyceride，MGDG）、双半乳糖甘油二酯（digalactosyl diglyceride，DGDG）、硫代异鼠李糖甘油二酯（sulphoquinovosyl diglyceride，SQDG）和磷脂酰甘油（phosphatidyl glycerol，PG）。这些脂类分子为两亲性分子，排列成双层膜时，非极性基团排列在膜内，极性基团排列在膜外，使双层脂膜具有内部疏水、外部亲水的性质。

光能的原初光化学反应过程发生在类囊体膜上，图 2.4 展示了在类囊体膜上广泛镶嵌着进行光合作用的四种光合膜蛋白：光系统Ⅱ（photosystemⅡ，PSⅡ）、光系统Ⅰ（photosystemⅠ，PSⅠ）、细胞色素 b_6f（cytochrome b_6f，Cyt b_6f）和 ATP 合酶（ATP synthase，ATPase），以及其进行光化学反应的机制。这些光合膜蛋白都是超分子蛋白复合物，蛋白主体结构上结合有光合作用所需要的大量色素、电子传递辅因子和催化中心等。这四种光合膜蛋白在类囊体膜上按照一定的规律有序分布：PSⅡ主要分布在垛叠的基粒片层区域，PSⅠ及 ATP 合酶主要分布在非垛叠的基质片层区域，Cyt b_6f 则较为均匀地分布在类囊体膜中。这种特殊的分布与四种光合膜蛋白的功能密切相关。

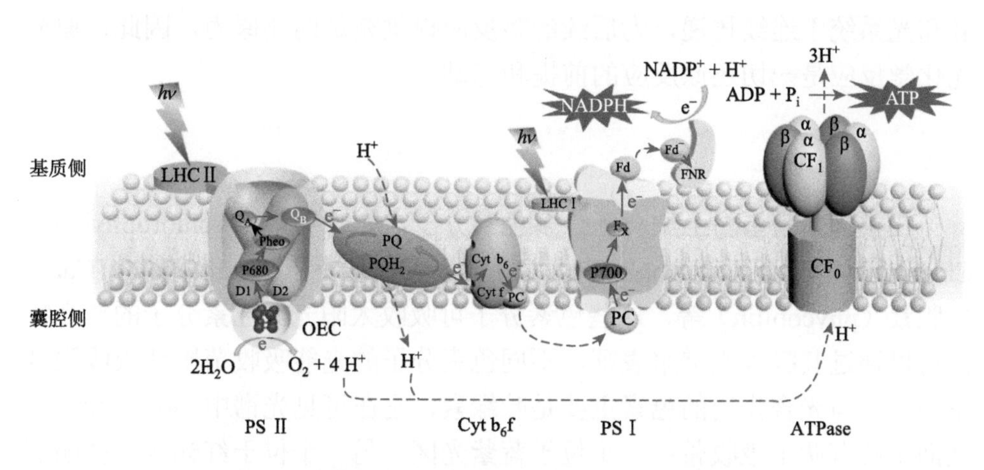

图 2.4　类囊体膜上的四种光合膜蛋白及其酶催化反应

LHC Ⅱ：捕光复合物Ⅱ；LHCⅠ：捕光复合物Ⅰ；OEC：放氧中心；FNR：铁氧还蛋白-NADP⁺还原酶

光合作用一般可分为以下四个基本过程：

（1）原初光化学反应：包括太阳光能的捕获与传递，反应中心发生光化学反应形成电荷分离态。

（2）光驱动水氧化反应：水分子在锰簇上被氧化，产生质子和电子并放出氧气。

（3）同化力的形成：在类囊体膜上，光系统（PS Ⅱ和 PS Ⅰ）利用光能产生 NADPH 和 ATP。

（4）碳同化作用：利用 NADPH 和 ATP，通过 Calvin 循环将 CO_2 转化为碳水化合物。

其中，原初光化学反应、光驱动水氧化反应和同化力的形成在类囊体膜蛋白上进行，与光直接相关，故又被称为光合作用的光反应阶段；而碳同化作用发生在叶绿体间质中，没有光的参与，被称为光合作用的暗反应阶段。

2.2 原初光能转化过程

光合作用的发生起始于光激发的原初光化学反应，核心是反应中心的光化学反应。“捕光天线”捕获光能并传递到反应中心发生电荷分离反应，光系统Ⅱ上光生电荷参与水氧化催化反应，提供源源不断的电子经光系统Ⅱ和光系统Ⅰ连续传递，为后续的暗反应提供充足的还原力，因此，原初光化学反应是一切还原反应的前提和基础。

2.2.1 太阳能的捕获与传递

在类囊体膜蛋白上结合了许多色素分子，如叶绿素 a（chlorophyll a，Chl a）、叶绿素 b（chlorophyll b，Chl b）、类胡萝卜素（carotenoid，Car）、藻胆素（phycobilin）等，这些色素分子可吸收太阳光。色素分子的捕光特性可以通过其吸收光谱来表征，不同色素分子的光能吸收范围和吸收强度不同。参与光合作用的色素主要是叶绿素，它在可见光谱中 400～700 nm 区间主要有两个吸收带：一个位于蓝紫光区，另一个位于红光区。类胡萝卜素也在光合作用中起重要作用，它的吸光范围（420～560 nm）与叶绿素互补，且能够将吸收的光能传递给叶绿素分子。

在众多的叶绿素分子中，只有少数叶绿素分子位于反应中心，即PS II的反应中心 P680 和 PS I 的反应中心 P700，它们通过光化学反应将光能转化为电化学势能。而其余大部分的色素分子位于反应中心周围，它们负责捕光，并将光能高效地传递给反应中心叶绿素，因此这些专门的捕光色素及其结合蛋白形成的复合物被形象地称为“捕光天线”。在高等植物中，每个反应中心周围的捕光天线含有 100～300 个叶绿素分子。色素分子之间的光能传递是激发态的色素分子将能量传递到周围色素分子的过程，该过程中能量传递速度非常快，在飞秒到皮秒量级（10^{-15}～10^{-12} s），效率接近 100%。

叶绿素分子吸收光子被激发，分子中的电子从基态跃迁到激发态。激发态分为单线态和三线态两种状态：基态分子的一对成对电子吸收光辐射后，被激发跃迁到能量较高的轨道上，它的自旋方向不改变（成对自旋，方向相反），电子净自旋为零，此时分子具有抗磁性，其能级不受外界磁场影响而分裂，称为单线态；当电子被激发到能量较高轨道上，其中一个电子的自旋方向发生反转，形成平行自旋的两个电子，此时分子在磁场中产生能级分裂，具有多重性，称为三线态。激发态的电子可通过三种不同的途径退激发释放能量返回基态：①以热的形式释放能量回到基态，即热耗散；②以发光的形式（荧光发射或磷光发射）释放能量回到基态，即辐射耗散，主要表现为叶绿素荧光，其寿命为纳秒（ns）量级，是电子由第一单线态回到基态时释放的能量；③发生光化学反应转化为化学能。这三个能量转化途径之间存在竞争，其中一个过程效率的提高将会抑制另外两个过程的进行。叶绿素荧光技术作为研究光合作用的重要手段得到了广泛的应用，其不仅能反映太阳光能的吸收、激发能的传递和光化学反应等原初反应过程，而且与电子传递、质子浓度梯度的建立、ATP 的合成和 CO_2 的固定等过程有关。

叶绿素荧光

叶绿素荧光是叶绿素分子吸光被激发后，从激发态回到基态的发光，用来表征光合生物的光合能量转化过程。叶绿素荧光现象是由欧洲传教士 S. D. Brewster 于 1834 年首次发现的。当一束太阳光穿过月桂叶的乙醇提取液时，溶液的颜色变成绿色的互补色——红色，且颜色随溶液的厚度变化而变化，这是历史上对叶绿素荧光及其重吸收现象的首次记载。1852 年，G. G. Stokes 认识到这是一种光发射现象，并使用了“fluorescence”一词。1931 年，H. Kautsky 和 A. Hirsch 用肉眼观察并记录了叶绿素荧光诱导现象，他们将暗适应的叶子照光后，发现叶绿素荧光强度随时间而变化，并与 CO_2 的固定有关。此后，人们对叶绿素荧光诱导现象进行了广泛而深入的研究，并逐步形成了光合作用荧光诱导理论，该理论被广泛应用于光合作用研究。为表彰 H. Kautsky 在这一研究中的杰出贡献，叶绿素荧光诱导现象也被称为 Kautsky 效应。1983 年，德国科学家 U. Schreiber 等结合调制技术和饱和脉冲技术研制了世界上第一台脉冲振幅调制荧光仪，利用该仪器可测量叶绿素荧光基础参数和荧光猝灭参数等，进而计算 PS Ⅱ 的最大量子效率和非光化学猝灭参数等。

2.2.2 光化学反应

原初光能转化过程是光合作用的首要及核心过程。捕光色素分子吸收太阳能后，能量被进一步传递到 PS Ⅱ 和 PS Ⅰ 的反应中心，引发原初光化学反应，产生电荷分离，将光能转化为电化学势能，形成强氧化性的光生空穴和强还原性的光生电子。光化学反应的速率特别快，在皮秒（ps）尺度发生，而荧光发光过程在纳秒（ns）尺度发生，在一般情况下，原初光化学反应更为高效，因此基本观测不到荧光的产生。光合膜蛋白 PS Ⅱ 和 PS Ⅰ 是原初光能转化过程的核心，二者以串联的方式协同作用并相互衔接，将原初光化学反应形成的电化学势能经过特殊的电子传递链转化为化学能。由于能级图中电子传递链的形状像英文字母“Z”，因此被称作“Z 链”。图 2.5 描述的 PS Ⅱ 和 PS Ⅰ 的 Z 链电子传递过程中，H_2O 是最初的电子供体，$NADP^+$是最终的电子受体，其间有许多分布于 PS Ⅱ 和 PS Ⅰ 上紧密连接的电子传递体，电子通过多个快速的氧化还原反应进行逐级传递。这种电子传递过程使电子与空穴迅速分离，并极大地抑制了电荷复合，使原初光能转化过程的量子效率接近 100%，为光合作用太阳能转化提供了结构基础。因此，对 PS Ⅱ、PS Ⅰ 以及电子传递过程的深入研究与认识，对理解自然光合作用及发展人工太阳能转化技术都具有极其重要的意义。

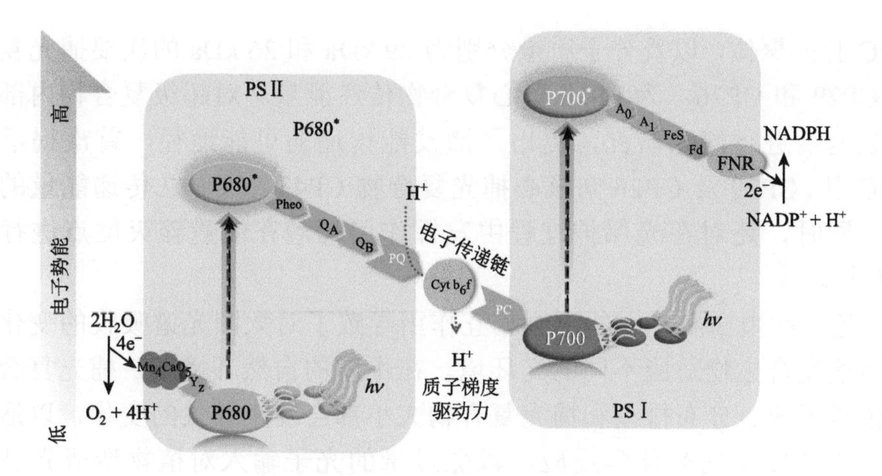

图 2.5　光合作用中光合电子传递 Z 链

2.3　光系统Ⅱ

光系统Ⅱ（PS Ⅱ）是光合作用中产生氧气的部位，也是原初光化学反应发生的部位之一，在光合反应中占有十分重要的地位。PS Ⅱ通过捕光色素吸收光能，激发底物水分子的分解，产生电子和质子并释放氧气。受体侧的质体醌（plastoquinone，PQ）分子被电子还原，所以 PS Ⅱ可被视为水-质体醌的氧化还原酶。对于 PS Ⅱ的结构与功能的研究受到科学界的广泛重视，随着分析表征技术的快速发展，目前科学研究对 PS Ⅱ的结构及功能的认识已经越来越清晰[3-7]。

PS Ⅱ是一种二聚体色素蛋白超分子复合物，一般包含外周捕光复合物和核心捕光复合物两大部分，总分子质量超过 1000 kDa。

2.3.1　捕光复合物的能量传递过程

高等植物 PS Ⅱ中的外周捕光复合物是一种结合了叶绿素 a 和叶绿素 b 的捕光色素蛋白复合物，即捕光复合物Ⅱ（light-harvesting complex Ⅱ，LHC Ⅱ），是 PS Ⅱ的主要捕光部分。但是，能量的传递途径多年来一直还没有得到清晰的认识。2016 年柳振峰等通过单颗粒冷冻电镜技术，在 3.2 Å 分辨率下解析了菠菜 PS Ⅱ-LHC Ⅱ超级膜蛋白复合物的三维结构，发现在高等植物菠菜 PS Ⅱ核心复合物的外周，结合了主要捕光复合物

LHC Ⅱ三聚体，以及分子质量分别为 29 kDa 和 26 kDa 的次要捕光复合物 CP29 和 CP26，为 PS Ⅱ核心复合物传递能量。对超级复合物内部的色素网络进行深入研究，提出了激发能传递的可能途径，首次揭示了 LHC Ⅱ、CP29 及 CP26 向核心捕光复合物 CP43 或 CP47 传递能量的途径。同时，还对在光保护过程中发挥作用的潜在能量猝灭位点进行了定位[8]。

色素和蛋白质之间的不同相互作用导致了对太阳光谱吸收的变化，从而使光合生物适应不同的光环境。在不同的自然环境下，捕光复合物的色素组成、分布排列和捕光复合物大小都会发生较大的变化，以适应反应中心发生的光化学反应，以免过量的光子输入对植物造成光破坏等情况。LHC Ⅱ中的能量传递包括从 Chl b 到 Chl a 的激发能传递、从 Chl a 到 Chl a 的激发能传递、叶黄素与叶绿素分子间的能量传递以及 LHC Ⅱ单体之间的激发能传递等。邻近叶绿素分子之间的能量传递时间尺度为 100～300 fs，激发能从捕光复合物传递到反应中心的时间尺度为数飞秒至数皮秒，且这些能量传递过程的效率都为 90%～100%，即捕光复合物对光能的捕获及传递过程非常快速高效，这也为光合作用的高效进行提供了保障。

激发能如何在色素分子间进行传递？

目前已经提出的色素分子之间激发能的传递机制主要有两种，其一为 Förster 共振能量转移（Förster resonance energy transfer，FRET）机制，即偶极振荡耦合机制，其二为激子作用机制。

偶极振荡耦合机制中的能量传递是一种非辐射共振传递过程，可在同种或不同种色素分子之间进行。当相邻色素分子之间的距离较远（大于 10 nm），分子相互作用能远小于分子之间的振动能时，激发能以偶极-偶极振荡耦合的方式进行传递，该过程不涉及电子的转移。这种能量传递的时间尺度一般为纳秒量级，可使能量给体的激发态寿命急剧缩短，在多种可能的衰变中占有优势。插图 2.2 示意了 Förster 共振能量转移机制。

激子作用机制常发生在同种色素分子之间，仅适用于分子间距小于 2 nm 的情况。由于色素分子之间的距离足够近，分子之间的电子云相互

作用，两分子激发态发生线性叠加，产生两个新的激子波函数。此时，激发能在相邻激子态之间的振荡只在瞬间定域。激子能量传递的时间尺度一般为亚皮秒和飞秒量级。插图 2.3 示意了激子作用机制。可见，激发能的传递以何种机制进行取决于色素分子间的距离和取向，共振传递适用于长距离的弱相互作用，激子传递适用于短距离的强相互作用。

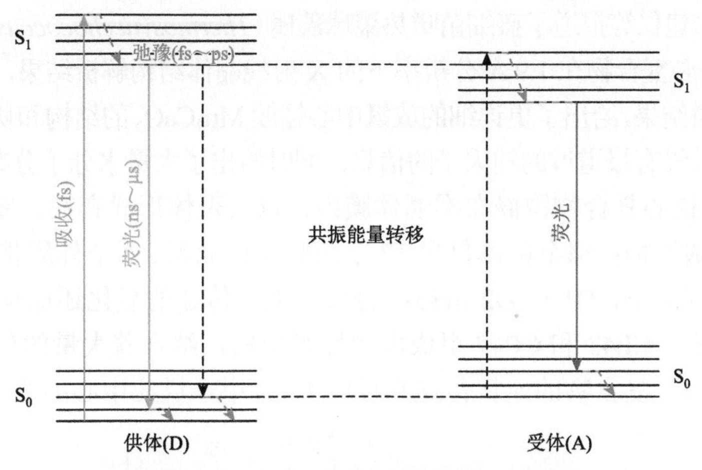

插图 2.2　Förster 共振能量转移机制示意图

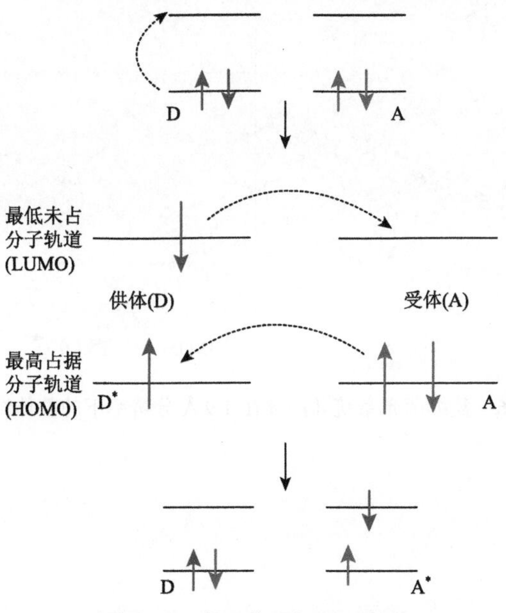

插图 2.3　激子作用机制示意图

LHC Ⅱ除了负责光能的吸收与传递外，还有维持类囊体膜的结构、调节激发能在 PS Ⅱ和 PS Ⅰ之间的分配以及耗散多余的能量以保护植物免受光损害等作用。

2.3.2 PS Ⅱ核心复合物结构

光系统及其捕光蛋白复合物的三维结构一直是结构生物学家关注的重点。2011 年，沈建仁等报道了蓝细菌嗜热聚球藻属（*Thermosynechococcus vulcanus*）的 PS Ⅱ核心复合物在 1.9 Å 分辨率下的 X 射线晶体结构解析结果，这是迄今最高的分辨结果，给出了更详细的放氧中心锰簇 Mn_4CaO_5 的结构和协同环境以及其他之前没有报道过的辅因子的信息，同时给出了大量水分子分布信息。

PS Ⅱ核心复合物镶嵌在类囊体膜内，以二聚体形式存在。图 2.6 描述了其详细的结构：每个单体包含 17 个跨膜蛋白亚基、3 个外周蛋白亚基和一系列的辅因子，D1 和 D2 蛋白结合参与电子传递的氧化还原辅因子构成了反应中心，CP43 和 CP47 组成内周捕光蛋白，结合着大量的色素分子，吸收外周捕光复合物的能量传递到反应中心，用于反应中心的光化学反应。

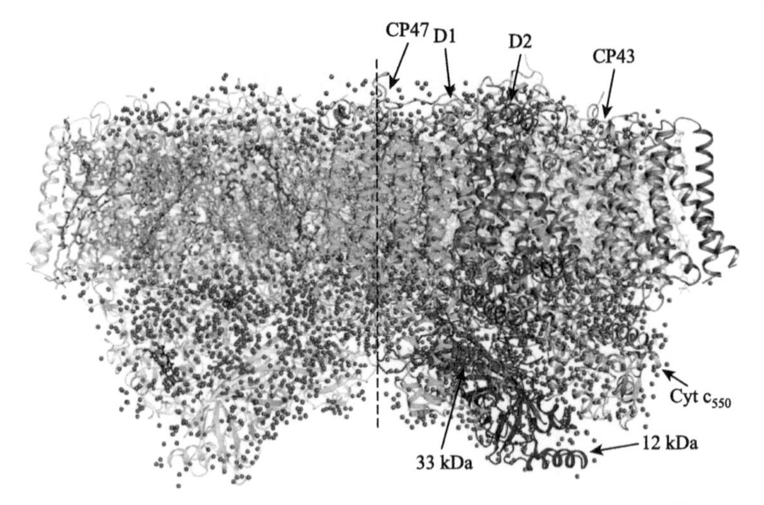

图 2.6 蓝细菌光系统Ⅱ晶体在 1.9 Å 分辨率下的整体结构[9]

解析光合体系蛋白三维结构的先进技术

1. X 射线衍射技术

X 射线衍射技术是研究生物大分子三维结构时最常用的方法，也

是用于确定光系统结构组成的基本方法。当 X 射线照射在 PS Ⅱ或 PS Ⅰ的蛋白单晶上时，可在各方向产生衍射。通过记录衍射的强度并解析出衍射的相位，可得到结构因子 F，再通过以结构因子为系数的傅里叶变换可计算出晶胞中某一点的电子云密度。在获得全部三维空间的电子云密度分布后，对电子云密度图进行解析、辨认和构建结构模型，最终获得蛋白在原子水平的三维结构。

2. 冷冻电子显微镜

冷冻电子显微镜（简称冷冻电镜，cryo-EM）可以在原子级分辨率下获得生物分子的三维结构，成为一种高效地解析生物蛋白结构的方法，尤其是对不易结晶的生物样品，更是不可或缺的结构表征方法。冷冻电镜是先将生物分子进行超低温处理，然后保持超低温进入电子显微镜系统，记录样品的图像数据。由于快速降温使生物分子周围的水呈玻璃态，形成无定形的冰，生物分子在真空条件下也可以保持天然形态，有效降低辐照的影响，实现高分辨率成像。在这种状态下，得到的数据经过单粒子三维重构算法分析获得高分辨率的蛋白质三维结构。2017 年，瑞士的 J. Dubochet、美国的 J. Frank 和英国的 R. Henderson 三位生物物理学家，因在冷冻电镜领域做出的卓越贡献获得诺贝尔化学奖。

内周捕光蛋白 CP47 和 CP43 是与 PS Ⅱ的反应中心紧密结合的捕光色素蛋白。CP47 和 CP43 由 6 段跨膜 α 螺旋和 5 段位于基质侧和囊腔侧的亲水环组成，其上所含的组氨酸残基都分布在螺旋内，位于膜表面，用于结合叶绿素分子。CP47 和 CP43 上只结合了 Chl a 和 β-Car 分子，并没有结合 Chl b，它们可将外周捕光蛋白 LHC Ⅱ传递来的光能汇集到反应中心，以引发原初光化学反应。此外，内周捕光蛋白还有助于维持 PS Ⅱ放氧复合物的结构，并参与水氧化反应。研究表明，CP47 通过其囊腔侧最大疏水环 E 环与稳定锰簇的 33 kDa 蛋白相连，其囊腔侧的疏水环 C 环也与放氧有关；CP43 也通过其最大疏水环 E 环与 33 kDa 蛋白相连，E 环中任何区段的缺失都会导致放氧活性的丧失。

D1 和 D2 蛋白是反应中心的主要蛋白成分，各含有 5 段跨膜 α 螺旋，其上结合的色素有 Chl a、脱镁叶绿素（phaeophytin，Pheo）和 β-Car。色素分子在蛋白上的有序排列和特定取向是其发挥重要生物功能的基础。PS Ⅱ含有约 200 个 Chl a 分子，但其中仅有 1～2 个具有电荷分离的活性，由它们所处的特殊环境和存在状态决定。这种在 PS Ⅱ中可以发生电荷分离的 Chl a 被称为 P680。D1 和 D2 蛋白上还结合了进行电子传递的一系列辅因子：酪氨酸（Tyr_Z）、Pheo、质体醌 A（plastoquinone A，Q_A）、非血红素铁（non-heme Fe）和质体醌 B（plastoquinone B，Q_B）。D1 和 D2 蛋白是发生原初光化学反应和电子传递的重要部位，其中 D1 蛋白结合的辅因子主要用于原初光化学反应及后续的电子传递，D2 蛋白结合的辅因子主要用于光保护机制中的电子传递。

光合反应中心结构鉴定

德国科学家戴森霍弗（J. Deisenhofer）、胡贝尔（R. Huber）和米歇尔（H. Michel）成功解析了细菌光合反应中心的立体结构，并阐明了光合作用的进行机制，因而共同荣获 1988 年诺贝尔化学奖。1982 年，米歇尔首次从紫色细菌中成功提取了可供 X 射线衍射结构分析的光合反应中心膜蛋白结晶，为揭示其立体结构打下了基础。之后，三位科学家经过四年的努力，通过 X 射线衍射结构分析方法最终测得了高分辨率的反应中心三维空间结构。研究发现，光合作用中涉及多种辅因子（四种叶绿素 a 分子、两种不同的醌、一种非血红素铁和一种细胞色素），这些辅因子逐次排列在蛋白亚基上，将叶绿素分子吸收光子后激发产生的电子从类囊体膜的一侧传递到另一侧，最终将光能转化为化学能。

2.3.3 PS Ⅱ光化学反应和电荷传递

PS Ⅱ反应中心的 P680 接收捕光色素传递来的光能后被激发，产生电荷分离，形成激发态（P680*）。接着 P680*将一个电子传递给电子受体，从而将光能转变成化学能，这就是原初光化学反应的基本过程，而之后的电子传递过程并不是真正的光化学反应。单独的反应中心的色素分子吸光有限，光化学反应速率很低，在低光强时每分钟才发生几次电荷分离，而捕光天线可以吸收大量的光能并传递给反应中心，使反应中心的光反应速率

提高到每秒数百次，整个光合作用过程得以高速运行。电荷分离之后，光生电子的传递也快速进行[10]，光生电子迅速传递给 Pheo（约 3 ps），再逐级传递给 Q_A（约 300 ps）和 Q_B（约 300 μs）[11]，最后传递给质体醌；而氧化态的 $P680^+$则从 Tyr_z 得到电子回到基态（20～250 ns），被氧化的 Tyr_z 作为氧化剂在锰簇外围参与水氧化反应。这种光生电荷在空间上朝相反方向的快速转移避免了光生电荷的复合，保证了高达 94%～100%的电子传递效率以及 100%的量子效率。快速的原初光化学反应均始于单线激发态，寿命较长的三线激发态并不参与原初光化学反应，而是在防御光破坏中发挥作用。

光合作用研究技术：超快时间分辨光谱

由于原初光化学反应过程的电子传递过程很快，可至皮秒量级，超快时间分辨光谱方法就成为实时研究光系统中能量传递和电子传递微观过程的主要手段。该方法通过检测不同激发波长下不同光谱波段的瞬态信号变化，从而得出各阶段电子传递和能量传递的时间尺度。泵浦-探测（pump-probe）技术是时间分辨光谱技术中最具代表性的技术之一，即用泵浦光激发样品，再用探测光对样品进行检测。其基本原理如插图 2.4（a）所示，在 $t=0$ 时刻，用脉冲光源作为泵浦光激发样品产生瞬态物种（如光生电子等），再在不同时刻用探测光检测样品信号（如吸光度、拉曼散射强度）的变化，即得到被探测物种数量随时间的变化。近年来，随着光电技术和计算机技术的发展，时间分辨率从纳秒提升到飞秒，光谱手段涵盖了吸收光谱、荧光发射光谱和拉曼光谱等，这使得对光系统工作机理的研究不断深入。使用光程差手段，可实现飞秒时间尺度时间分辨光谱的采集测试，如插图 2.4（b）所示，飞秒激光经分束器后分成两束光，一束光经过光学参量放大器后，选择合适波长的光作为泵浦光，另一束用于产生探测光。通过调变两束光的光程差来改变泵浦光和探测光到达样品的时间，从而得到不同时刻的瞬态信号的变化。使用光程差进行时间控制的技术，一般时间范围可在飞秒至纳秒量级。

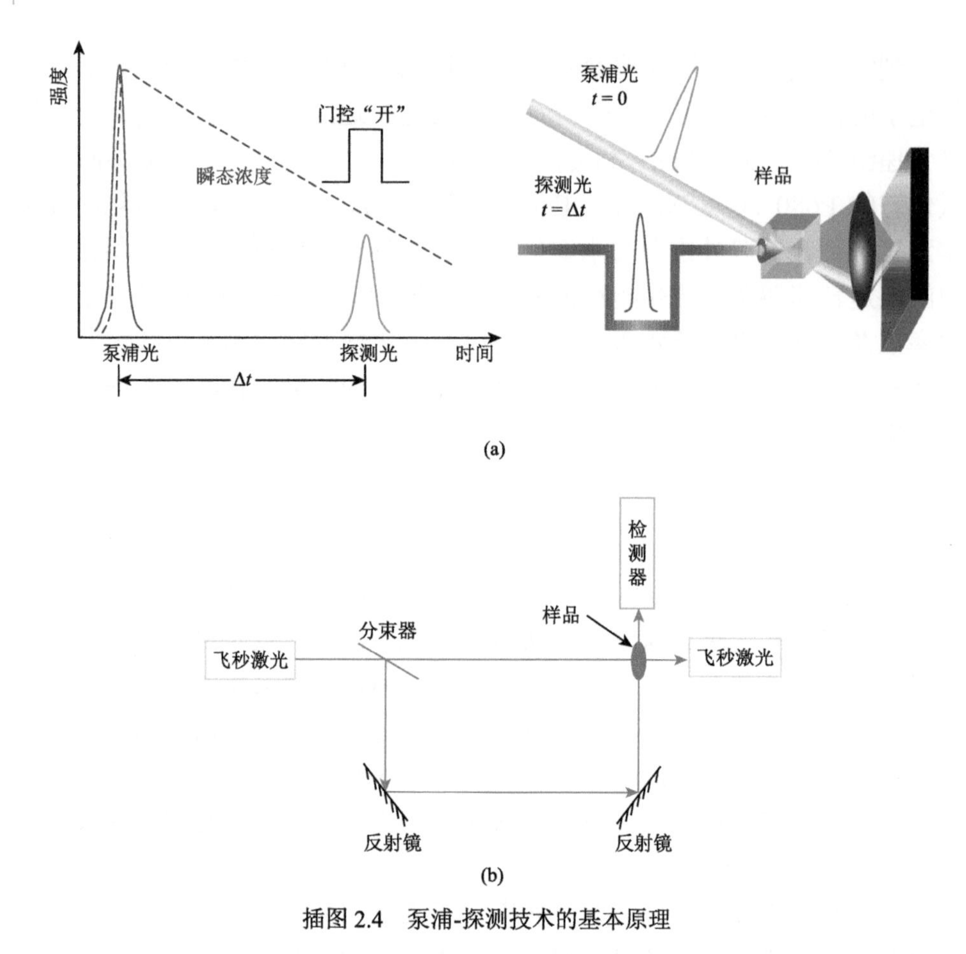

插图 2.4　泵浦-探测技术的基本原理

2.3.4　放氧中心结构及水氧化反应

水的氧化是多电子转移的反应，在人工催化剂上实现光驱动氧化水反应非常困难，而光合生物可以利用光能在温和条件下进行，因此光合作用中水氧化的反应一直是备受结构生物学家和化学家关注的焦点课题[12]。水的氧化反应由 PS Ⅱ中的放氧中心（oxygen-evolving center，OEC）催化完成，OEC 的主体是一个 Mn_4CaO_5 团簇，又被称作锰簇。对 OEC 结构的研究经过了一个漫长的过程，人们最初发现 Mn 原子对于光合放氧过程十分重要，之后逐步确定 OEC 是由 Mn、Ca、O 原子组成的簇结构，到现在已可以准确测得 Mn、Ca、O 各原子的位置及相关键长键角。近年来，随着结构解析技术的发展，研究者在高等植物 PS Ⅱ和蓝细菌 PS Ⅱ的晶体结构

的研究方面取得了重大进展，分辨率从 3.8 Å 到 1.9 Å 的蓝细菌 PS Ⅱ晶体结构被陆续报道[8, 13]。沈建仁等在 2011 年报道了 1.9 Å 分辨率下嗜热蓝细菌 PS Ⅱ的晶体结构，这是目前获得的最清晰的放氧中心复合物的原子级结构（图 2.7）。随后，沈建仁等运用 X 射线自由电子激光，首次揭示了自然界光合水裂解中心锰簇在反应起始状态的天然结构。锰簇的原子组成为 Mn_4CaO_5，大小约为 0.5 nm×0.25 nm×0.25 nm，其立体结构像一把不对称的椅子，Mn 原子和 Ca 原子之间通过 O 原子连接，Mn—O 键和 Ca—O 键的键长和相邻键的键角数据都已测得。研究还解析了锰簇外周连接的氨基酸残基组分以及水分子在锰簇上的连接部位，其中 Mn4 原子上结合了两个水分子，Ca 原子上结合了两个水分子。这些结构信息为推测锰簇上的水氧化机理提供了重要依据。此外，在类囊体腔一侧，锰簇外周还结合有三个膜外蛋白亚基 PsbO、PsbP 和 PsbQ（蓝细菌内为 PsbO、PsbU 和 PsbV），它们具有保护及稳定锰簇结构的重要作用，这三个膜外蛋白亚基（特别是 PsbO）的缺失会导致放氧中心的失活[9]。

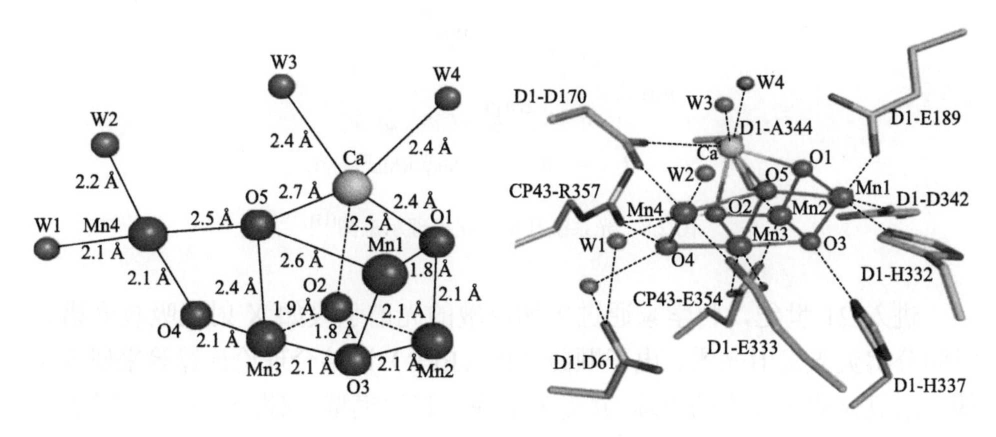

图 2.7　光系统Ⅱ放氧中心的精细结构[9]

水氧化反应的 $\Delta G^\ominus$ 为 237 kJ/mol，属于热力学爬坡反应，反应过程涉及四电子转移及氧-氧键（O═O 键）的形成，机理非常复杂，而实验发现光合作用中锰簇催化水氧化的转换频率（turnover frequency，TOF）高达 100～300 s^{-1}，是一个非常高效的过程。锰簇上水氧化的反应机理究竟是什么呢？在 1970 年，B. Kok 等首次提出了水氧化过程的 S 态循环[14]。他们认为放氧复合物可能有五种存在状态：S_0、S_1、S_2、S_3 和 S_4，反应中心接

收光能发生电荷分离之后产生 $P680^+$，$P680^+$从次级电子供体酪氨酸残基 Tyr_Z 接受一个电子后，Tyr_Z 生成 Tyr_Z^+，而 Tyr_Z^+ 通过锰簇的某个 S 态从水分子接受电子，因此，反应中心每吸收一个光子就会促使锰簇从一个 S 态向前推进到下一个 S 态。如图 2.8 所示，S_0 态是最低还原态，S_4 态是最高氧化态，反应中心每吸收四个光子就会使锰簇从 S_0 态逐步变化到 S_4 态，当 S_4 态转化为 S_0 态时放出一个氧气分子，继而开始下一个周期的水氧化反应过程。这种 S 态循环又被称为“Kok 循环”，它成功解释了早期四闪一周期放氧的实验现象。然而，由于当时缺乏对锰簇中间态的认识，人们对光合水裂解过程中 O═O 键的形成机理仍不清楚。

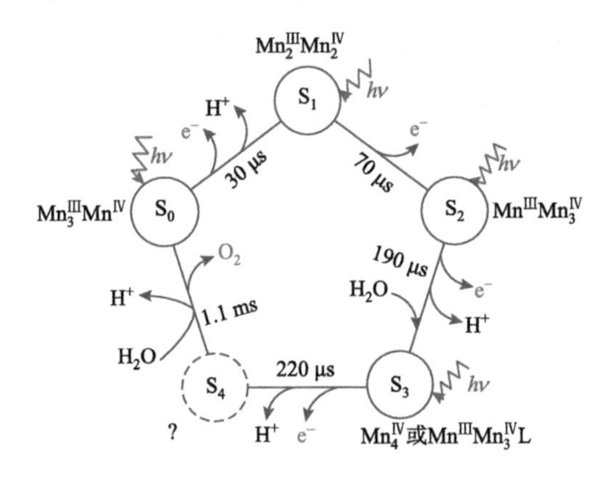

图 2.8 光系统Ⅱ水氧化机理示意图[15]

进入 21 世纪，科学家通过更加灵敏的光谱手段如 X 射线吸收光谱、时间分辨荧光发射光谱、电子顺磁共振（EPR）谱结合理论计算等来研究锰簇上水氧化放氧过程的机理，并提出了许多其他模型，取得一些新的认识[16]。水分解过程一定与锰簇的微观结构和锰原子的价态变化相关联，沈建仁团队利用基于 X 射线自由电子激光的飞秒时间分辨微晶体连续测定技术捕获到 PSⅡ在光诱导水裂解过程中的结构变化，解析了锰簇在 S_1、S_2 和 S_3 态的结构。在 S_2 态过渡到 S_3 态时，Mn1、Mn2 和 Mn3 是静态的，Mn4 向 Ser^{169} 移动使 Mn1-Mn4 的距离增加，与 Mn4 配位的 O5 附近形成了一个开放的水通道和空间，一个水分子从该空位插入，新插入的水分子中的氧作为 O6 配体。在 S_3 态，Glu^{189} 与 Ca^{2+}的相互作用非常弱，新插入的 O6 成为 Ca^{2+} 的第八个配体，包含 O6 的水分子在活性位上脱去两个氢给 Glu^{189} 后，在

O5 和 O6 之间产生了一个氧桥对物种[$Mn4—O^{2-}\cdots O^{\cdot-}—Mn1$]，并形成一个开放立方烷结构的 Mn_4CaO_6 簇，该中间体的 O5 和 O6 偶合形成 O═O 键，放出氧气。Glu^{189} 侧链的结构变化对催化位点的氧化、底物水的进入、质子的释放和 O═O 键的形成有重要的作用。这一研究结果不但对阐明光合水氧化机理具有重要的意义，而且对理性设计人工水氧化催化剂提供了重要的参考[17, 18]。

EPR 谱可用于半定量测定放氧复合物中锰含量及锰的氧化还原状态，近年来被广泛应用于光合水氧化放氧机理的研究中[15, 19]。当锰簇处于不同 S 态时可得到不同的 EPR 谱图，这与锰原子的氧化还原状态密切相关。有研究认为，在 S_0 态下，一个锰原子为四价，三个锰原子为三价，当被 Tyr_z^+ 氧化之后，释放一个电子，S_0 态转化为 S_1 态，两个锰原子为四价，两个锰原子为三价。S_1 态可以继续被再次形成的 Tyr_z^+ 氧化至 S_2 态，即三个锰原子为四价，一个锰原子为三价，S_3 态尤其是 S_4 态的锰原子价态的 EPR 信息还不明确。当逐步释放四个电子之后，锰簇达到能量最高的 S_4 态，在 S_4 态到 S_0 态的转化过程中发生水的氧化反应，放出氧气（图 2.8）。目前的研究对锰簇 S_2 态的结构较为确定，其余中间过渡态的结构还需进一步研究确认。时间分辨光谱研究发现，S_0 到 S_4 各态的转换过程都在微秒至毫秒的时间尺度上进行，这相较于反应中心发生的原初光化学反应和电子传递是一个较慢的过程。因此，PS Ⅱ上光合放氧过程是反应中心单电子快速光反应与放氧复合物 OEC 四电子慢速化学反应的耦合。

光合作用研究技术：电子顺磁共振谱

电子顺磁共振（electron paramagnetic resonance, EPR）谱用于研究具有未成对电子的顺磁性物质（包括自由基、金属原子或团簇、过渡金属及稀土离子等）。未成对电子运动时，其自旋能级在外加磁场作用下可发生能级分裂。如插图 2.5 所示，一个自旋量子数 $s = 1/2$ 的粒子在可变磁场中，当外加磁场 H 从 0 逐渐增大时，粒子的电子自旋能级从简并逐渐分裂成两个能级，高能级的自旋磁量子数为 $+1/2$，而低能级的自旋磁量子数为$-1/2$，两能级之差 $\Delta E = g\beta H$（g 是一个量纲为一的因子，称为 g 因子；β 为玻尔磁子），ΔE 随着外磁场的增加而增大。若在垂直稳恒磁场方向加一频率为 ν 的电磁波，且满足条件 $h\nu = g\beta H$，则处在低能态的电子将吸收电磁波能量跃入高能级状态，即发生受激跃迁，这就是 EPR 的基本原理。

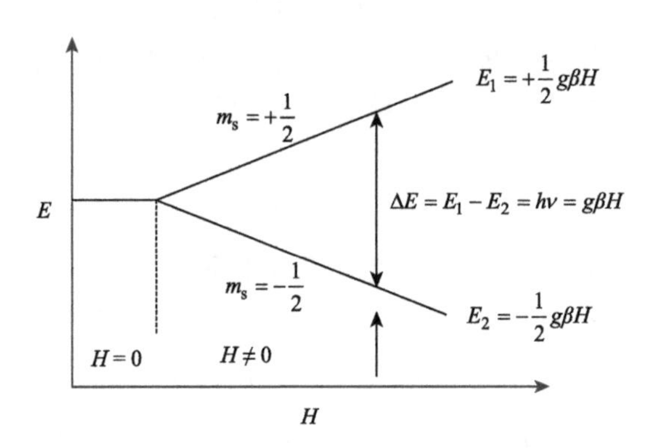

插图 2.5　电子顺磁共振能级跃迁示意图

不同顺磁性物质具有其特定的 EPR 信号，此 EPR 谱可用于物质结构的分析。在进行光合作用的光系统电子传递过程中，产生了电子传递辅因子的自由基，它们具有特定的顺磁共振信号，可用 EPR 谱研究光系统电子传递过程。近年来，EPR 谱在水氧化机理 S 态循环的反应动力学和锰簇结构变化研究中也发挥了重要作用。锰簇中的四个锰原子相互作用，形成了一系列电子自旋态。水氧化过程的每个 S 态伴随着单步电子传递，导致不同的 S 态具有其特征 EPR 信号。例如，在 S_0 态和 S_2 态，锰簇含有奇数个未成对电子，具有半整数自旋基态（$s_g = 1/2, 5/2$）。在 S_1 态和 S_3 态，锰簇含有偶数个未成对电子，此时可能不具有 EPR 活性，如 S_1 态（$s_g = 0$），也可能具有 EPR 活性，如 S_3 态（$s_g = 3$）。研究者可以通过检测不同氧化还原状态下特征 EPR 信号来探究水氧化过程的奥秘。

要实现光合水氧化反应，除了需要具备基本的锰簇结构之外，还需要无机辅助离子以及次级电子供体酪氨酸残基 Tyr_z 的协同作用。通过研究目前已经可以确定，Ca^{2+}和 Cl^-是光合作用重要的辅因子。实验表明，在去除锰簇周围的蛋白环境中结合的 Cl^-之后，PS Ⅱ失去了放氧活性，而补充 Cl^-之后，PS Ⅱ放氧活性可得到一定程度的恢复；目前对于 Cl^-在 PS Ⅱ放氧过程中所起的作用还不明确，可能有：与外在蛋白联合提供一个防止锰簇受

外界还原物质攻击的环境；调节 S 态周转，稳定积累的氧化当量；以某种方式介导质子运输等。没有无机离子 Ca^{2+}和 Cl^-的辅助，水氧化反应不可能顺利进行。PS Ⅱ的次级电子供体酪氨酸残基 Tyr_z 也是实现水氧化反应所必需的。Tyr_z 是锰簇与 $P680^+$之间传递电子的重要中间体，Tyr_z 迅速将电子传递给 $P680^+$，避免 $P680^+$对反应中心辅因子及 D1 蛋白的氧化，同时生成的 Tyr_z^+ 可推进锰簇不同 S 态的转化。Tyr_z 的存在还可使锰簇与 $P680^+$保持合适的距离，防止强氧化性的 $P680^+$对锰簇的破坏。研究发现，Tyr_z 通过氢键与周围的一个组氨酸残基（D1-H190）连接，二者在电子传递过程中具有协同作用，当 Tyr_z 失去电子时，氢键中的质子向 H190 偏移，当 Tyr_z 得到电子时，质子向 Tyr_z 偏移，这种质子耦合电子转移（proton-coupled electron transfer，PCET）的方式降低了反应活化能，确保了电子传递的快速进行[20]。

2.3.5　光破坏及其防御机制

光是光合作用的能量之源，但过量的光照会对光合系统造成光抑制或光破坏。光破坏包括光合系统不同结构层次上的破坏，主要是在非正常光合条件下生成的具有强氧化性的物种对色素及反应中心 D1 蛋白的氧化破坏，一般可将光破坏分为受体侧的光破坏及供体侧的光破坏[21]。受体侧的光破坏是指在强光或其他抑制条件下，CO_2 还原步骤为慢速步骤，质体醌库处于完全还原态，还原型 Q_A^- 积累，而可接受电子的氧化型 Q_A 缺乏，原初光化学反应产生的电荷分离态 $P680^+/Pheo^-$不能将电子及时传递出去而产生三线态的 $^3P680$，当体系中有氧气存在时，$^3P680$ 与氧气发生反应生成单线态氧 $^1O_2$；$^1O_2$ 具有强氧化性，会氧化 P680 使其失去电荷分离的能力，同时氧化周围的其他色素如 Pheo，造成电子传递链的断裂，$^1O_2$ 还可以进一步氧化 D1 蛋白造成蛋白降解，从而导致严重的破坏。供体侧的光破坏是指强光破坏了锰簇结构，使水氧化反应受阻，锰簇不能很快地把电子传递给 $P680^+$，$P680^+$也是一种强氧化剂，可氧化周围的色素分子或 D1 蛋白，造成破坏[22, 23]。

光合生物在自然环境中接收的光强是不断变化的，漫长的进化过程使这些光合生物对强光条件下的光破坏形成了一套有效的多层防御机制。高等植物的多层防御机制可包括如下途径：①通过改变叶片形状、在叶片外生长阻挡层和改变叶肉细胞内叶绿体的排列方式来减少光吸收；②通过加强非光化学猝灭（non-photochemical quenching，NPQ）作用（即热耗散）减少传递到反应中心的光能，这种热耗散包括依赖跨膜质子梯度的热耗散、依赖叶黄素循环的热耗散以及依赖反应中心可逆失活的热耗散，这也是植物降低光破坏的主要途径；③通过 PS Ⅱ蛋白磷酸化调节捕光天线在两个光系统之间的分配来降低对于反应中心的过度激发；④通过循环电子流的光保护途径来消耗强氧化性物种，减弱对于光合活性组分的破坏；⑤通过增强光合作用暗反应、增强代谢消耗来利用多余的光能；⑥通过清除活性氧物种、加速受到光破坏的 D1 蛋白的降解及重新合成来达到抑制或减弱光破坏的目的。这种多层防御机制共同作用、相辅相成，有效防止了植物在多变的环境中遭受严重的光破坏。

2.4 细胞色素 b_6f 复合物

细胞色素 b_6f（Cyt b_6f）复合物在类囊体膜上连接光系统Ⅱ和光系统Ⅰ的电子传输，并可以产生用于 ATP 合成的跨膜质子梯度。

2.4.1 Cyt b_6f 的结构

Cyt b_6f 是类囊体膜上的四种膜蛋白超分子复合物之一，在光反应电子传递和能量传递中发挥了重要作用[24]。Cyt b_6f 由两个单体组成同源二聚体，单体分子质量约为 105 kDa，主要由四个大亚基和四个小亚基组成，四个大亚基分别为：①Cyt f，含 1 个 c 型血红素；②Cyt b_6，含 2 个 b 型血红素：低电位血红素 b_6L 和高电位血红素 b_6H；③铁硫蛋白，含 1 个[Fe_2S_2]原子簇；④亚基Ⅳ。四个小亚基为：PetG、PetL、PetM 和 PetN。Cyt b_6f 含有 Q_0 和 Q_i 两个醌结合位点。Q_0 是氢醌 PQH_2 二电子氧化的位点，位于 Cyt b_6 和铁硫蛋白之间，该位点朝向类囊体的腔侧，因此在一分子 PQH_2 的氧化过程中伴随着两个 H^+ 释放到腔侧区域；Q_i 则是质体醌 PQ 还原的位点。

Cyt b_6f 的四个大亚基协同作用。Cyt f 位于电子传递链的末端，接受从铁硫蛋白传来的电子后将电子传递给膜外的质体蓝素（plastocyanin，PC）。Cyt f 的碱性区域是 Cyt f 与 PC 的结合区域。Cyt b_6 是低电位电子传递链的主要成分，直接参与 PQ 的氧化还原。亚基Ⅳ参与 PQH_2 氧化位点 Q_0 的形成，可能是 PQH_2 的结合蛋白。铁硫蛋白是高电位电子传递链的成分，介导 PQH_2 与 Cyt f 之间的电子传递。

Cyt b_6f 中 PQH_2 在 Q_0 位点处的二电子氧化是通过两条电子传递链分支进行的，分别被称为高电位电子传递链和低电位电子传递链。高电位电子传递链中的电子由结合在 Q_0 位点的 PQH_2 或 PQH^- 通过铁硫蛋白、Cyt f 传递到 PC，低电位电子传递链中的电子由 PQH_2 或 PQH^- 通过 b_6L、b_6H 传递到结合在 Q_i 位点的 PQ。这两支电子传递链几乎同时进行电子传递，且都为质子耦合电子传递的形式。在 Q_i 位点，经过两步电子传递，基质侧的两个质子与 PQ 结合形成 PQH_2，质子化的 PQH_2 脱离 Q_i 位点并结合到 Q_0 位点，再次通过高电位电子传递链被氧化，同时将质子释放到类囊体腔侧。这种电子传递方式可将基质侧的质子不断转运到类囊体腔侧，形成类囊体膜内外的质子梯度，为后续 ATP 的合成提供驱动力。

2.4.2　Cyt b_6f 的功能

Cyt b_6f 的功能有：①Cyt b_6f 是质体醌和质体蓝素的氧化还原酶，是连接两个光系统 PS Ⅱ和 PS Ⅰ的中间电子传导体；②Cyt b_6f 利用电子传递过程中释放出来的电子自由能将质子从类囊体膜外侧转运到类囊体腔内，形成跨膜质子梯度，为 ATP 合酶催化合成 ATP 提供能量；③反馈调节 PS Ⅱ到 PS Ⅰ之间的电子传递速率。

Cyt b_6f 的反馈调节机制是：①腔侧 pH 调控的 PQH_2 氧化速率变化：当腔侧 pH 小于最适值时，Q_0 位点与 PQH_2 形成氢键的组氨酸及谷氨酸发生质子化，阻碍 PQH_2 的结合及氧化，降低电子传递速率；②腔侧 pH 依赖的非光化学能量耗散：腔侧酸度的提高会使 pH 传感器得到感应，引发光合机构的结构重排，导致 LHC Ⅱ的非光化学能量弛豫，从而降低 PS Ⅱ的反应活性；③PQ 库的过度还原引发调控 LHC Ⅱ光合磷酸化的蛋白激酶的活化，使 PS Ⅱ上结合较弱的 LHC Ⅱ脱离并迁移结合到 PS Ⅰ上，从而减弱 PS Ⅱ的光吸收，增强 PS Ⅰ的光吸收和活性，反之，LHC Ⅱ迁移回 PS Ⅱ上，增强 PS Ⅱ的光吸收和活性。

2.5　光系统Ⅰ

在放氧光合生物中，位于类囊体膜上的 PS Ⅱ和 PS Ⅰ将吸收的太阳能转化为化学能，并通过电子传递链和光合磷酸化过程形成还原力 NADPH

和 ATP。在随后的暗反应中，NADPH 和 ATP 被用于转化 CO_2 生成生物质。PS Ⅰ 的基本功能是吸收光能以产生强还原力的电子，然后还原 $NADP^+$ 生成 NADPH。根据光化学反应的电子供体和受体的特征，PS Ⅰ 也被称为质体蓝素-铁氧还蛋白氧化还原酶。

2.5.1 PS Ⅰ 反应中心复合物的基本结构

早在 1987 年，科学家就通过化学方法分离了蓝细菌的 PS Ⅰ。2001 年，科学家们在原子级分辨率的水平上获得了蓝细菌的 PS Ⅰ 三维晶体结构[25]。PS Ⅰ 蛋白以三聚体的形式存在，类似于三叶草，三重旋转轴与晶体学中的 C_3（空间群 $P6_3$）轴一致，垂直于膜平面。图 2.9 展示了 PS Ⅰ-LHC Ⅰ 复合物的晶体结构，其中 PS Ⅰ 单体的晶体结构包括 9 个 α 螺旋跨膜蛋白亚基（PsaA、PsaB、PsaF、PsaI、PsaJ、PsaK、PsaL、PsaM 和 PsaX）和 3 个基质蛋白亚基（PsaC、PsaD 和 PsaE）。两个大亚基 PsaA 和 PsaB 相互对称地位于 PS Ⅰ 单体的中心，方向平行于 C_3 轴，大部分捕光叶绿素 a 分子、类胡萝卜素分子和脂质都连接在 PsaA/PsaB 上，电子传递辅因子分成两支对称排列，其他的亚基以 PsaA/PsaB 为核连接在外周与捕光蛋白辅因子相结合。从 PS Ⅰ 的结构看，在囊腔侧有细胞色素 c_6（Cyt c_6）的结合位点，而在基质侧蛋白亚基 PsaC、PsaD 和 PsaE 形成了铁氧还蛋白（Fd）结合位点。PS Ⅰ 单体结合了 96 个 Chl a、22 个 β-胡萝卜素、4 个脂质、2 个醌、1 个 Ca^{2+}、3 个铁硫簇[Fe_4S_4]和 201 个水分子。PsaA 和 PsaB 分别与一对特殊的 Chl a 分子结合，构成 PS Ⅰ 的反应中心，其余的 Chl a 分子结合在 PsaA/PsaB 的 N 端区域，组成核心的光吸收天线。反应中心最大的光吸收波长在 700 nm，因此称之为 P700。匡廷云、沈建仁等解析了高等植物 PS Ⅰ 超分子复合物 2.8 Å 分辨率下的晶体结构[26]，在原子水平上揭示了高等植物 PS Ⅰ-LHC Ⅰ 的光合色素网络系统（图 2.9），发现了色素天线蛋白和其他辅因子的排列结构，以及 PS Ⅰ 核心复合物和 LHC Ⅰ 蛋白之间大量特殊的相互作用，为理解 PS Ⅰ-LHC Ⅰ 复合物的能量传递和光保护机制提供了结构基础。

高等植物的 PS Ⅰ 反应中心复合物与蓝细菌的结构略有差异，主要在于类囊体腔内初级电子供体结合的差异，高等植物的 PS Ⅰ 能更有效地结合质体蓝素，从而加快供体侧的电子传递速度。

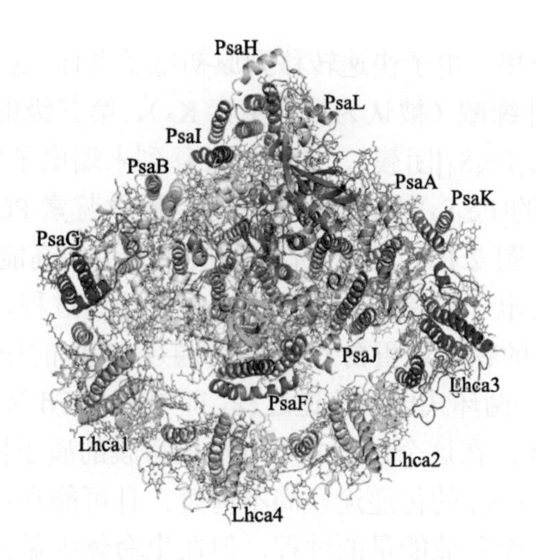

图 2.9　高等植物 PSⅠ-LHCⅠ复合物的晶体结构[26]

2.5.2　捕光天线

在高等植物和绿藻中，PSⅠ的周围具有捕光蛋白复合物 LHCⅠ。LHCⅠ是结合叶绿素和类胡萝卜素分子的多肽，从基因序列分析结果看，LHCⅠ和 PSⅡ的捕光蛋白复合物 LHCⅡ属于同一类蛋白。匡廷云等发现，LHCⅠ多肽的分子质量为 21～24 kDa，PSⅠ在 730 nm 波长的荧光发射来源于含有叶绿素的 21 kDa 的色素蛋白，而短波长 680 nm 处荧光发射的来源则是含有叶绿素的 23 kDa 和 24 kDa 的蛋白[26]。

PSⅠ的捕光色素系统中有多种 Chl a 分子，它们的最大吸收波长在 666～693 nm 之间，部分 Chl a 的吸收波长比反应中心 P700 的光化学反应吸收波长还要长。因此，其激发态的能级低于反应中心 P700 的能级，而这些长波长吸收的 Chl a 分子吸收的能量在 PSⅠ中的作用还不是很清楚。通常认为 LHCⅠ中类胡萝卜素分子的作用有两个：①吸收光能，其吸收范围为 450～570 nm，可以有效提高光能的吸收；②光保护作用，类胡萝卜素分子可以有效猝灭三线态 Chl a 分子，从而抑制单线态氧的产生。

2.5.3　电荷分离与电子转移

捕光蛋白吸收光能，并将激发能传递到反应中心 P700，反应中心吸收光能后发生电荷分离，电子快速转移到原初电子受体 A_0（一个 Chl a）、次级电子受体 A_1、叶绿醌（被认为是维生素 K_1）、第三级电子受体 F_X（连接在 PsaA/PsaB 上的$[Fe_4S_4]$团簇），并最终转移到末端电子受体 F_A 和 F_B（两个结合在 PsaC 上的$[Fe_4S_4]$团簇），$P700^+$接受质体蓝素 PC 或者 Cyt c_6 的电子之后回到基态（图 2.10）。PS Ⅰ光化学反应产生的高能电子在传递到 F_B 之后有三个可能的电子传递方向：①线性电子传递过程，电子传递给一个结合了$[Fe_2S_2]$团簇的铁氧还蛋白 Fd，然后通过 FNR 的作用，将 $NADP^+$还原产生 NADPH。②循环式电子传递过程，即电子从 Fd 又传给 PQ 或者 Cyt b_6f，形成一个循环，在这个过程中可以形成跨膜的质子梯度并生成 ATP。而电子从 Fd 到 Cyt b_6f 的传递途径尚不清楚，且可能存在多条途径，虽然在热力学上这是一个释放能量的过程，但在生命体中循环电子传递过程会受到严格的调控，只有在 CO_2 不足或者光照较强等胁迫条件下才会发生，产生 ATP 或者耗散多余的能量以维持正常的生命活动。③假循环电子传递过程，即 PS Ⅰ产生的电子最终传递到 O_2 分子，形成超氧自由基，在超氧化物歧化酶（SOD）的作用下形成 H_2O_2，并最终转化成水。同过程②一样，这一功能也是在强光等胁迫条件下通过猝灭活性氧或者耗散过量的光能来维持正常的光合作用过程。

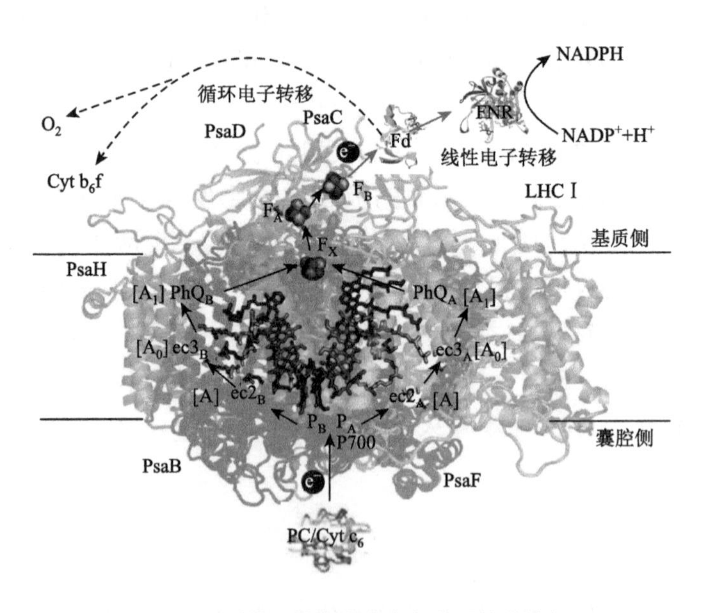

图 2.10　光系统Ⅰ的电荷分离与电子转移途径

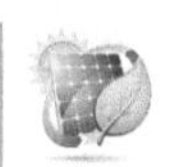

2.6　还原力的形成

在放氧光合生物蓝细菌、藻类和高等植物中，光驱动水氧化释放氧气，电子经过两个光系统（PS Ⅱ和 PS Ⅰ）在类囊体膜上沿着一系列的氧化还原辅因子定向传递，最终产生 NADPH，同时形成跨类囊体膜的质子梯度，用于光合磷酸化过程中合成 ATP，从而将太阳能转化为化学能。在生物体中，电子载体 NADPH 和能量载体 ATP 两者参与多种能量代谢过程，也是二氧化碳还原过程中必需的还原力和能量来源。

2.6.1　NADPH 的生成

在光合生物体内，经过 PS Ⅱ光合水氧化反应产生的电子传递到 PS Ⅰ的末端电子受体铁氧还蛋白（Fd），铁氧还蛋白-$NADP^+$还原酶（FNR）将 Fd 单质子反应与 $NADP^+$的双电子反应匹配起来，将 PS Ⅰ的电子用于还原 $NADP^+$生成 NADPH（图 2.11）。

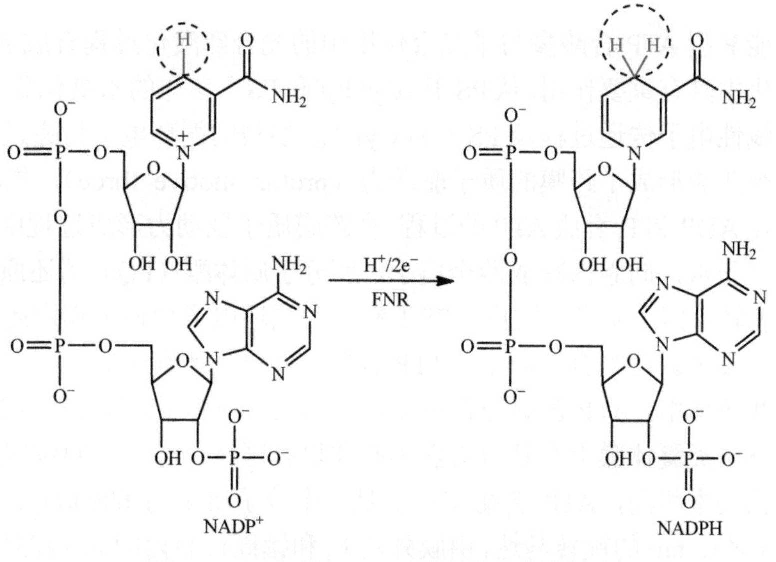

图 2.11　$NADP^+$和 NADPH 的结构及其转化反应

2.6.2　光合磷酸化——ATP 的合成

生命有机体每时每刻都在发生着一系列的生化反应，与外界进行能量和物质交换以维持生命体的各种活动，这就需要持续的能量供给。能量货币——腺苷三磷酸（ATP）是生物体内流通的最重要的能量分子，参与推动细胞中绝大多数的生化反应过程（图 2.12）。ATP 是细胞通过 ATP 合酶利用其他能量催化合成的，在生物体中，根据不同的作用方式，ATP 合酶分为质膜 P 型、液泡 V 型和储能 F 型三类酶。本节主要针对叶绿体中储能 F 型 ATP 合酶进行简要的概述。

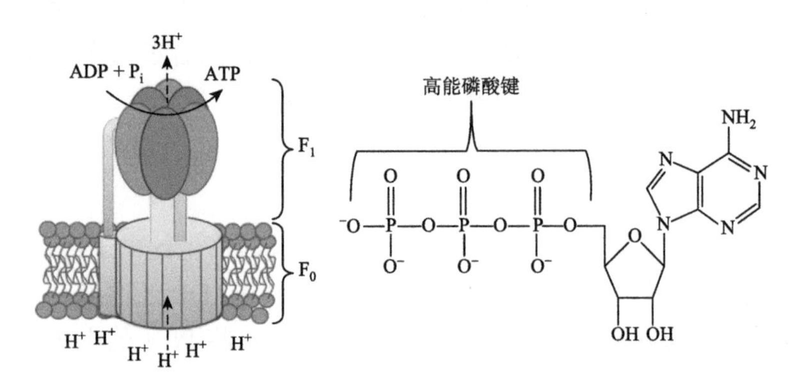

图 2.12　叶绿体 ATP 合酶结构和 ATP 分子示意图

储能 F 型 ATP 合酶参与了光合作用中的光合磷酸化过程合成 ATP，在能量转化中具有重要作用。从 PS Ⅱ、Cyt b_6f 和 PS Ⅰ 参与的水氧化到 $NADP^+$ 还原的线性电子传递过程及 PS Ⅰ 和 Cyt b_6f 参与的循环电子传递过程中，类囊体膜两侧形成了跨膜的质子驱动力（proton motive force），推动 ATP 合酶催化 ADP 和 P_i 合成 ATP 的过程。在跨膜质子驱动力形成过程中，PS Ⅱ 氧化两分子水，向腔内释放四个质子，两分子质体醌（PQ）的还原和氧化从基质侧转移四个质子到腔内，PS Ⅰ 参与的循环电子传递过程向腔内转移了大量的质子。在光合细菌中，ATP 合酶主要位于类囊体膜上，在其他异养菌和线粒体中，ATP 合酶分布在质膜和线粒体内膜上。叶绿体 ATP 合酶分布在基质类囊体膜上和基粒类囊体膜非垛叠区。分布在不同位置的 ATP 合酶结构基本相同，ATP 合酶实质上是一个分子质量为 600 kDa、尺寸约为 15 nm×12 nm 的旋转马达，由膜外的 F_1 和镶嵌在膜内的 F_0 两部分组成。F_0 一般有 a、b 和 c 三个亚基，而 F_1 有 α、β、γ、δ 和 ε 五个亚基。当质子结合在 F_0 的 c 亚基上，质子结合能转化为机械能，使得 F_0 开始转动，在 F_1 的启动部位 α、β 和 δ，机械能转化为合成 ATP 高能磷酸键的化学能，

在 α 和 β 亚基上，ADP 和 P_i 被转化为 ATP。此外，γ 和 ε 亚基主要用来调节 ATP 合酶的活性。

关于光合磷酸化过程，1961 年英国科学家 P. D. Mitchell 提出了化学渗透（chemiosmosis）假说，认为膜内外存在质子浓度差，镶嵌在膜上的 ATP 合酶像一个泵，将质子从高浓度的囊腔侧泵到基质侧，利用质子浓度变化释放出来的能量驱动 ATP 的合成。在当时的经典生物化学中，并没有 P. D. Mitchell 创造出来的一些概念，如“化学渗透”“质子驱动力”等概念，而且假说的提出也没有充分的实验证据，因此，该假说没有得到当时能量生物学界的认可，P. D. Mitchell 甚至还成了英国科学界的笑料。离开爱丁堡大学后，他花了两年的时间建立了自己的实验室，和助手 Moyle 一起做实验，论证自己的预言。19 世纪 60 年代末，P. D. Mitchell 提出：线粒体膜内外不但有明确的质子浓度梯度，而且膜内外还有 150 mV 的电位差。进入 70 年代，化学渗透成为有氧呼吸研究的新模型，后来的一些实验发现都为化学渗透假说提供了有力的支持。P. D. Mitchell 因此获得了 1978 年的诺贝尔化学奖。随后，美国科学家 P. D. Boyer、英国科学家 J. E.Walker、丹麦科学家 J. C. Skou 发现了 ATP 合酶，解析了 ATP 合酶的结构，并阐明了 ATP 合成的分子机制，这三位科学家因此获得了 1997 年的诺贝尔化学奖。

2.7　二氧化碳固定

在光合作用的光反应阶段，叶绿体类囊体膜上的光系统将太阳能转化为化学能，以 ATP 和 NADPH 的形式生成还原力。在暗反应阶段，在叶绿体基质中的一系列酶的催化下，还原力被用于将光合生物从空气中吸收的 CO_2 转化为生物体可以利用的有机物。在生物圈中，绝大部分光合生物通过光合碳还原循环将 CO_2 转化为自身利用的有机物。

2.7.1　光合碳还原循环——Calvin 循环

光合碳还原循环的生物酶催化反应机制是由美国生物化学家 M. Calvin 和他的助手 A. Benson 以及 J. Bassham 发现的。20 世纪 50 年代，他们利用放射性同位素 ^{14}C 示踪法和产物的纸层析分析方法，以真核生物绿藻单细胞小球藻（*Chlorella*）为光合作用的研究对象，通过短时间的光合反应过程，鉴定分析一系列实验结果，得出了 CO_2 还原的酶催化过程。M. Calvin 因阐明光合碳还原循环的机制获得了 1961 年的诺贝尔化学奖，光合碳还原循环也被称为 Calvin 循环，又被称为 C_3 途径。如图 2.13 所示，C_3 途径大致可以分为三个阶段：①CO_2 的受体底物核酮糖-1, 5-二磷酸（RuBP）的羧化，这一过程涉及 CO_2 在 Rubisco 上的活化、C—O 键的打开和 C—C 键的形成；②利用 NADPH 和 ATP 将中间产物 3-磷酸甘油酸（3-PGA）还原生成甘油醛-3-磷酸（G3P）；③RuBP 的再生。

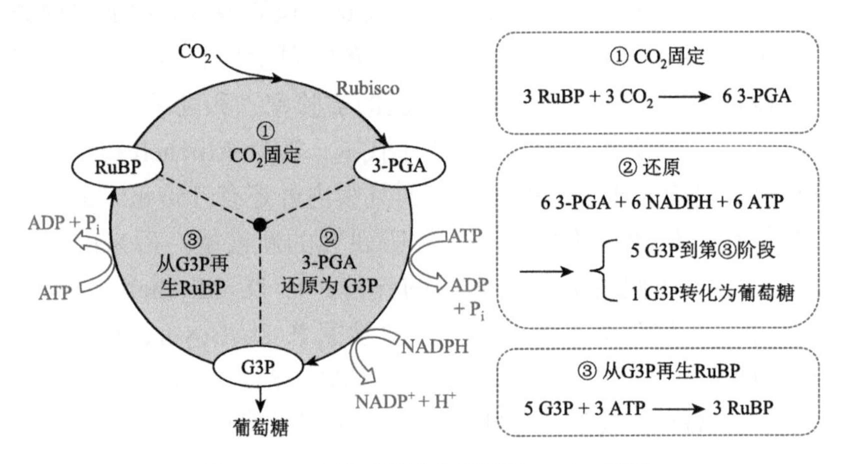

图 2.13　二氧化碳固定和还原的 Calvin 循环

1. RuBP 和 CO_2 的羧化反应

CO_2 还原循环的第一步反应是 RuBP 羧化的过程。从空气中吸收的 CO_2 和 RuBP 在 Rubisco 的催化下结合，并反应生成 2 分子含有 3 个碳原子的中间产物 3-PGA。Rubisco 是催化 CO_2 还原进入生物体的最重要的酶，全称为核酮糖-1, 5-二磷酸羧化酶/加氧酶（ribulose-1, 5-bisphosphate carboxylase/oxygenase），它在植物机体代谢过程中处于中心地位，具有重要的生物学意义。Rubisco 对 CO_2 还原的催化活性相对较低（TOF 为 3 s^{-1}），但是在蛋白量上占总叶绿蛋白的 50%左右，可能是生物圈含量最丰富的酶。另外，Rubisco 对底物的选择性也不是很专一，由于 CO_2 和 O_2 在结构上有一定的相似性，O_2 分子也能结合在 Rubisco 的 CO_2 活性位点上，在植物光呼吸时将 RuBP 氧化生成磷酸乙醇酸，这取决于酶的反应动力学特性。

2. 3-磷酸甘油酸的还原

3-磷酸甘油酸在酶和 ATP 的催化作用下首先被磷酸化形成 1, 3-二磷酸甘油酸，然后在脱氢酶和 NADPH 的催化作用下进一步被还原形成甘油醛-3-磷酸。通过三步酶催化反应，进入光合生物细胞的 CO_2 被还原，形成了后续高级光合产物的基本原料：甘油醛-3-磷酸。这种碳源分子有三个去向：①用于叶绿体内的淀粉合成；②通过叶绿体的转运蛋白被运送到细胞质，用于蔗糖的合成；③用于 RuBP 的再生，使得 CO_2 还原形成催化循环。

3. RuBP 再生

在第一步反应过程中，底物 RuBP 和 CO_2 发生羧化反应被消耗，因此需要再生 RuBP 才能保证 CO_2 催化还原的继续进行。这一过程经历 10 步酶催化反应，5 个甘油醛-3-磷酸分子被转化为 3 个 RuBP 分子。

Calvin 循环的总反应结果可以表示为 3 个 CO_2 分子和 3 个受体 RuBP，消耗 9 个 ATP 和 6 个 NADPH，经过一个复杂的循环生成一个三碳糖分子甘油醛-3-磷酸。

2.7.2　光合产物

一般来说，光合作用放出的氧气被称为副产物，主要的终端产物是淀粉和蔗糖，这两种分子是细胞其他组分（蛋白质和脂肪）的有机碳源。淀粉在叶绿体中是由甘油醛-3-磷酸直接合成的，是光合产物的一种临时的存储形式，一般长期存在于非光合器官的淀粉体中，而蔗糖分子是光合产物从光合组织向其他组织运输的主要形式。淀粉和蔗糖的合成都是通过多步酶催化反应进行的。

2.8　自然光合作用体系中的能量损失

光合作用将太阳能转化成化学能储存在碳水化合物中，研究这一过程中的太阳能转换效率对理解光能转化及指导人工光合作用具有重要意义。在整个光合作用过程中，从水氧化到最后 CO_2 固定转化为碳水化合物是一个漫长而复杂的过程，除两个光系统可吸收特定波长范围的光子得到能量

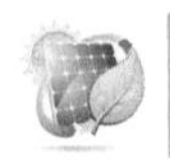

外，其他过程中都伴随着一定的能量损失，所有步骤的能量损失综合决定了光合作用最终的能量转换效率。Bolton 和 Hall 在早年的研究中提出并计算了光合作用过程中的能量损失，图 2.14 示意了 C_3 和 C_4 植物通过光合作用把太阳能转化为生物质能的能量转换效率及其主要损失步骤，对比发现，在非光合有效辐射、不完全吸收和无效吸收以及热耗散三个步骤损失的太阳能一样多，达到了 60%以上，主要的差异在于同化力形成和碳同化、光呼吸和呼吸作用，尤其是 C_4 植物光呼吸量较低，导致了 C_4 植物的光合效率较高，在理想状态下可达到约 6.0%的最大太阳能转换效率，而 C_3 植物则为 4.6%[27]。而事实上，由于地区差异及环境条件的因素，植物的实际光合效率很低。

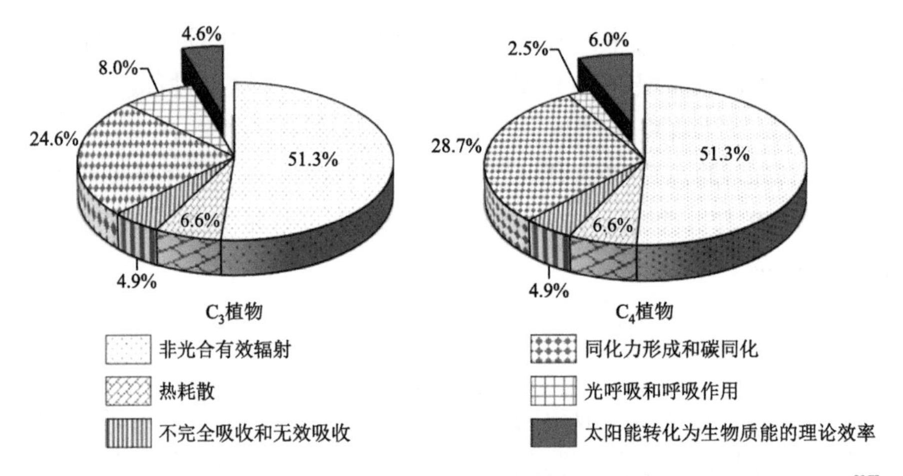

图 2.14　C_3 和 C_4 植物光合作用理论最大太阳能到生物质能的转换效率与能量损失[27]

计算基于 CO_2 的浓度为 380 ppm，叶子的温度为 30℃，初始输入总的太阳能为 100%，最终 C_3 和 C_4 植物光合作用存储生物质能量转换效率分别为 4.6%和 6.0%

2.8.1　光吸收过程中的能量损失

植物光系统中的吸光组分为色素分子，如叶绿素 a、叶绿素 b、类胡萝卜素等，主要吸收太阳光谱中 400～700 nm 区间的光子，这个区间以外的光子则不能有效地被吸收。而光合作用有效光谱区间内的光子也并没有被色素分子完全吸收，叶绿素分子在绿色光区的吸收较弱，且存在光的反射。此外，植物还含有少量非光合色素，这些非光合色素吸收的光能不会被传递到反应中心用于光合作用，进一步造成光能转化中的能量损失。

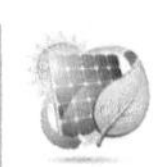

2.8.2　反应中心光电转化过程的能量损失

光子的能量由 hc/λ 决定，光系统中反应中心叶绿素吸收波长为 400～700 nm 的光子，不同波长的光子能量不同，波长越短，光子的能量越高。然而，在原初光化学反应中，受高能光子激发而处于较高激发态的叶绿素分子会很快以放热形式弛豫到最低激发态。因此，无论初始吸光能量如何，只有低能的光生电子主要参与到后续电子传递过程中。

2.8.3　电子传递能差及光合产物能量

光系统中，P680 和 P700 上最低激发态的光生电子通过电子传递链由高能态转化为低能态储存在电子传递辅因子中，电子传递链中相邻的辅因子之间有合适的位置和能级差，使电子传递能够高效自发地进行，但电子传递的过程中也伴随着逐级的能量传递。在考虑光合作用能量损失时，还可直接考虑反应物到反应产物之间的能量差。光合作用吸收光子能量，最终将 CO_2 转化为碳水化合物。C_3 和 C_4 两种光合路径对于 ATP 需求不同，因此合成 ATP 所需的光子能量也不同，进而导致两种光合途径中的能量损失不同。

2.8.4　光呼吸及其他因素

光呼吸与光合作用方向相反，在光照下吸收氧气放出 CO_2。Rubisco 催化 RuBP 的氧化生成磷酸乙醇酸，2 分子磷酸乙醇酸通过 C_3 途径释放 1 分子 CO_2，并形成 1 分子 3-磷酸甘油酸回到 Calvin 循环中。虽然光呼吸降低了光合作用的光转换效率，但也是 C_3 植物中重要的能量耗散和保护机制。而在 C_4 途径中，CO_2 浓缩机制可将光呼吸完全抑制。

基于以上讨论，在光合作用中最高的太阳能到生物质的能量转换效率约为 4.6%（C_3 途径）或 6.0%（C_4 途径）。但在实际光合作用中，太阳能转换效率却远低于理论值，即使提供了充足的水分和肥料，通常农作物的太阳能转换效率仍低于 1%[28]。各种环境条件，如温度、水分、营养物质、太阳光照、季节变化及病虫害，都会影响到光合作用的效率。

2.9　生物能源简介

生物能源是地球上光合作用产生的可再生能源，主要包括生物质转化乙醇、生物柴油和生物制氢等。在生物能源生产体系中，微藻每年固定的CO_2约占全球净光合产量的40%，在能量转化和碳循环中起到了举足轻重的作用。目前，在地球上存活的微藻生物至少有20万种，表现出生物功能和代谢产物的多样性。微藻利用光合作用将太阳能转化为各种形式的可再生能源，例如，微藻光合产氢、脂肪酸以及烃类化合物，部分生物质通过化学再加工可以转化为燃料和高附加值化学品。科学家认为微藻能源是未来最具有开发前景的可再生能源之一[29]。

2.9.1 微藻光合产氢

微藻光合产氢是利用捕获的太阳能，在光系统（PS Ⅱ和 PS Ⅰ）以及产氢酶的作用下，将水分解放出氧气和氢气。该过程包括两步反应：①微藻利用光能通过 PS Ⅱ催化水氧化，放出氧气，产生质子和电子；②蓝藻通过固氮酶（或绿藻通过可逆产氢酶）利用 PS Ⅱ产生的电子还原质子放出氢气。但生物氢化酶对氧气非常敏感，在氧气存在下易失活，这对微藻产氢的研究是一个严峻的挑战[30, 31]。科学家为此提出了两步间接法，以使产氧和产氢在时间和空间上分离，避免氧气对可逆产氢酶的抑制。两步间接法微藻光合产氢的反应系统至少包括微藻的高密度培养、产氢酶的暗诱导表达和光照产氢三个部分。如果在优化的工艺条件下，微藻产氢在太阳光下能够具有大于10%的光能转换效率，则有望实现产业化。探索在高氧条件下仍能保持产氢活性的新藻种也是必须解决的难题。

2.9.2 微藻生物燃料

微藻利用太阳能、水和二氧化碳进行光合作用，所产生的油脂可转化为生物柴油[32]。美国国家可再生能源实验室（NREL）的研究认为，微藻油脂生产可能是生物柴油产业和生物经济的重要研究方向。微藻合成油脂的过程中，有两种主要的催化酶，即乙酰 CoA 羧化酶和去饱和酶。乙酰 CoA 羧化酶通过催化羧化反应增长碳链，去饱和酶通过氧化去饱和途径产生不饱和脂肪酸。在脂肪酸合成途径中，乙酰 CoA 羧化酶催化反应不仅是第一个关键反应步骤，也是限速步骤。目前，能源微藻，如小球藻，油脂含量高，而且可以进行规模化培养和生产，是理想的能源微藻。部分科学家还关注其不饱和脂肪酸的营养价值。利用微藻油脂加工生产生物柴油的

工艺过程已经相对比较成熟，技术上是完全可行的，主要的问题是如何降低生产成本。一方面，可继续研发高含油的微藻物种以降低规模化培养的成本；另一方面，可以和微藻产蛋白质、多糖、脂肪酸等高附加值化学品过程相结合[33]。

2.10　生物固氮反应简介

氮是维持生命所必需的元素，而地球大气中的氮是以 N_2 分子形式存在的，因为 N_2 是一种惰性气体，许多生物无法直接利用，而是以氨或者硝酸盐的形式获取氮源，用来合成生命所需的生物分子。但也有一小部分微生物可以通过自己的固氮酶将 N_2 转化为 NH_3。研究和理解生物固氮的机制将为发展仿生的固氮催化剂提供启发。

N_2 被固氮酶催化还原成 NH_3 的过程还伴随着 H_2 的生成。固氮酶在发生催化作用时，N_2 与催化中间体结合成复合物被活化的过程中，体系需要 8 个电子、16 个 MgATP 的参与才能完成一个催化循环，一分子 N_2 还原为两分子 NH_3，同时产生一分子 H_2。D. J. Lowe 和 R. N. F. Thorneley 等对固氮酶催化 N_2 还原为 NH_3 的动力学过程进行了大量的研究，提出了 Lowe-Thorneley（LT）动力学模型，给出了催化反应过程中间态转化的能量，MgATP 与 Fe 蛋白的键合和水解促进了电子从 Fe 蛋白迁移到 MoFe 蛋白的过程，而在将电子传递给 MoFe 蛋白之后，Fe 蛋白的释放是整个催化过程的限速步骤。近些年，对于固氮酶的结构和功能的认识也取得了许多重要的成果：①对固氮酶的结构获得了较为清晰的认识，由 MoFe 蛋白和 Fe 蛋白两部分构成；②将 N_2 转化为 NH_3 的催化反应需要还原力和 MgATP；③在一次催化循环中，伴随着单电子的转移和 MgATP 的水解，MoFe 蛋白和 Fe 蛋白发生一次偶联和解离；④MoFe 蛋白包括两个金属簇，MoFe 辅因子提供 N_2 的结合位点，并起到催化作用，另一个簇负责与第二组分 Fe 蛋白之间的电子转移[34]。

2.11　人工光合成

人工光合成是借鉴自然光合作用基本原理，人工设计和构建太阳能转化体系生产太阳燃料。广义上太阳燃料是指以化学能的形式转化的可储存和运输的太阳能，而狭义的太阳燃料则是指直接利用太阳能分解水制氢，或者转化二氧化碳得到碳氢燃料。人工光合成的宗旨是利用太阳能、水和二氧化碳生产洁净能源，取代化石燃料，从而减少碳排放，净化空气，改善人类的生存环境，实现生态文明。

2.11.1 自然光合作用对人工光合成的启发

自然光合作用体系经过上亿年的进化，可将太阳能转化为化学能储存在葡萄糖等分子中，但生物进行光合作用仅仅是为了其自身生存需求，没必要产生多余的富能量化学物质，因此自然界生物光合作用从太阳能到生物质能的转换效率较低（蓝细菌小于 7%，高等植物在 1%左右）。然而，自然光合作用却形成了近乎完美的太阳能转化机制：①利用捕光天线复合物吸收和调节光能；②利用量子相干性（quantum coherence）提升光能的传递效率；③有效的氧化还原辅因子促使两个光系统形成电化学势能差；④高效的酶催化反应；⑤系统保护机制阻止体系过载或被破坏；⑥光合作用体系的自修复功能。因此，可从功能和结构上模拟自然光合作用，利用廉价绿色的材料构建高效的人工光合成太阳燃料体系。

从自然光合作用体系的功能和结构上分析，完整的人工光合成体系应该由捕光系统、光驱动水氧化系统、还原力生成体系以及太阳能存储二氧化碳转化部分构成。人工光合成体系的研究应该从这几个基础问题出发，最终开发出高效的太阳能转化系统。人工光合成捕光材料主要有半导体材料和染料分子，其中光生电荷的分离以及材料的稳定性还需要进一步的研究。借鉴自然光合作用中氧化反应和还原反应在不同光系统（PS Ⅱ和 PS Ⅰ）上进行的特点，科学家发展了由光阳极和光阴极组成的光电化学池体系和由两种光催化剂材料以及电子传递体构成的光催化仿生“Z 机制”体系。另外，结构上的模拟对催化剂的发展也具有重要意义，酶晶体结构的解析以及催化活性位点的研究对催化剂的设计和合成尤为重要。仿氢化酶的研究起步较早，合成的氢化酶类似物具有非常高的产氢活性，甚至超过了天然酶的活性，取得了较大的成功。随着 PS Ⅱ中 Mn_4CaO_5 结构的解析，仿生水氧化催化剂的合成也取得了很大的进展。张纯喜等已经可以通过人工合成方法制备出与自然界水裂解中心相似的 Mn_4CaO_5 簇合物，很好地模拟了 PS Ⅱ水裂解催化中心的不对称 Mn_4CaO_5 簇核心结构[35]。这类模拟化合物

的获得被认为是人工光合成研究的重大突破，它不仅对研究自然界 PS Ⅱ水裂解催化中心的结构和水裂解机理有重要的参考价值，也为今后制备廉价、高效的人工水裂解催化剂有重要的科学意义和应用价值。

2.11.2 人工光合成体系的设计

自然光合作用中 PS Ⅱ被称为"生命发动机"，在温和的条件下可高效地利用太阳能驱动热力学爬坡的水氧化反应，为后续的燃料合成提供电子和质子。而在人工光合成体系中，水氧化放出氧气被认为是最重要而且最具挑战性的步骤。水完全分解产生氧气和氢气是人工光合成重要的研究方向，氢气不但可以被直接利用，而且可作为还原二氧化碳以及合成氨反应的氢载体。

人工光合成分解水制氢体系中，多相体系主要以带隙合适的半导体材料为捕光组分，担载水氧化和质子还原的助催化剂，光激发产生的空穴转移到水氧化助催化剂上将水氧化释放出氧气，光生电子传递到质子还原助催化剂上还原质子产生氢气。但目前已有材料的吸光范围较窄，而且大部分无机半导体材料的能带位置以及载流子性质不能同时满足氧化和还原反应发生的要求。受自然光合作用体系的启发，借鉴自然光合作用 PS Ⅱ和 PS Ⅰ两步激发的方式构建人工"Z 机制"光催化分解水体系可以有效地解决这一问题。

均相光催化体系主要以染料分子或量子点为吸光组分，金属配合物为产氢或放氧催化剂。这类体系的特点是分子催化剂活性高，但其稳定性还有待进一步提升。太阳能光催化制氢的分子器件通过构建一种染料敏化的叠层光电化学池可实现光驱动分解水，光阳极和光阴极分别为不同的捕光染料和对应的分子催化剂，这种体系在可见光下中性电解质中可以实现零偏压水分解放氢和放氧的反应[36]。

杂化体系是结合了不同光催化体系的优势而设计的光催化体系，对加深光催化基础科学问题的认识和拓展太阳能转化思路有很大的帮助。大部分人工光催化剂的催化活性低于自然光合作用体系，而自然光合作用体系的吸光范围和稳定性与无机半导体相比又较差，基于以上考虑，作者研究组提出了复合人工光合成体系的理念[37]，集成两种体系的优势建立复合杂化体系，实现了太阳能分解水制氢，加深了对自然和人工光合成体系的科学问题的理解。

人工光合成 CO_2 转化是将水分解和 CO_2 还原耦合起来，把太阳能转化并储存在现有能源体系可直接应用的碳氢液体燃料中。在人工光合成体系中，构建分解水和 CO_2 还原的反应环境，使两个反应在一个催化体系中实现，模拟自然光合作用过程，水氧化产生的电子生成还原力，作为底物在 CO_2 还原催化剂上将 CO_2 转化为碳氢化合物。CO_2 的还原和水的氧化一样是一个多电子转移的过程，CO_2 还原还涉及 C—H 键、C—C 键的形成，因此人工光合成还原 CO_2 面临的科学问题更为复杂，借鉴生物合成途径，设计和构建高效的 CO_2 还原催化剂还有很长的路要探索。

另外一条思路是原理上模拟自然光合作用的光反应和暗反应，如图 2.15 所示，人工光合成可以和自然光合作用过程一样，通过两步反应来实现，即光反应：通过太阳能光电催化分解水制氢，将太阳能转化为化学能；暗反应：利用所转化的化学能 H_2 与 CO_2 催化反应合成甲醇，净反应结果是水和 CO_2 转化为甲醇，放出氧气，这与自然光合作用的反应结果是一致的，这里甲醇是太阳燃料分子。关键是开发高效高稳定性的太阳能分解水制氢和 CO_2 加氢制甲醇的催化剂。作者研究组研发了高活性电解水制氢光电催化剂和高选择性 CO_2 加氢制甲醇催化剂，以及甲醇合成工艺路线，太阳能到甲醇的能量转换效率超过 13%，实现了道法自然，超越自然。

$$2H_2O \xrightarrow{\text{光电催化剂}} 2H_2 + O_2 \qquad \text{(光反应)}$$

$$3H_2 + CO_2 \xrightarrow{\text{催化剂}} CH_3OH + H_2O \qquad \text{(暗反应)}$$

净反应：

$$2H_2O + CO_2 \longrightarrow CH_3OH + 3/2O_2 \qquad \text{(人工光合成)}$$

$$6H_2O + 6CO_2 \longrightarrow C_6H_{12}O_6 + 6O_2 \qquad \text{(自然光合作用)}$$

图 2.15　模拟自然光合作用光反应和暗反应分两步转化二氧化碳制甲醇原理

人工光合成利用太阳能分解水产生的氢气或者还原力，不仅可以与二氧化碳偶合生产碳氢燃料，还可以模拟生物固氮过程，将大气中的 N_2 还原转化为氨或者合成氨基酸等有机分子。

2.11.3　自然-人工光合成体系之杂化

酶作为生物体中生化反应的催化剂，具有反应条件温和、活性和选择性高等特点，可以直接从生物中提取利用。尽管自然光合作用整体效率较

低，但光合体系中的光合膜蛋白复合物却是高效光能转化系统。PS Ⅱ的光驱动水氧化的转换频率（TOF）可以达到 100～300 s^{-1}，PS Ⅰ能产生长寿命电荷分离态 $P700^{+}F_{B}^{-}$（60 ms）和强还原力的 F_{B}（–580 mV *vs.* SHE），在中性 pH 下有足够的驱动力还原质子产生氢气。这其中的科学奥秘引起了科学家广泛的兴趣，将自然光合作用系统与人工光合成体系的优势结合起来，构建自然-人工光合成体系，不仅可以研究和理解生物光合的基础科学问题，还可以为发展高效的人工光合成体系提供新的思路[38]。另外，与光合微生物相关的生物能源技术不仅是太阳能转化研究的重要方向，而且也是发展合成生物学的一种新思路。例如，生物化学家们基于对微生物（这里研究的主要是细菌和显微藻类）的认识，改造构建了细胞工厂，结合微生物光合元件和人工光催化剂材料的优势功能，通过自组装将太阳能转化模块和碳固定模块整合，构筑生物-无机相结合的人工光合成体系，解决了单一体系问题的限制，利用太阳能产生还原力，固定二氧化碳产生化学品或生物燃料[39, 40]。

2.12　光合作用及合成生物学简介

随着基因组编辑技术、细胞代谢工程、化学生物学等学科的快速发展，合成生物学也得到了快速的发展，特别是近几年出现的新技术和工程手段使得人工合成基因组的能力提升到了新的水平，这大大拓展了合成生物学研究和应用的领域，从医疗、药物、能源一直到农业等方面。光合作用对于人类社会的重要性是不言而喻的，这使得光合作用的研究一直处于人类探究自然和改造自然的最前沿。利用合成生物学技术，有可能突破生物燃料发展的技术瓶颈，设计和发展更加简单高效的生物过程，从而高效地生产出人类需要的有机化学品。而光合作用合成生物学，就是利用生物光合的基本原理，通过仿生的技术手段改造生物，构建新型的光合成体系，使其拥有新的生物学功能，为解决未来能源、粮食问题以及发展可持续生态社会起到重要的作用。认识光合作用的基本科学问题，通过对新材料体系的研发，提高光合作用效率是提高粮食产量或者生物能源产量的最具有挑战性的研究方向[41, 42]。

光合作用合成生物学的发展包括以下几个方面的研究方向：①对现有光合途径的合成生物学改造及优化，通过对生物光合系统中部分组件的改造，优化现存的光合途径，提高光合作用效率；②通过光合作用合成生物学，研究光合系统和光合产物利用途径，定向调控光合产物的合成和消耗相关代谢过程，将不仅有利于提高光能利用效率及作物产量，也可为利用“植物工厂”生产高能、高附加值原料提供全新途径；③通过基因组编辑技术，将自然界已有的比较高效的光合系统的部分特性在其他生物体中重构，提高作物光能的利用效率；④利用对生物光合途径的已有认识和理解，通过合成生物学方法，在生物体内构建不需要 Rubisco 的全新光合 CO_2 固定途径，为拓展粮食、生物燃料的生产提供可能的策略；⑤发展人工材料和生物光合系统复合体系，基于对生物光合系统发生的分子机理，结合人工光合成材料及技术的特性，通过精准自组装光合成体系所需要的酶和无机纳米材料，构建人工材料和生物光合系统复合体，高效生产氢能、碳氢化合物等高附加值产品。

2.13 展　望

光合作用是人类社会生存和发展的基础。揭示光合作用高效光能转换的分子机制是光合作用研究的核心，也是当今光生物科学领域的重大基础科学问题之一。随着生物化学、生物物理学、分子生物学、物理学、化学、遗传学、基因组学、蛋白质组学等相关技术在光合作用研究领域的运用，光合作用的原初光化学反应及诸多生理生化过程已经不断从分子水平得到揭示，正孕育着一系列重大突破。近十年来，我国科学家在光合膜蛋白结构与功能及其组装、光调控植物生长发育的分子机理等方面取得了一批在国际上有重大影响力的研究成果。相信在此基础上，凝聚优势力量，多学科交叉融合，聚焦光生物学重大前沿科学问题，揭示作物光合作用高效吸能、转能和传能的分子机理，不仅在理论上具有重大的意义，而且将为提高作物光能转换效率、开辟太阳能利用的新途径提供理论依据，从而促进和推动农业和能源科学与技术的发展及新兴产业的形成。

光合作用光反应是在一个高度集成的复合蛋白体网络中进行的，对于执行光合作用光反应的多亚基蛋白复合物中的蛋白合成、组装成功能复合物的调控机制仍然知之甚少。对于在光合膜蛋白复合物组装过程中哪些基因起着关键的调控作用，以及这些基因调控的机制和作用方式尚不十分清

楚，在光合作用原初光化学反应研究的基础上，通过与遗传学和分子生物学交叉融合，揭示与提高光能吸收、传递和转换效率密切相关的基因功能和调控机理是未来认识光合作用高效光能转化机理的研究趋势。加强与物理和化学的有机结合，研究光合作用原初光化学反应吸能、传能和转能机理，阐明重要的光合膜蛋白复合物中能量吸收和传递过程，以及电子和质子传递的机理，阐明两个光系统反应中心原初电荷分离、电子转移的动力学与蛋白质骨架协同变化的规律，建立独特的光系统能量转化理论模型和相应的动态结构模型，结合结构分析和理论计算提出高效转能的微观机理，同时为仿生模拟提供理论依据和新思想、新途径。

人类文明进步的过程中伴随着对于新能源的不断开发与利用。作为解决当前日益严重的能源和环境问题的根本途径，人工光合成太阳燃料技术受到世界各国的重视，人工光合成过程是把太阳能转化为化学能的科学，体系涉及光的捕获、光生电荷的分离与传递和光催化剂表面的催化反应等核心问题，这些问题仍然制约着太阳能到化学能转换效率的提高。而光合作用的基本原理为如何构建人工光合成太阳燃料提供重要的理论基础。揭示光合作用高效光能转换的分子机制，用物理和化学的语言解释和阐明这一重大的生物学过程，从而跨越物理世界与生物世界不可逾越的鸿沟。实现光合作用的人工模拟，建立高效的人工光合成技术，利用太阳光、水和二氧化碳规模合成太阳燃料，无疑是未来破解环境污染问题、发展洁净能源和建设生态文明的理想途径，将深刻地影响世界能源的格局。

参考文献

[1] Falkowski P G，Fenchel T，Delong E F. The microbial engines that drive earth’s biogeochemical cycles. Science，2008，320（5879）：1034-1039.

[2] Xiong J，Fischer W M，Inoue K，et al. Molecular evidence for the early evolution of photosynthesis. Science，2000，289（5485）：1724-1730.

[3] Liu Z F，Yan H，Wang K B，et al. Crystal structure of spinach major light harvesting complex at 2.72 Å resolution. Nature，2004，428：287-292.

[4] Barber J. Crystal structure of the oxygen-evolving complex of photosystem Ⅱ. Inorganic Chemistry，2008，47（6）：1700-1710.

[5] Guskov A，Kern J，Gabdulkhakov A，et al. Cyanobacterial photosystem Ⅱ at 2.9 Å resolution and the role of quinones，lipids，channels and chloride. Nature Structural & Molecular Biology，2009，16（3）：334-342.

[6] Suga M，Akita F，Hirata K，et al. Native structure of photosystem Ⅱ at 1.95 Å resolution viewed by femtosecond X-ray pulses. Nature，2015，517（7532）：99-103.

[7] Dau H，Zaharieva I. Principles，efficiency，and blueprint character of solar-energy conversion in photosynthetic water oxidation. Accounts of Chemical Research，2009，42（12）：1861-1870.

[8] Wei X P，Su X D，Cao P，et al. Structure of spinach photosystem Ⅱ-LHC Ⅱ supercomplex at 3.2 Å resolution. Nature，2016，534：69-74.

[9] Umena Y，Kawakami K，Shen J R，et al. Crystal structure of oxygen-evolving photosystem Ⅱ at a resolution of 1.9 Å. Nature，2011，473（7345）：55-60.

[10] Cardona T，Sedoud A，Cox N，et al. Charge separation in photosystem Ⅱ：a comparative and evolutionary overview. Biochimica et Biophysica Acta，2012，1817（1）：26-43.

[11] Muh F，Glockner C，Hellmich J，et al. Light-induced quinone reduction in photosystem Ⅱ. Biochimica et Biophysica Acta，2012，1817（1）：44-65.

[12] Cox N，Messinger J. Reflections on substrate water and dioxygen formation. Biochimica et Biophysica Acta，2013，1827（8/9）：1020-1030.

[13] Suga M，Akita F，Hirata K，et al. Native structure of photosystem Ⅱ at 1.95 Å resolution viewed by femtosecond X-ray pulses. Nature，2015，517（7532）：99-103.

[14] Kok B，Forbush B，Mcgloin M. Cooperation of charges in photosynthetic O_2 evolution-Ⅰ：a linear four step mechanism. Photochemistry and Photobiology，1970，11：457-475.

[15] Cox N，Retegan M，Neese F，et al. Photosynthesis. Electronic structure of the oxygen-evolving complex in photosystem Ⅱ prior to O—O bond formation. Science，2014，345（6198）：804-808.

[16] Siegbahn P E M. Structures and energetics for O_2 formation in photosystem Ⅱ. Accounts of Chemical Research，2009，42（12）：1871-1880.

[17] Suga M，Akita F，Sugahara M，et al. Light-induced structural changes and the site of O═O bond formation in PS Ⅱ caught by XFEL. Nature，2017，543（7643）：131-135.

[18] Suga M，Akita F，Yamashita K，et al. An oxyl/oxo mechanism for oxygen-oxygen coupling in PS Ⅱ revealed by an X-ray free-electron laser. Science，2019，366（6463）：334-338.

[19] Razeghifard M R，Pace R J. EPR kinetic studies of oxygen release in thylakoids and PS Ⅱ membranes：a kinetic intermediate in the S_3 to S_0 transition. Biochemistry，1999，38：1252-1257.

[20] Hammarström L，Styring S. Proton-coupled electron transfer of tyrosines in photosystem Ⅱ and model systems for artificial photosynthesis：the role of a redox-active link between catalyst and photosensitizer. Energy & Environmental Science，2011，4（7）：2379-2388.

[21] Andersson B，Salter A H，Virgin I，et al. Photodamage to photosystem Ⅱ：primary and secondary events. Journal of Photochemistry and Photobiology B：Biology，1992，15：15-31.

[22] Hakala M，Tuominen I，Keranen M，et al. Evidence for the role of the oxygen-evolving manganese complex in photoinhibition of photosystem Ⅱ. Biochimica et Biophysica Acta，2005，1706（1/2）：68-80.

[23] Zavafer A，Cheah M H，Hillier W，et al. Photodamage to the oxygen evolving complex of photosystem Ⅱ by visible light. Scientific Reports，2015，5：16363.

[24] Kurisu G，Zhang H，Smith J L，et al. Structure of the cytochrome b_6f complex of oxygenic photosynthesis：tuning the cavity. Science，2003，302（5647）：1009-1014.

[25] Jordan P，Fromme P，Witt H T，et al. Three-dimensional structure of cyanobacterial photosystem Ⅰ at 2.5 Å resolution. Nature，2001，411（6840）：909-917.

[26] Qin X C，Suga M，Kuang T Y，et al. Structural basis for energy transfer pathways in the plant PS Ⅰ-LHC Ⅰ supercomplex. Science，2015，348（6238）：989-995.

[27] Zhu X G，Long S P，Ort D R. What is the maximum efficiency with which photosynthesis can convert solar energy into biomass? Current Opinion in Biotechnology，2008，19（2）：153-159.

[28] Barber J. Photosynthetic energy conversion：natural and artificial. Chemical Society Reviews，2009，38（1）：185-196.

[29] Georgianna D R，Mayfield S P. Exploiting diversity and synthetic biology for the production of algal biofuels. Nature，2012，488：329-335.

[30] Ghirardi M L，Zhang L P，Lee J W，et al. Microalgae：a green source of renewable H_2. Trends in Biotechnology，2000，18（12）：506-511.

[31] Oey M，Sawyer A L，Ross I L，et al. Challenges and opportunities for hydrogen production from microalgae. Plant Biotechnology Journal，2016，14（7）：1487-1499.

[32] Ma F R，Hanna M A. Biodiesel production：a review. Bioresource Technology，1999，70（1）：1-15.

[33] Chisti Y. Biodiesel from microalgae. Bioresource Technology，2007，25（3）：294-306.

[34] Hoffman B M，Lukoyanov D，Yang Z Y，et al. Mechanism of nitrogen fixation by nitrogenase：the next stage. Chemical Reviews，2014，114（8）：4041-4062.

[35] Zhang C X，Chen C H，Dong H X，et al. A synthetic Mn_4Ca-cluster mimicking the oxygen-evolving center of photosynthesis. Science，2015，348（6235）：690-693.

[36] Li F S，Fan K，Xu B，et al. Organic dye-sensitized tandem photoelectrochemical cell for light driven total water splitting. Journal of the American Chemical Society，2015，137（28）：9153-9159.

[37] Wen F Y，Li C. Hybrid artificial photosynthetic systems comprising semiconductors as light harvesters and biomimetic complexes as molecular cocatalysts. Accounts of Chemical Research，2013，46（11）：2355-2364.

[38] Wang W Y，Chen J，Li C，et al. Achieving solar overall water splitting with hybrid photosystems of photosystem Ⅱ and artificial photocatalysts. Nature Communications，2014，5：4647.

[39] Sakimoto K K，Wong A B，Yang P D. Self-photosensitization of nonphotosynthetic bacteria for solar-to-chemical production. Science，2016，351（6268）：74-77.

[40] Kornienko N，Zhang J Z，Sakimoto K K，et al. Interfacing nature's catalytic machinery with synthetic materials for semi-artificial photosynthesis. Nature Nanotechnology，2018，13（10）：890-899.

[41] Ort D R，Merchant S S，Alric J，et al. Redesigning photosynthesis to sustainably meet global food and bioenergy demand. Proceedings of the National Academy of Sciences of the United States of America，2015，112（28）：8529-8536.

[42] Blankenship R E，Tiede D M，Barber J，et al. Comparing photosynthetic and photovoltaic efficiencies and recognizing the potential for improvement. Science，2011，332（6031）：805-809.

第3章 太阳能转化之光催化

导读

人工光合成是仿习自然光合作用的原理，通过光催化等途径将太阳能转化为化学能的过程。重要的人工光合成反应如水分解制氢和二氧化碳还原合成化学品等。其中，光催化是人工光合成中关键科学和技术问题的核心。光催化过程涉及光催化剂捕光产生光生电荷、光生电荷分离与传输以及光生电荷参与表面催化反应等多个步骤，是跨越多个时间尺度的复杂反应过程（图3.1）。

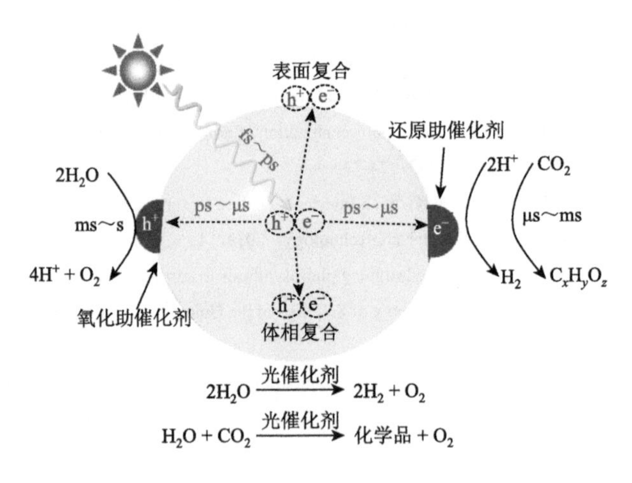

图3.1　光催化太阳燃料制备过程

3.1　人工光合成与自然光合作用

将太阳能转化并储存为人类方便利用的化学能，是科学家长期以来的梦想，也是世界范围内学术界和工业界关注的方向。利用太阳能将水和二氧化碳转化为氢气或碳氢化合物等燃料，不仅可满足人类对能源的需求，还可优化世界能源结构。一旦在效率和成本上取得突破性进展，将有可能改变世界能源格局，从根本上实现能源可持续发展和人类社会生态文明。

人工光合成是人类仿习自然光合作用原理，利用太阳能光催化、光电催化等途径将水和二氧化碳转化为氢气或碳氢化合物等燃料的过程，利用太阳能生产的氢气或碳氢化合物等称为太阳燃料。自然光合作用与人工光合成的过程对比如图 3.2 所示，自然光合作用的净过程是植物和藻类等利用光合色素，将二氧化碳和水转化为糖类等有机物，并释放出氧气的过程[1]；而人工光合成则是利用光催化、光电催化等途径将水和二氧化碳转化为太阳燃料（solar fuel），并释放出氧气的过程。

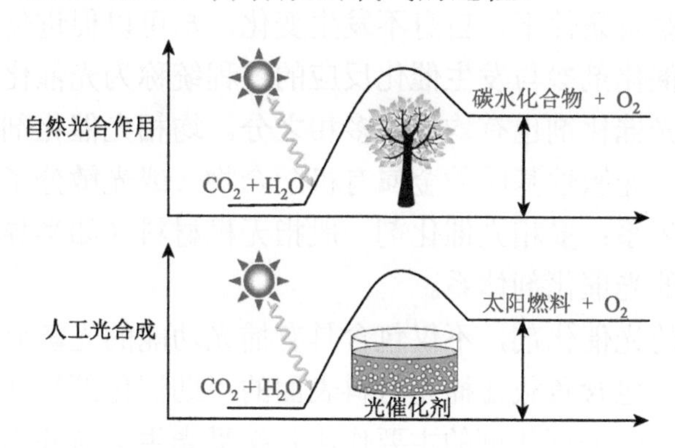

图 3.2　自然光合作用与人工光合成过程对比示意图

人工光合成过程包括以下两个基本化学反应：

$$2H_2O \xrightarrow{\text{光催化剂}} 2H_2 + O_2 \tag{3.1}$$

$$H_2O + CO_2 \xrightarrow{\text{光催化剂}} \text{化学品} + O_2 \tag{3.2}$$

3.2　光催化基础概述

人工光合成的核心是光催化，其关键步骤之一是如何利用太阳能将水分解为氢气和氧气（或将水裂解为氧气、质子及电子，其中质子与电子可偶合生成氢气）。氢气分子能量密度高，燃烧释放能量后生成水，不产生污染物，是理想的能源载体；氢能可高效地转换成电能或热能，可与现有的能源系统匹配和兼容；氢气还可以作为大宗化学品广泛应用于化工过程等。

太阳能分解水制氢可以通过光催化、光电催化等途径来实现，本章主要介绍光催化分解水制氢。光催化分解水现象是20世纪70年代，日本科学家藤岛昭（Fujishima Akira）和本多健一（Honda Kenichi）在电催化分解水研究中发现的。实验过程中，如果将电催化阳极材料换成二氧化钛半导体，用紫外光照射二氧化钛电极时，回路中产生电流，同时在阳极和阴极的电极表面分别生成了氧气和氢气，说明二氧化钛光阳极可以在光照条件下将水分解，首次揭示了利用半导体材料进行光催化分解水制氢的可行性，这一现象被称为“本多-藤岛”效应（Honda-Fujishima effect）[2, 3]。

3.2.1 光催化剂的基本概念

光催化剂（photocatalyst）是指在光激发下能够起催化作用的化学物质的统称，即光激发条件下，自身不发生变化，却可以促进化学反应发生的一类物质。光催化剂参与发生催化反应的过程统称为光催化过程。同传统催化剂一样，光催化剂也有均相与多相之分。均相光催化剂，也称分子催化剂，多指具有光敏性基团的金属有机配合物（或光敏分子）作为捕光材料的光催化剂体系；多相光催化剂一般指无机材料（如半导体、金属等）作为捕光材料的光催化剂体系。

通常所说的光催化剂，不仅包含具有捕光功能的光敏分子或半导体作为捕光材料，还包含负载在捕光材料表面的“助催化剂”（或称“共催化剂”，cocatalyst）。助催化剂的主要作用是接受光生电荷并为表面催化反应提供反应位点，另外，助催化剂还能促进光生电荷的分离和传输。

3.2.2 光催化分解水的基本原理

半导体（semiconductor），指常温下导电性能介于导体与绝缘体之间的材料。对于不含杂质且无晶格缺陷的本征半导体而言，价带（valence band，VB）与导带（conduction band，CB）之间的能隙不存在电子状态，称为禁带或带隙（用 E_g 表示），半导体材料的带隙决定了可吸收太阳光的波长范围。

半导体光催化剂上分解水的原理如图3.3所示[4]。首先，当半导体吸收

能量大于其带隙的光子辐射时，价带上的电子被激发后跃迁至导带，在导带聚集电子，在价带留下空穴，形成电子-空穴对，这一步称为光生电荷的产生；其次，产生的电子-空穴对分离并迁移至半导体表面，这一步称为光生电荷的分离，和光生电荷分离相互竞争的是光生电荷的复合过程；最后，迁移至半导体表面的光生电子和空穴与表面吸附的反应物分子分别发生还原反应和氧化反应，这一步称为光生电荷的利用。半导体材料的能带结构，即导带底和价带顶的化学电位，在热力学上决定了光催化反应能否发生。以分解水反应为例，热力学上要求半导体材料的价带顶比水氧化电位更正、导带底比质子还原电位更负。

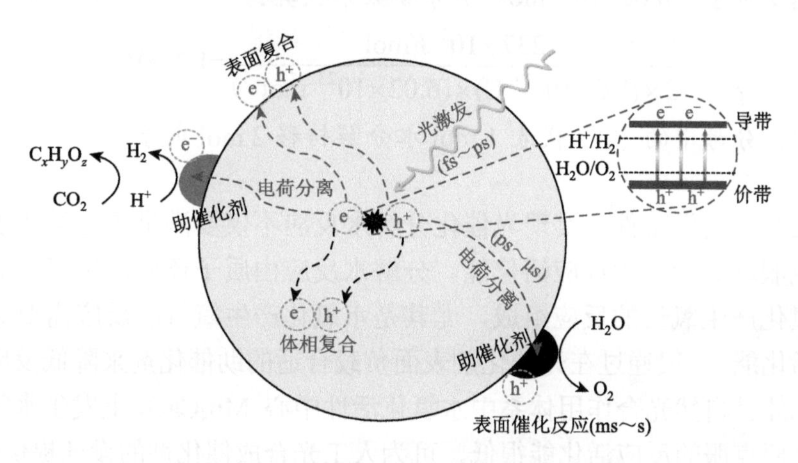

图 3.3　半导体光催化剂上分解水原理示意图

对于均相光催化剂体系而言，具有吸光基团的光敏分子作为捕光材料，当光敏分子受到光激发后，光生电子从光敏分子的 HOMO（highest occupied molecular orbital，最高占据分子轨道）能级跃迁至 LUMO（lowest unoccupied molecular orbital，最低未占分子轨道）能级，在 HOMO 能级上留下空穴，同样产生电子-空穴对；而光生电荷的分离及利用过程与半导体光催化剂在原理上是类似的。

3.2.3　光催化分解水的热力学和动力学

水分子的化学结构十分稳定，利用光催化过程将水分解为氢气和氧气需同时满足热力学和动力学条件。

（1）热力学条件。对于光催化分解水反应，热力学上所需能量的理论最小值是 1.23 eV，同时需满足光催化剂的价带顶电位比水氧化电位更正、导带底电位比质子还原电位更负。由于氧化还原反应过电位的存在，要求光催化剂的带隙要大于 1.23 eV，才能提供足够的驱动力使水分解为氢气和氧气。

能量单位 eV 与 kJ/mol 的关系

需要指出的是，光催化分解水中经常提到的热力学上所需能量的理论值 1.23 eV 与标准吉布斯自由能 237 kJ/mol 本质上是一致的，能量单位 eV 与 kJ/mol 的转换可以根据电子的电量（1.6×10^{-19} C）、阿伏伽德罗常量（6.02×10^{23} mol^{-1}）等参数来换算：

$$\frac{237\times10^{3}\ \text{J/mol}}{2\times(1.6\times10^{-19}\ \text{C})\times(6.02\times10^{23}\ \text{mol}^{-1})}=1.23\text{eV}$$

式中，分母中的“2”代表 1 mol 水分解转移 2 mol 电子。

（2）动力学条件。实现光催化分解水反应不仅要满足热力学要求，还需要克服动力学上的反应活化能。分解水反应由质子还原产生氢气的反应和水氧化产生氧气的反应组成，尤其是水氧化产生氧气的反应需要克服更高的活化能，一般通过在光催化剂表面负载合适的助催化剂来降低反应所需的活化能。自然光合作用体系中水氧化活性中心 Mn_4CaO_5 上发生水氧化反应所需要克服的反应活化能很低，可为人工光合成催化剂的设计提供借鉴。

3.2.4 完全分解水和产氢、产氧半反应

光催化完全分解水，即光催化反应中的反应物只有水，反应后产生化学计量的氢气和氧气，氢气与氧气的摩尔比为 2∶1。光催化研究中，为了单独研究光催化剂的产氢或产氧反应动力学过程，往往在反应体系中引入更容易消耗光生电子或者光生空穴的牺牲试剂，只考察产氧反应或者产氢反应过程，这些在牺牲试剂存在条件下的光催化产氢或者产氧反应称为水分解的“半反应”，包括产氢半反应和产氧半反应。如果加入的牺牲试剂比质子还原反应更容易接受光生电子，那么光生电子优先参与牺牲试剂的还原反应，而不发生放氢反应，在这种情况下，光生空穴发生水氧化反应，反应只有氧气生成，而没有氢气生成，即“产氧半反应”（图 3.4）。常用的接受电子的牺牲试剂有硝酸银、碘酸钠、氯化铁、硝酸铁、硫酸铁等；同

理，在水中加入更容易接受光生空穴的牺牲试剂时，反应过程中只有氢气生成，没有氧气生成，称为“产氢半反应”。常用的接受光生空穴的牺牲试剂有甲醇、乙醇、异丙醇、乳酸和三乙醇胺等有机物，以及硫代硫酸钠、硫化钠-亚硫酸钠等无机盐。由于牺牲试剂存在条件下的反应在热力学和动力学上要比完全分解水更为容易，因此，对于同一光催化剂，一般情况下产氢半反应和产氧半反应的光催化活性要高于完全分解水反应。此外，由于光生电子或空穴被牺牲试剂快速消耗，减少了光生电荷的复合，一定程度上提高了光生电荷的分离效率。

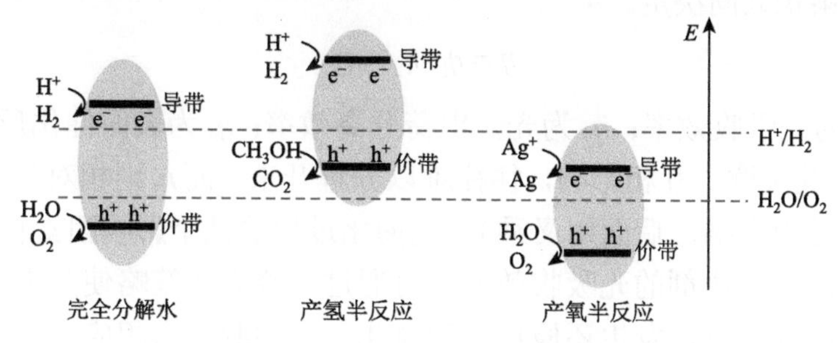

图 3.4　完全分解水反应和半反应

完全分解水反应：

$$4H^+ + 4e^- \longrightarrow 2H_2 \text{（还原反应）} \tag{3.3}$$

$$2H_2O + 4h^+ \longrightarrow 4H^+ + O_2 \text{（氧化反应）} \tag{3.4}$$

产氢半反应（以甲醇作牺牲试剂为例）：

$$6H^+ + 6e^- \longrightarrow 3H_2 \text{（还原反应）} \tag{3.5}$$

$$H_2O + CH_3OH + 6h^+ \longrightarrow CO_2 + 6H^+ \text{（氧化反应）} \tag{3.6}$$

产氧半反应（以硝酸银作牺牲试剂为例）：

$$4Ag^+ + 4e^- \longrightarrow 4Ag \text{（还原反应）} \tag{3.7}$$

$$2H_2O + 4h^+ \longrightarrow 4H^+ + O_2 \text{（氧化反应）} \tag{3.8}$$

除了反应动力学上的区别之外，完全分解水与产氢或产氧半反应对光催化剂能带结构的要求也不同。完全分解水反应要求光催化剂的导带底电位比质子还原电位更负、价带顶电位比水氧化电位更正；而产氢或产氧半反应则有所不同，如硝酸银作为牺牲试剂的水氧化反应，只需光催化剂的导带底电位比 Ag^+还原至 Ag 的化学电位更负，价带顶电位比水氧化电位更正即可，热力学上需要的驱动力比实际完全分解水小。需要指出的是，牺牲试剂存在条件下的光催化产氢或产氧半反应，由于已经改变了水分解反应的热力学过程，因此不是真正意义上的完全分解水反应。

3.2.5 太阳能利用效率

光催化分解水是涉及多电子转移的能量爬坡反应，标准吉布斯自由能改变量为 237 kJ/mol，整个反应由三个过程构成：光催化剂受光激发产生光生电荷、光生电荷的分离和光生电荷的利用（即表面催化反应），因此，总太阳能利用效率由光催化剂的光吸收效率、发生电荷分离效率以及表面催化反应效率的乘积共同决定。

$$\eta = \eta_1 \cdot \eta_2 \times \eta_3 \tag{3.9}$$

式中，η_1 为光吸收效率；η_2 为光生电荷分离效率；η_3 为表面催化反应效率。η_2 和 η_3 彼此关联、互相影响，往往难以分解开来，而 η_1 则相对独立（因此公式中前面用点乘，后面用叉乘）。光催化过程的几个影响因素相互制约，如为了提高光催化剂的光吸收效率，可通过一些调控策略使其带隙变窄，而带隙变窄的同时，发生还原反应和氧化反应的驱动力相应减小，势必影响表面催化反应的效率。

表征光催化剂的性能指标包括量子效率（quantum efficiency，QE）和太阳能到氢能转化效率（solar-to-hydrogen efficiency，STH）。量子效率又分为内量子效率（internal quantum efficiency，IQE）和外量子效率（external quantum efficiency，EQE），外量子效率或称表观量子效率（apparent quantum efficiency，AQE）。内量子效率是指实际参与催化反应的光子数目与被光催化剂吸收的光子数目之比；表观量子效率是指实际参与催化反应的光子数目与总入射光子数目之比。在光催化分解水研究中，由于存在光散射等因素的影响，光催化剂吸收的光子数难以准确测定（即内量子效率难以准确测定），因此通常采用测定总入射光子数来估算特定激发波长下的表观量子效率。

特定激发波长下的表观量子效率计算公式如下：

$$\begin{aligned}\text{AQE} &= \frac{\text{反应物消耗的光子数}}{\text{总入射光子数}} \times 100\% \\ &= \frac{2\times\text{反应生成的}\mathrm{H_2}\text{分子数}}{\text{总入射光子数}} \times 100\%(\text{产氢半反应}) \\ &= \frac{4\times\text{反应生成的}\mathrm{O_2}\text{分子数}}{\text{总入射光子数}} \times 100\%(\text{产氧半反应})\end{aligned} \tag{3.10}$$

反应物消耗的光子数可通过定量分析反应生成的目标产物 H_2 和 O_2 的量进行计算，总入射光子数可通过化学标定法或标准辐照计进行测定。化学标定法的原理是基于特定的化合物在吸收光子后，发生光化学反应的量子效率近似认为接近 100%，则可以通过对光化学反应后的产物进行定量分析来反推总入射光子数。例如，$[Fe(C_2O_4)_3]^{3-}$在吸收光子后被还原，生成的 Fe^{2+}可以与邻菲咯啉显色剂形成红色配合物，该物质可通过分光光度法进行定量分析，从而计算出总入射光子数[5]。

光化学中的量子效率

量子效率（或称量子产率）是光化学中重要的基本参数。假设光化学反应为 $A + h\nu \longrightarrow B$，初级过程的量子效率可定义为：产物的分子数与被吸收的光子数之比。如果激发态 A 分子在变成 B 分子的同时，还平行发生着其他光化学和光物理过程，那么这个初级过程的量子效率将受到其他竞争平行过程的“量子效率”的影响。一定光强条件下，每个分子只能吸收 1 个光子，因此所有初级过程的量子效率的总和等于 100%。

太阳能到氢能转化效率是指在光催化剂作用下分解水反应所储存的化学能与入射的太阳能之比：

$$\text{STH} = \frac{\text{反应储存的化学能}}{\text{入射的太阳能}} \times 100\% = \frac{r_{H_2} \times \Delta G^{\ominus}}{P_{\text{sun}} \times S} \times 100\% \qquad (3.11)$$

式中，r_{H_2} 为反应生成氢气的速率（mmol/s）；P_{sun} 为太阳光的功率密度（mW/cm^2）；S 为光照射面积（cm^2）；$\Delta G^{\ominus}$ 为标准摩尔吉布斯自由能改变量（J/mol）。

3.2.6　光催化反应与储能的关系

判断一个光催化反应是否是太阳能储存过程，可根据该反应的热力学标准摩尔吉布斯自由能改变量来判断。如果标准摩尔吉布斯自由能改变量小于零（$\Delta G^{\ominus} < 0$），则为非太阳能储存过程；如果标准摩尔吉布斯自由能改变量大于零（$\Delta G^{\ominus} > 0$），则为太阳能储存过程。例如，对于光催化完全分解水反应，反应可储存的化学能等于 237 kJ/mol。

对于牺牲试剂存在条件下的产氢半反应或者产氧半反应，则要根据不同反应物具体分析。以甲醇作为空穴牺牲试剂的产氢半反应为例，反应如式（3.12）所示，总反应的标准摩尔吉布斯自由能改变量为–3.0 kJ/mol，即在甲醇作为空穴牺牲试剂条件下的产氢半反应是热力学可自发进行的反应，光照只是加快了该反应进行的速率，整个反应过程不储存太阳能。

$$CH_3OH + H_2O \longrightarrow CO_2 + 3H_2\text{，}\Delta G^{\ominus} = -3.0\ \text{kJ/mol} \quad (3.12)$$

以硝酸银作为电子牺牲试剂的产氧半反应为例，反应如式（3.13）所示，虽然该反应在热力学上不能自发进行，但是热力学上需要的标准摩尔吉布斯自由能改变量（51.2 kJ/mol）远小于 237 kJ/mol，说明该反应能够储存的太阳能远小于完全分解水反应（该反应可储存的太阳能为 0.42 eV，完全分解水反应为 1.23 eV）。此外，Fe^{3+}及IO_3^-也是光催化研究中常用的消耗电子的牺牲试剂，以 Fe^{3+}作为电子牺牲试剂条件下水氧化反应储存的太阳能为 0.46 eV，以IO_3^-为电子牺牲试剂条件下水氧化反应储存的太阳能仅为 0.21 eV（图 3.5）。

$$4Ag^+ + 2H_2O \longrightarrow O_2 + 4Ag + 4H^+\text{，}\Delta G^{\ominus} = 51.2\ \text{kJ/mol} \quad (3.13)$$

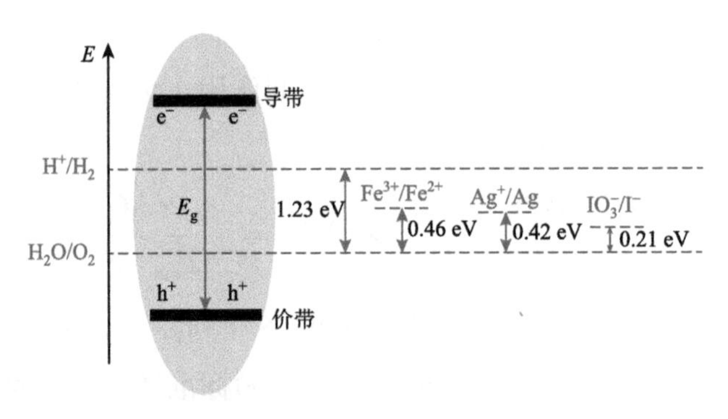

图 3.5　完全分解水反应与电子牺牲试剂存在条件下反应的储能对比

3.2.7　单一光催化剂和 Z 机制完全分解水体系

光催化完全分解水体系可分为单一光催化剂体系和双光催化剂体系耦合的 Z 机制体系，其原理示意图如图 3.6 所示。对于单一光催化剂完全分解水体系而言，光催化剂能带结构必须同时满足导带底比质子还原电位更负、价带顶比水氧化电位更正，质子还原产氢和水氧化产氧反应在同一催

化剂上进行。受自然光合作用原理的启发，研究人员开发了双光催化剂耦合的 Z 机制完全分解水体系，产氧半反应和产氢半反应分别在两种光催化剂上进行，两种光催化剂能带结构仅需满足各自半反应即可，并利用合适的电荷传递载体将两个半反应耦合使之循环运转。

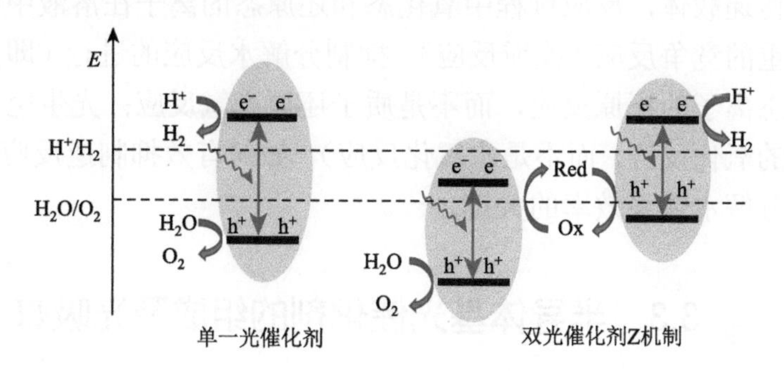

图 3.6　单一光催化剂与双光催化剂耦合的 Z 机制完全分解水原理示意图

一个典型的 Z 机制完全分解水体系包括产氢光催化剂、产氧光催化剂和电荷传递载体。以可溶性氧化还原离子对作为电荷传递载体为例，Z 机制分解水的化学反应式如下：

产氢过程：$$4H^+ + 4e^- + Red \longrightarrow 2H_2 + Ox \tag{3.14}$$

产氧过程：$$2H_2O + 4h^+ + Ox \longrightarrow O_2 + 4H^+ + Red \tag{3.15}$$

总反应：$$2H_2O \longrightarrow 2H_2 + O_2 \tag{3.16}$$

式中，Red 和 Ox 分别代表氧化还原离子对的还原态和氧化态。

常用的 Z 机制完全分解水体系的电荷传递载体有 IO_3^-/I^-、Fe^{3+}/Fe^{2+}、$[Fe(CN)_6]^{3-}/[Fe(CN)_6]^{4-}$、$[Co(bpy)_3]^{3+}/[Co(bpy)_3]^{2+}$ 以及 $[Co(phen)_3]^{3+}/[Co(phen)_3]^{2+}$等[6]。

部分导电性好且费米能级与半导体材料匹配的金属材料（如 Au、Ag 等）也可作为固态电荷传递载体用于构建固体 Z 机制完全分解水体系。此外，能带结构和表面结构高度匹配的两个光催化剂也有可能在不引入电荷传递载体的情况下，直接构成 Z 机制完全分解水体系[7-9]。

与单一光催化剂完全分解水体系相比，Z 机制完全分解水体系的优点在于：①构成 Z 机制的两个光催化剂的能带结构只需分别满足产氢或产氧半反应即可，可供选择的光催化剂种类较多，有可能利用更宽波长范围的太阳光谱；②由于产氢和产氧反应分别在不同光催化剂上发生，理论上有可能实现氢气和氧气的空间分离。缺点是：①Z 机制完全分解水体系中电荷传递载体的氧化还原过程需要消耗一半的光生电荷（即有一半光生电荷被电荷传递载体消耗），因此，Z 机制完全分解水体系的光子利用率仅为单一光催化剂体系的 50%；②Z 机制完全分解水体系中常用的可溶性离子对作为电荷传递载体，反应过程中氧化态和还原态的离子在溶液中共存，存在较为严重的竞争反应（或逆反应），抑制分解水反应的进行（即光生电子参与氧化态离子的还原反应，而不是质子还原产氢反应；光生空穴参与还原态离子的氧化反应，而不是水氧化反应），如何有效抑制逆反应是提高 Z 机制完全分解水体系效率的关键之一。

3.3 半导体基光催化剂的组成及光吸收

3.3.1 光催化材料的元素组成

迄今为止，数百种半导体材料已被开发出来并应用于光催化分解水反应研究。对满足光催化分解水的半导体光催化材料的元素构成进行经验性总结，可以发现大多数半导体材料基本都包含具有 d^0 和 d^{10} 电子结构的元素。这些元素根据其作用大致可分为如下几类（图 3.7）[10]：①参与构成晶体结构和能带结构；②只参与构成晶体结构，但不参与构成能带结构；③作为助催化剂等。

第一类是参与构成晶体结构与能带结构的元素。大多数金属氧化物、金属硫（氧）化物以及金属氮（氧）化物光催化材料均由含有 d^0 或 d^{10} 组态的金属元素组成，包括 Ti 基化合物、Nb 基化合物、Ta 基化合物等。此类半导体材料的导带多由金属元素的 d 轨道和 sp 轨道构成，价带主要由非金属元素（如 O、N、S 以及 Se 等）的 p 轨道构成，如硫氧化物的价带由 O 2p 和 S 3p 轨道杂化构成，氮氧化物的价带由 O 2p 和 N 2p 轨道杂化构成。此外，Cu 3d、Ag 4d、Pb 6s、Bi 6s 以及 Sn 5s 轨道等也可以参与价带的构成，这些半导体材料如 $CuInS_2$、$AgGaS_2$、$PbBi_2Nb_2O_9$、$BiVO_4$ 以及 $SnNb_2O_6$ 等。一些 d 轨道部分填充的过渡金属离子（如 Cr^{3+}、Ni^{2+}、Rh^{3+}等）掺杂至半导体光催化材料中也可参与能带结构组成，如 Cr^{3+}或 Ni^{2+}掺杂至半导体 TiO_2 或 $SrTiO_3$ 中可将吸光范围从紫外光区拓展至可见光区[11, 12]。此外，Z 机制完全分解水体系中常作为产氢光催化剂的 $SrTiO_3$：Rh 就是利用贵金

属 Rh 的掺杂调变 $SrTiO_3$ 能带结构，使其具有可见光响应的性质[13, 14]。

	IA	IIA	IIIB	IVB	VB	VIB	VIIB	VIII	VIII	VIII	IB	IIB	IIIA	IVA	VA	VIA	VIIA	VIIIA
1	1 H 1.01																	2 He 4.00
2	3 Li 6.94	4 Be 9.01											5 B 10.81	6 C 12.01	7 N 14.01	8 O 16.00	9 F 19.00	10 Ne 20.18
3	11 Na 22.99	12 Mg 24.31											13 Al 26.98	14 Si 28.09	15 P 30.97	16 S 32.06	17 Cl 35.45	18 Ar 39.95
4	19 K 39.10	20 Ca 40.08	21 Sc 44.96	22 Ti 47.88	23 V 50.94	24 Cr 52.00	25 Mn 54.94	26 Fe 55.85	27 Co 58.93	28 Ni 58.69	29 Cu 63.55	30 Zn 65.38	31 Ga 69.72	32 Ge 72.63	33 As 74.92	34 Se 78.97	35 Br 79.90	36 Kr 83.80
5	37 Rb 85.47	38 Sr 87.62	39 Y 88.91	40 Zr 91.22	41 Nb 92.91	42 Mo 95.95	43 Tc	44 Ru 101.07	45 Rh 102.91	46 Pd 106.42	47 Ag 107.87	48 Cd 112.41	49 In 114.82	50 Sn 118.71	51 Sb 121.76	52 Te 127.60	53 I 126.90	54 Xe 131.29
6	55 Cs 132.91	56 Ba 137.33	57 La 138.91	72 Hf 178.49	73 Ta 180.95	74 W 183.84	75 Re 186.21	76 Os 190.23	77 Ir 192.22	78 Pt 195.08	79 Au 196.97	80 Hg 200.59	81 Tl 204.38	82 Pb 207.20	83 Bi 208.98	84 Po	85 At	86 Rn

58 Ce 140.12	59 Pr 140.91	60 Nd 144.24	61 Pm	62 Sm 150.36	63 Eu 151.96	64 Gd 157.25	65 Tb 158.93	66 Dy 162.50	67 Ho 164.93	68 Er 167.26	69 Tm 168.93	70 Yb 173.05	71 Lu 174.97

① d^0金属、d^{10}金属、非金属：参与构成晶体结构和能带结构

② 只参与构成晶体结构，不参与构成能带结构

③ 作为助催化剂

图 3.7　构成光催化材料的元素类别与作用

第二类是只参与构成晶体结构而不参与构成能带结构的元素。这类元素主要包含一些碱金属、碱土金属以及部分镧系元素，如具有钙钛矿型结构的材料（如 $NaTaO_3$、$KNbO_3$ 等）是一类典型的半导体光催化材料，其结构式为 ABO_3，A 位占据的金属离子主要起调变晶体结构的作用。同时，该类元素较容易进入多种层状化合物的层间以影响半导体材料的晶体结构[15]。

第三类作为助催化剂。这类元素主要包含贵金属以及一些金属氧化物，如 Au、Ag、Pt、Pd、Ru、Rh、IrO_2 以及 RuO_2 等，其中贵金属主要用作还原助催化剂，而金属氧化物大多用作氧化助催化剂。此外，也有一些混合金属氧化物助催化剂（如 $RhCrO_x$）在氮（氧）化物光催化剂体系中作为还原助催化剂表现出优异的催化性能[16, 17]。

3.3.2　半导体光催化剂的光吸收

光催化剂的光吸收效率决定了其太阳能利用效率的理论极限。紫外光在太阳光谱中占比很小，可见光、近红外光占比超过 90%。大多数应用于光催化分解水的半导体材料都只能吸收紫外光或者短波长的可见光，因此，研发能够吸收可见光甚至近红外光的光催化材料尤为重要。

光催化剂的能带结构决定了其太阳光谱的吸收范围，为了使光催化剂吸收更宽波长范围的太阳光，需要对半导体光催化剂的能带结构进行有效调控。以金属氧化物半导体材料为例，其导带能级主要由金属的 s 轨道或者 d 轨道构成，价带能级一般由氧的 2p 轨道构成。图 3.8 给出了几种常用的能带结构调控策略：①利用比氧元素电负性更小的非金属元素（如 N、S 等）取代半导体材料晶格中的氧原子，使 N、S 等元素的 p 轨道参与价带能级的构成（图中以 N 为例），从而提升半导体材料的价带位置，使半导体材料的带隙变窄，吸光范围变宽；②引入一种或多种金属元素，使其 d 轨道参与半导体导带能级的构成，引起其导带位置的降低，从而使带隙变窄，吸光范围变宽；③由两种带隙较宽的半导体形成新的固溶体材料，使带隙变窄，吸光范围变宽。

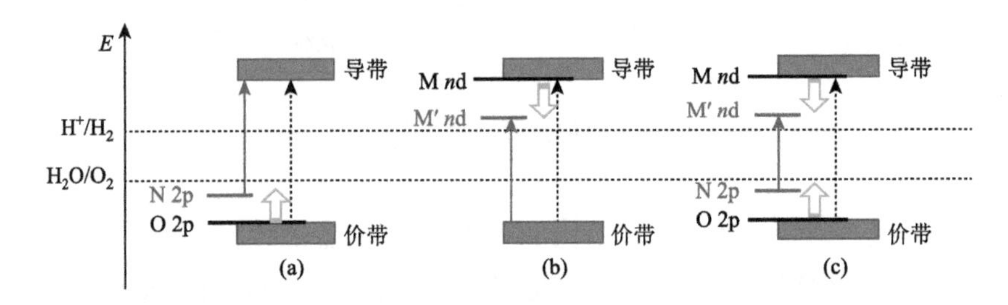

图 3.8 常见的半导体材料的能带结构调控策略

通过能带调控策略拓展半导体材料吸光范围的实例很多。例如，TiO_2 的带隙为 3.2 eV，只能吸收波长小于 400 nm 的紫外光，通过对 TiO_2 进行氮化处理，使氮元素部分取代晶格中的氧元素参与价带的构成，可使带隙降至 2.3～2.8 eV，从而将 TiO_2 的吸光范围拓展至可见光区[18]；固溶体策略可改变半导体光催化材料的能带结构，如 GaN 和 ZnO 两种宽带隙半导体形成固溶体后(ZnO 和 GaN 的带隙分别为 3.2 eV 和 3.4 eV)得到的 GaN：ZnO 固溶体材料，其带隙约为 2.5 eV[19]。该固溶体材料的导带是由 Ga 4s4p 轨道组成，价带则由 O 2p、N 2p 和 Zn 3d 轨道杂化组成，由于 Zn 3d 轨道与 N 2p 和 O 2p 轨道之间存在 p-d 排斥作用，以及 N 2p 和 Zn 3d 轨道对于价带能级的提升作用，其带隙变窄，实现可见光吸收。

图 3.9 列举了部分常见的半导体光催化材料及其相对能带位置，这些半导体材料包括金属氧化物、金属硫（氧）化物以及金属氮（氧）化物等，能够吸收太阳光谱的波长范围覆盖紫外光区、可见光区甚至近红外光区。

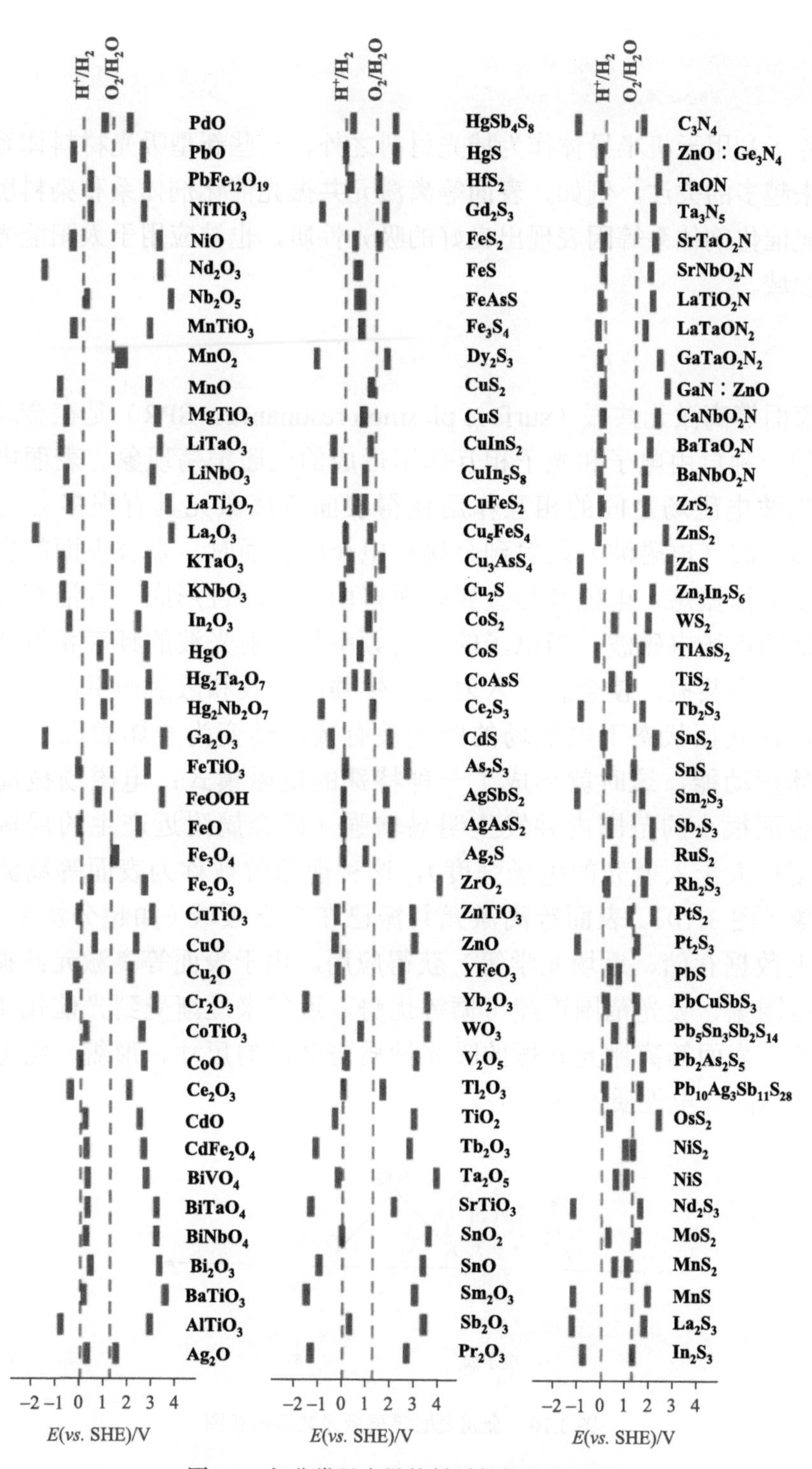

图 3.9　部分常见半导体材料的能带位置图

3.3.3 其他拓展光吸收范围的方法

除了利用无机半导体作为捕光材料之外，一些新型吸光材料体系也受到越来越多的关注。例如，表面等离激元共振光催化剂体系和染料敏化半导体光催化剂体系等因表现出良好的吸光性质，也被应用于太阳能光催化研究领域。

1. 表面等离激元共振光催化剂体系

表面等离激元共振（surface plasmon resonance，SPR）是在金属表面区域的一种自由电子和光子相互作用形成的电磁振荡现象。表面电荷振荡与光波电磁场之间的相互作用使得表面等离激元具有很多独特的性质。当光波（电磁波）入射到金属与电介质界面时，金属表面的自由电子发生集体振荡，电磁波与金属表面自由电子耦合形成一种沿着金属表面传播的近场电磁波，当电子的振荡频率与入射光波的频率相近或一致时就会发生共振，使金属对入射光产生强的吸收和散射而引起共振消光现象，在共振状态下电磁场的能量被有效地转变为金属表面自由电子的集体振动能，这时就形成了一种特殊的电磁模式：电磁场被局限在金属表面很小的范围内并发生明显增强（即金属附近产生的局域电场的强度远大于入射光的电场强度），这种现象就被称为表面等离激元共振现象（图 3.10）。表面等离激元共振已在光学领域（如超分辨率光刻、高密度数据存储、近场光学等）获得应用。由于表面等离激元共振具有吸光范围宽、吸光范围连续可调等优势，近年来逐渐受到光催化研究者的关注。表面等离激元共振的吸光性质与金属的尺寸、形貌、组分以及周围环境的介电性质密切相关。

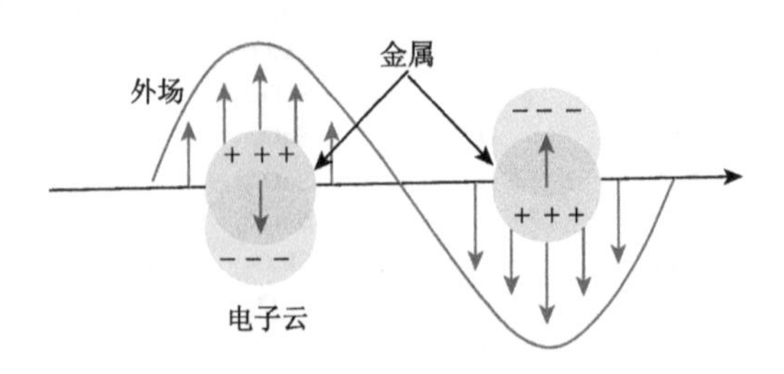

图 3.10 金属表面等离激元共振示意图

表面等离激元共振光催化剂体系除了利用金属直接作为光催化剂外，通常将金属与宽禁带半导体进行耦合，构建复合光催化剂体系，光吸收范围可拓展至可见光、近红外光，甚至红外光区域。例如，Au/TiO_2 是典型的表面等离激元光催化剂，TiO_2 本身只能吸收紫外光，当 Au 纳米粒子与之复合后，Au/TiO_2 可以吸收 500～600 nm 范围内的可见光，吸光范围得到拓展。

碎锦补缀

表面等离激元共振现象

Au、Ag 等金属的表面等离激元共振现象早在 1000 多年前就已经被人们应用在物品装饰上。例如，公元 4 世纪的罗马莱克格斯杯（Lycurgus cup）就是由 Au 和 Ag 纳米粒子组成的双色杯，由于金属纳米粒子的等离激元共振吸收和散射效应，从杯子里面被照亮时显示出透明红色，从杯子外面被照亮时却是不透明绿色（插图 3.1）。法国巴黎圣母院大教堂彩色玻璃窗显示出的缤纷色彩也是由 Au 等纳米粒子的等离激元共振造成的。早期研究 Au 纳米粒子的是英国科学家法拉第（Michael Faraday），他在 1852 年制备的 Au 胶体溶液至今依然保持稳定，同时也发现只需要改变 Au 粒子的尺寸就能使 Au 胶体溶液呈现不同颜色。

插图 3.1　表面等离激元共振现象的早期应用

2. 染料敏化半导体光催化剂体系

有机染料分子作为吸光材料已被广泛应用于染料敏化太阳电池领域。借鉴染料分子在染料敏化太阳电池中的作用机制，将有机染料分子与半导

体材料耦合，在太阳能光催化领域也得到了应用，称之为染料敏化半导体作用。

染料敏化半导体作用是指将有机染料分子和能带结构与之相匹配的半导体敏化基质耦合，利用有机染料分子捕获太阳光，并将光生电荷注入半导体的导带参与反应。在染料敏化光催化剂体系中，半导体敏化基质自身不被光激发，其作用是接受染料分子激发产生的电荷并提供电荷发生反应的位点。典型的染料敏化半导体光催化剂体系主要由敏化分子、半导体敏化基质及助催化剂构成。染料敏化半导体光催化剂体系的作用机制如图 3.11 所示，染料分子受到光激发从基态跃迁至激发态，激发态电子注入半导体敏化基质的导带能级，电子在半导体表面被助催化剂捕获用于还原反应，失去电子的氧化态染料分子与电子给体发生反应使染料分子回到基态。此外，转移至半导体敏化基质的电子也可能返回敏化分子发生复合使敏化分子回到基态或者通过荧光等辐射退激发回到基态。

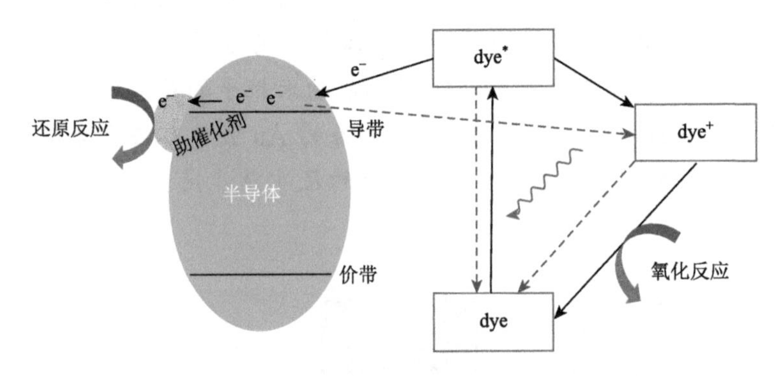

图 3.11 染料敏化半导体作用机制示意图

dye：基态染料分子；dye*：激发态染料分子；dye+：氧化态染料分子；蓝色虚线表示激发后的染料分子回到基态的可能路径

染料分子包括有机金属配合物和非金属有机分子染料，有机金属配合物染料如三联吡啶钌、金属酞菁和金属卟啉等，非金属有机分子染料如曙红和罗丹明 B 等。敏化基质多为导带位置比染料分子激发态电位更正的半导体材料，如 TiO_2、SnO_2、$SrTiO_3$ 及 C_3N_4 等。例如，Maruthamuthu 等[20]利用钌基金属配合物 $[Ru(dcbpy)_2(dpq)]^{2+}$ 作为染料分子，TiO_2 作为半导体敏化基质，Pt 作为产氢助催化剂，可实现可见光激发下的光催化反应。

3.4 光催化过程中的光生电荷分离

光生电荷分离是人工光合成的核心科学问题之一。由于光激发产生的光生电荷寿命较短，光生电荷若不能及时分离和转移就会发生复合而损失，因此，发展有效的光生电荷分离策略是光催化研究的关键。本节将简要介绍人工光合成中一些常用的光生电荷分离策略。

“异质结”是太阳电池领域中应用广泛的电荷分离策略。在太阳能光催化和光电催化研究中，在不同半导体材料的接触界面构筑异质结，也常被用来促进光催化剂体系中的光生电荷分离。异质结是半导体物理学的一个概念，指不同的半导体材料互相接触形成的界面区域。根据半导体的类型，异质结可分为反型异质结（pn 结）和同型异质结（nn 结，pp 结）。图 3.12 以 pn 结为例来说明异质结对光生电荷分离的作用。在 p 型半导体中，多数载流子是带正电的空穴，而在 n 型半导体中，多数载流子是带负电的电子。当这两种半导体形成 pn 结时，二者之间由于存在载流子浓度梯度，导致了空穴从 p 区到 n 区、电子从 n 区到 p 区的扩散运动。对于 p 区来说，空穴离开后，在 p 区一侧出现了负电荷区；同理，在 n 区一侧出现了正电荷区。空间电荷区的这些电荷产生了从 n 区指向 p 区的内建电场，内建电场驱动载流子定向迁移。从 pn 结形成前后的费米能级（E_F）的变化情况来看，电子从费米能级高的 n 区流向费米能级低的 p 区，空穴从 p 区流向 n 区，因此，n 型半导体的费米能级不断下降，而 p 型半导体的费米能级不断上升，直至达到平衡。晶体硅基太阳电池的基本原理就是利用 pn 结对光生电荷定向分离的特性，分别对硅进行硼掺杂（p 型掺杂）和磷掺杂（n 型掺杂）并构筑 pn 结进行工作的。

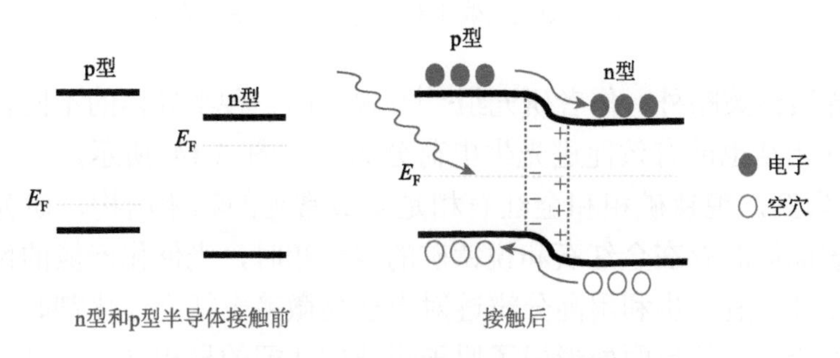

图 3.12　pn 结的光生电荷分离原理

类似于异质结策略在太阳电池中的作用，异质结在太阳能光催化研究中也被广泛应用。图 3.13 给出了一个典型的异质结光催化剂中光生电荷分离的示意图，在半导体 A 和半导体 B 之间构筑界面接触良好的异质结，当半导体 A 和 B 分别受到光激发时，由于二者能带结构的差异性，光生电子会从半导体 B 越过界面转移至半导体 A，而光生空穴则会从半导体 A 转移至半导体 B，使得还原反应主要发生在半导体 A 上，而氧化反应主要发生在半导体 B 上。由于半导体 B 上的电子和半导体 A 上的空穴被快速转移，延长了光生电荷的寿命，减少了光生电荷复合概率，这一有效的电荷转移过程得益于半导体 A 和 B 在界面异质结区形成的内建电场为光生电荷定向分离提供了驱动力。异质结策略常用于构筑二元或多元复合结构光催化剂体系，是太阳能光催化和光电催化研究中的普适策略之一。

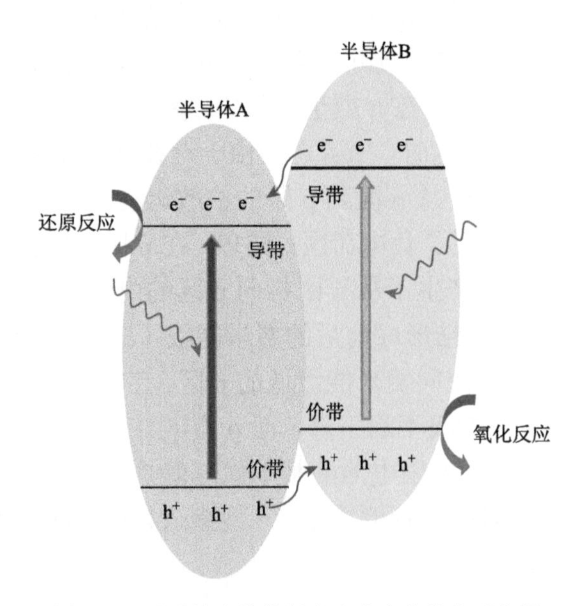

图 3.13　异质结光催化剂中光生电荷分离示意图

除异质结策略外，作者研究组[21]发现，同一种半导体的不同物相之间形成的异相结也能有效促进光生电荷分离。如图 3.14 所示，以二氧化钛（TiO_2）为例，锐钛矿相和金红石相是其最常见的物相结构，研究发现当 TiO_2 的表面同时存在金红石和锐钛矿的混合相时，光催化产氢的性能得到大幅度提升。进一步利用高分辨透射电子显微镜表征光催化剂时发现，在锐钛矿和金红石的界面处形成了原子级结构匹配的异相结。正是由于“异

相结”的形成，光生电荷在异相结区域形成的内建电场的作用下，在金红石和锐钛矿相的界面发生快速分离。由于两种物相的能带结构存在微小差异（锐钛矿的导带和价带略低于金红石），光生电子从金红石转移至锐钛矿，而光生空穴则从锐钛矿转移至金红石，减少了光生电荷的复合，使更多的光生电荷存活下来并参与光催化反应。这种策略在氧化镓（Ga_2O_3）等其他半导体光催化材料上也得到了很好的印证[22]。Ga_2O_3 最常见的物相为 α 相和 β 相，研究证实具有 α-β 异相结的 Ga_2O_3 光催化剂与纯相的 α-Ga_2O_3 或 β-Ga_2O_3 相比，其光催化分解水的活性可提升 8 倍以上。对其载流子动力学分析的结果显示，形成 α-β 异相结的 Ga_2O_3 光催化剂中长寿命电子的数量明显增加，且具有异相结的光催化剂存在一个超快的电荷转移过程（3～6ps），加速了光生电荷的有效分离。实验测得 α 相和 β 相的能带结构存在微小差异（导带能级差异约为 0.07 eV，价带能级差异约为 0.02 eV），由于原子级匹配的异相结界面对光生电荷分离和传输的优势，即使是如此微小的能带结构差异，也能够诱导光生电荷在不同物相之间的有效分离，从而提升光催化效率。

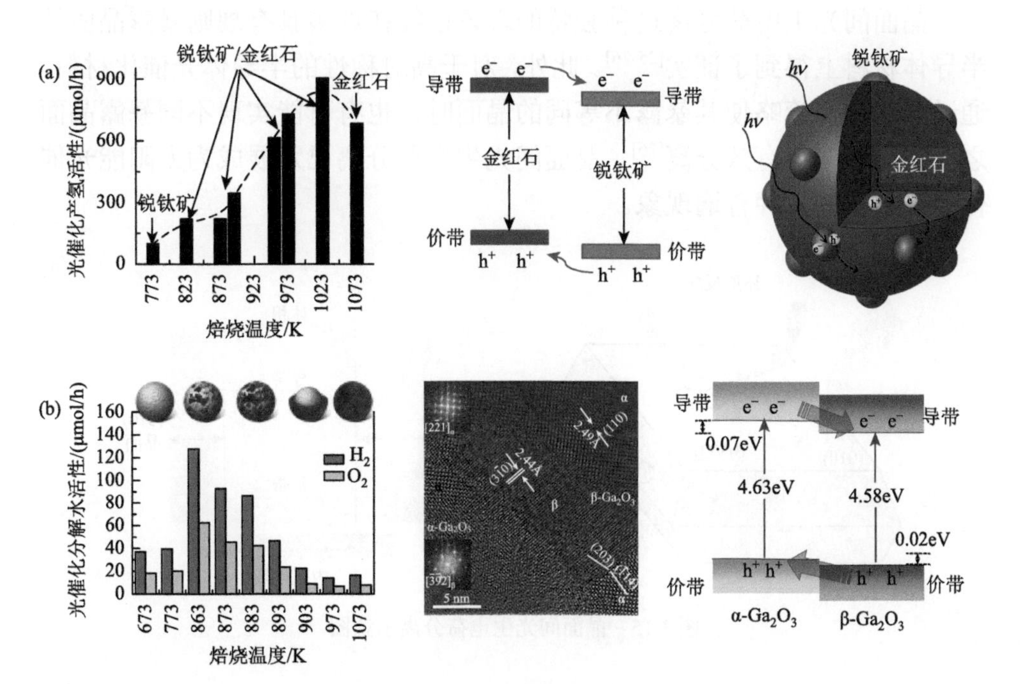

图 3.14　异相结促进光生电荷分离的实例：（a）TiO_2[21]，（b）Ga_2O_3[22]

除了异质结和异相结等光生电荷分离策略之外，作者研究组[23]还发现半导体光催化剂单晶的不同暴露晶面之间也会发生光生电荷分离现象。如图 3.15 所示，以钒酸铋（$BiVO_4$）光催化剂为例，通过对其形貌和暴露晶面进行调控，合成规则的十面体 $BiVO_4$ 单晶时，当其受到光激发，光生电子会分离至 $BiVO_4$ 单晶的（010）晶面，而光生空穴分离至（110）晶面，实现了光生电子与空穴在不同暴露晶面上的空间分离。引起这种晶面之间光生电荷分离的本质原因是不同暴露晶面的表面能带弯曲程度不同，对钒酸铋来说，（110）晶面的能带弯曲程度要远大于（010）晶面，更利于光生空穴向（110）表面的迁移，这种能带弯曲程度的差异会诱导产生不同的空间电荷层内建电场，这种内建电场的存在为光生电荷在不同晶面之间的分离提供了内在驱动力[24]。如果一个半导体光催化剂同时有多种暴露晶面，光生电荷分离主要发生在能带弯曲程度差异最大的两个晶面之间，对于 n 型半导体而言，光生空穴倾向于迁移至能带向上弯曲程度最大的晶面上发生氧化反应，而光生电子倾向于迁移至能带向上弯曲程度最小的晶面上发生还原反应。

晶面间光生电荷分离这种独特的现象已经在许多具有规则暴露晶面的半导体材料上得到了证实[25-26]。此外，对于高对称性的半导体光催化材料，通过形貌调控策略使其暴露不等同的晶面时，也有可能实现不同暴露晶面之间的光生电荷有效分离[26]。晶面间光生电荷分离已发展成为太阳能光催化研究领域的一种普遍现象。

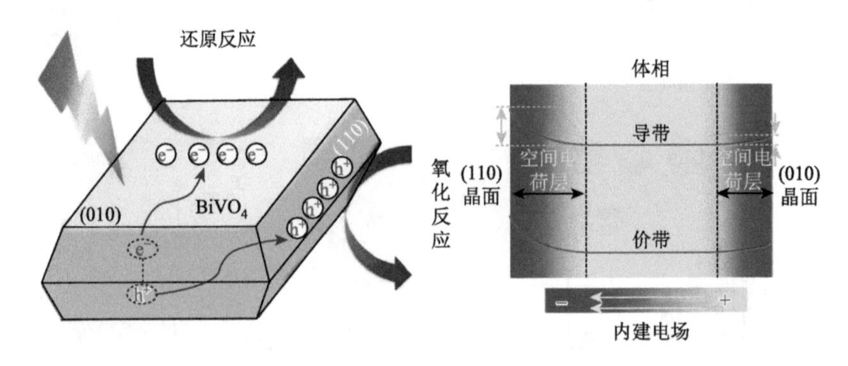

图 3.15　晶面间光生电荷分离示意图

对于一些暴露完全等同晶面的半导体材料（如立方体 Cu_2O），在不改变材料晶体结构和形貌的条件下，作者研究组[27]还发现，由于光生电子和

空穴的载流子迁移率存在差别，可通过不对称光照使完全对称的立方体 Cu_2O 单晶产生明显的电荷空间分离——空穴传输到光照区，电子传输到背光的阴影区，这种现象也称为光登伯效应（photo-Dember effect）。光登伯效应也为半导体光催化剂光生电荷分离性质的调控提供了一种新的思路。此外，半导体光催化材料的一些本征物理特征（如极性、铁电性、压电性等）也有利于在材料内部形成局部内建电场，驱动光生电荷的空间分离，也是太阳能光催化和光电催化研究中值得关注的研究课题。

3.5　光催化过程中的催化作用

光催化反应，顾名思义，包含“光”和“催化”两部分的共同作用，但是，它不同于大家熟知的光化学反应和传统的热催化反应。光催化反应与光化学反应以及热催化反应之间既有区别，又有联系。

3.5.1　光催化反应与光化学反应的区别

1. 光化学反应

光化学反应指由反应物分子在光照射下吸收光子后所引发的化学反应[28]，可表示为

$$A + h\nu \longrightarrow A^* \tag{3.17}$$

$$A^* \longrightarrow P \tag{3.18}$$

或

$$A^* + B \longrightarrow P \tag{3.19}$$

式中，A、B 为反应物；P 为产物。

当反应物分子受到入射光激发后，分子从基态跃迁至激发态，同基态分子相比，激发态分子具有新的分子结构和物理化学性质。此外，激发态分子还具有特殊的氧化还原性质：成键轨道上产生的空穴更容易接受电子；同样，激发到反键轨道上的电子更容易在电荷转移中失去。不仅如此，电子云密度的重排也会影响反应物分子参与化学反应的过程。

光化学反应遵循哪些基本规则？

光能（$h\nu$）作为额外的能量供给直接作用于化学反应，是克服反应势垒所需的能量。光化学反应通常是“量子化”反应，光能是被单

独的光子吸收，光子能量超过反应势垒的某一阈值时才能发生反应。

第一规则：（Grottus-Draper 规则）只有被物质吸收的光子才能有效地引发物质的光化学变化，也称作光化学活性原理（principle of photochemical activation）。

第二规则：（Einstein 当量规则）在光化学反应过程中，被活化的分子数（或原子数）等于吸收光的量子数，或者说分子对光的吸收是单光子过程(电子激发态分子寿命很短,吸收第二个光子的概率很小)，即光化学反应的初级过程是由分子吸收光子开始的。此定律以爱因斯坦在 1905 年提出的公式为依据：

$$E = h\nu = hc/\lambda$$

式中，E 为光子能量（J）；ν 为光子频率（s^{-1}）；λ 为光子波长（m）；h 为普朗克常量（6.626×10^{-34} J·s）；c 为光速（3×10^{8} m/s）。

2. 光催化反应

光催化反应指光催化剂在光激发条件下产生的光生电荷参与的催化反应，光催化剂本身在反应前后状态不发生改变，可表示为

$$C + h\nu \longrightarrow C^* \tag{3.20}$$

$$C^* + A \longleftrightarrow (AC)^* \longrightarrow P + C \tag{3.21}$$

式中，C 为光催化剂；C^* 为光催化剂被激发后的激发态；A 为反应物；P 为产物。

绝大多数无机半导体光催化剂都属于这一类，光催化剂在光激发下产生光生电子和空穴，光生电子和空穴与吸附在光催化剂表面的反应物分子分别发生还原反应和氧化反应，生成相应的目标产物。

3.5.2 光催化反应与热催化反应的关系

传统的热催化反应和光化学反应可用式（3.22）和式（3.23）简单描述[29]：

$$A \xrightarrow[\Delta]{C} P \text{（热催化反应）} \tag{3.22}$$

$$A \xrightarrow{h\nu} P \text{（光化学反应）} \tag{3.23}$$

对于热催化反应，催化剂 C 被定义为在一定温度下可以改变反应速率，而不改变反应平衡的物质。从热力学角度看，热催化反应的驱动力只是热能，且仅限于热力学上可行的化学反应。

光化学反应与热催化反应的不同之处，主要表现在：①热催化反应通过提供热能使分子活化时，体系中分子能量服从玻尔兹曼热力学平衡分布；而光化学反应过程中分子受到光激发时，体系中分子处于激发态（而非基态），即能量处于热力学非平衡态。因此，光化学反应的途径和产物往往与热催化反应不同。②光化学反应中只要入射光的波长范围与反应物分子的吸光范围存在重叠，即入射光能够被反应物分子所吸收，即使在很低的温度下，光化学反应仍然可以进行，而热催化反应需要达到一定温度阈值才能驱动反应的发生。

对于光催化反应，可以理解为光化学和热催化反应的结合，即在光和催化剂共同作用下才能进行的反应，如式（3.24）表示，等同于式（3.22）和式（3.23）的加和。光催化反应中的光催化剂 C，同样需要服从催化剂定义的要求，即仅改变化学反应速率，反应前后自身不发生变化。由于光能的注入，一些热力学上非自发的反应可以在温和条件下通过光催化反应实现。

$$A \xrightarrow{h\nu,\ C} P \tag{3.24}$$

以分解水反应为例，如果通过光化学反应来诱发该反应，水的电子结构决定了其在光化学反应中必须吸收波长小于 170 nm 的紫外光才能使其电子态激发，波长为 170 nm 的光约相当于 7.5 eV 的能量，也就是需要提供 7.5 eV 以上的能量才能诱发水分子的光化学裂解反应；而如果通过热催化反应实现分解水，则需要提供 2000℃以上的高温。但是如果通过光催化反应来实现的话，则在室温下就可以进行，理论上只需要提供能量大于 1.23 eV 的光子即可使光催化分解水反应发生（考虑反应过电位的情况下，一般需要至少 1.8 eV），远小于光化学反应需要的 7.5 eV，且不需要高温。

为了进一步理解光催化反应与热催化反应的区别，以光催化和热催化中都会用到的催化剂——贵金属 Pd 负载的 TiO_2 催化剂（Pd/TiO_2）为例来说明（图 3.16）。在热催化反应中，TiO_2 为催化剂载体，主要起催化作用的是表面负载的 Pd 颗粒，整个反应是热能驱动的化学反应，满足玻尔兹曼热力学平衡分布原理，可以用传统的催化动力学方法来处理；而在光催化反应中，TiO_2 为吸光半导体材料，其作用是受到光激发后产生光生电子与空穴，光生电子与空穴迁移至 TiO_2 表面，光生电子被 TiO_2 表面的 Pd 颗粒捕获发生还原反应，而光生空穴在 TiO_2 表面发生氧化反应，Pd 的作用是捕获光生电子并为光生电子参与催化反应提供活性位点。可以看出，虽然催化剂是相同的，但是反应机理和各组分所起的作用完全不同。

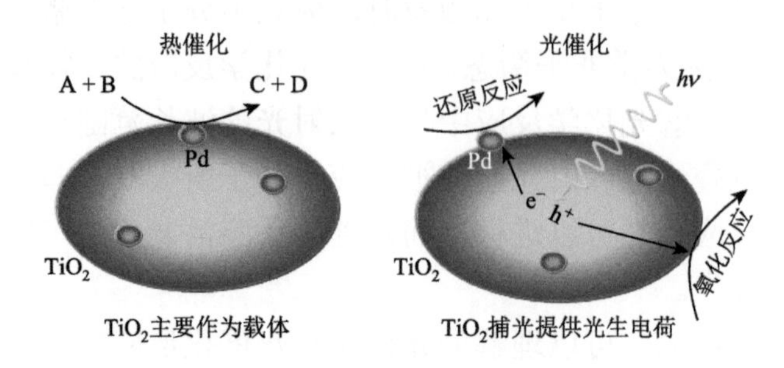

图 3.16　光催化反应和热催化反应的区别（以 Pd/TiO_2 为例）

在光催化反应中，光生电荷（光生电子、光生空穴）作为参与和驱动反应发生的“反应物”，光生电荷分离和传输过程往往是反应的速控步骤。光催化反应可以假定为光能作为额外的能量先注入到反应体系中，使本身为热力学爬坡的分解水反应变为热力学可行的反应（$\Delta G<0$），光催化剂从 C 态激发到 C^*态，随后 C^*与水分子发生反应（图 3.17），在这种情况下，可近似利用传统热催化的动力学模型进行处理，反应的机理可用式（3.25）～式（3.27）来描述。

$$C + h\nu \longrightarrow C^* \tag{3.25}$$

$$C^* + 2H_2O + 4h^+ \longrightarrow C + O_2 + 4H^+ \tag{3.26}$$

$$4H^+ + 4e^- \longrightarrow 4[H] \longrightarrow 2H_2 \tag{3.27}$$

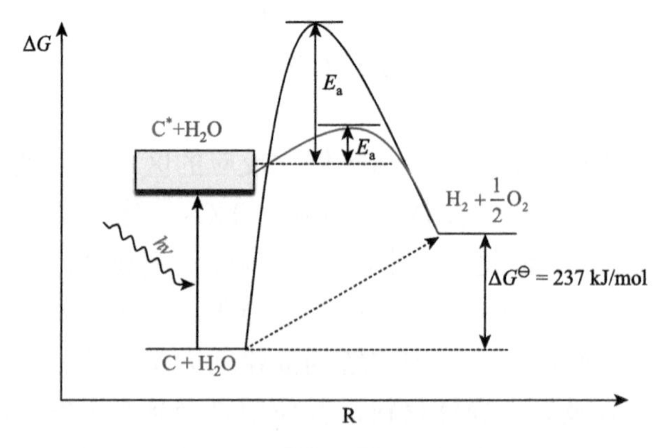

图 3.17　光催化分解水反应过程

C：光催化剂；E_a：反应活化能；R：反应路径

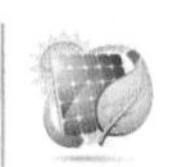

3.5.3　光催化中的助催化剂

在光催化反应过程中，为了加速表面催化反应速率，通常在捕光材料的表面担载少量助催化剂，助催化剂的主要作用是吸附活化反应物、捕获光生电子或空穴以及提供光生电子或空穴参与表面催化反应的活性位点。由于光生电荷在助催化剂上被反应快速消耗，也可以在一定程度上促进光生电荷的分离和传输。

光催化中的助催化剂（cocatalyst）与传统热催化中的催化助剂（promoter）是两个不同的概念。热催化中的催化助剂往往本身不具有催化活性（或活性很低），但能改变催化剂的部分性质，如化学组成、离子价态、酸碱性及表面结构等，从而使催化剂的活性、选择性、抗毒性或稳定性得以改变。光催化中的助催化剂则是为光生电荷参与的表面反应提供活性位点，是催化反应发生的场所[30, 31]。

传统热催化中“催化助剂”的作用

传统热催化中催化助剂按所起的作用，常分为结构助剂、电子助剂以及毒化助剂等。结构助剂用于增进活性组分的比表面积或提高稳定性，如合成氨工业中使用的熔铁催化剂 $Fe\text{-}K_2O\text{-}Al_2O_3$ 中的 Al_2O_3 主要起到结构助剂的作用；电子助剂用于改变活性组分外层电子密度等，如 $Fe\text{-}K_2O\text{-}Al_2O_3$ 中的 K_2O 就是电子助剂，能够降低催化剂的电子逸出功，同时使生成的氨易于脱附，因而能提高催化剂的比活性；毒化助剂能使某些引起副反应的活性中心中毒，从而提高目标反应的选择性，如在某些用于烃类转化反应的催化剂中，加入少量碱性物质以毒化催化剂中引起积炭副反应的中心。

光催化中的助催化剂按照其作用可分为还原助催化剂和氧化助催化剂。还原助催化剂主要作用是捕获光生电子，并为还原反应提供反应位点，常用的还原助催化剂有 Pt、Au、Ru、Rh 等贵金属、部分硫化物（如 MoS_2）和磷化物（如 Ni_xP）等；氧化助催化剂主要作用是捕获光生空穴，并为氧化反应提供反应位点，常用的氧化助催化剂包括 IrO_2、RuO_2、NiO、Mn_3O_4、Co_3O_4 等金属氧化物，以及钴基磷酸盐、钴基硼酸盐等化合物[32, 33]。

此外，还有一些有机配合物分子也可以作为光催化反应中的助催化剂，如钴基配合物、镍基配合物、氢化酶类配合物等。

3.5.4 光催化中助催化剂的作用机制

光催化中助催化剂的作用机制主要包括降低催化反应的动力学势垒（即催化作用）和促进光生电荷分离等方面。

1. 催化作用

很多半导体光催化剂自身不具备催化功能，此时需要在其表面引入助催化剂以满足反应动力学要求。例如，TiO_2光催化剂自身难以实现光催化产氢反应，当在其表面担载 Pt 等贵金属作为助催化剂时，则能够实现光催化产氢反应。Pt 等贵金属对于质子还原及氢气分子的形成具有催化作用，TiO_2受到光激发后提供热力学上满足质子还原反应的光生电子，光生电子转移至 Pt 等贵金属助催化剂表面，由于贵金属助催化剂对质子的动力学活化作用，可以实现光催化产氢反应。

同时，助催化剂的催化作用还包括调控催化反应的路径。在光催化反应过程中，生成的还原态物种有可能被光生空穴氧化，氧化态物种也有可能被光生电子还原，从而抑制目标光催化反应的继续进行，这些反应统称为逆反应。通过在光催化剂表面引入合适的助催化剂，一定程度上可以抑制逆反应的进行，提升光催化反应性能。例如，GaN：ZnO 固溶体光催化剂虽然在担载 Pt、Rh 等助催化剂时可以实现光催化完全分解水反应产生氢气和氧气，但是由于氧气容易在 Pt、Rh 等助催化剂上与质子发生逆反应，同时氧气容易在贵金属助催化剂表面发生氧还原反应，使得 GaN：ZnO 光催化剂无法实现稳定的分解水反应。K. Domen 等[34]认为，通过在 Pt、Rh 等贵金属助催化剂表面包裹 CrO_x 氧化物修饰层形成 Pt(Rh)/CrO_x 核壳结构助催化剂，氧气分子难以与贵金属表面直接接触，而质子可以透过氧化物层到达贵金属表面发生质子还原反应，这样就可有效抑制逆反应的发生，使光催化分解水的性能及稳定性得到大幅提升（图 3.18），这种核壳结构助催化剂抑制逆反应的本质机理还在讨论之中。

2. 促进光生电荷分离

光生电荷分离效率是决定半导体光催化剂性能的关键因素之一。在半

导体表面负载贵金属助催化剂可改变半导体材料的表界面结构，一般会形成“肖特基接触”或者“欧姆接触”，改变光生电荷的分离和传输过程。

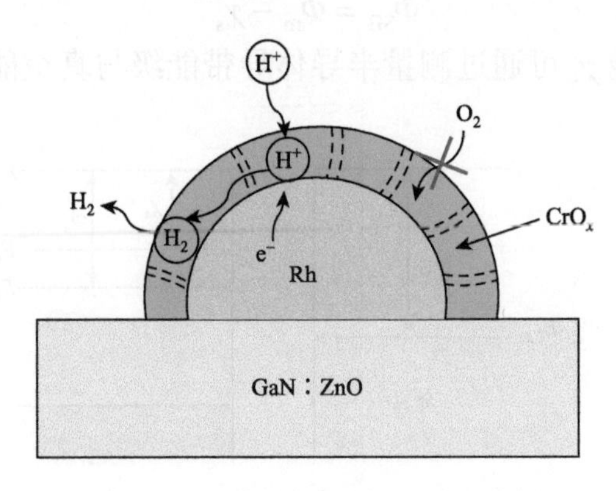

图 3.18　助催化剂抑制逆反应示意图

1）肖特基接触

当金属助催化剂与半导体材料接触界面形成肖特基接触时，半导体的能带发生弯曲并在界面处形成内建电场，具有一定的整流特性，利于光生电荷发生定向分离。图 3.19 给出了理想状态下金属助催化剂和 n 型半导体接触界面的能带弯曲情况[35, 36]。当金属的功函数（Φ_m）大于半导体的功函数（Φ_s），即金属的费米能级低于半导体的费米能级时，电子会从半导体向金属移动，直至费米能级拉平。达到平衡后，在金属和半导体的界面处会形成亥姆霍兹双电层（Helmholtz double layer），由于静电感应的作用，金属侧带负电，而半导体侧带正电。因为半导体内自由电荷的浓度低，金属和半导体界面的电场不能有效地影响到整个半导体，从而导致半导体近表面区域的自由电荷浓度会比体相的更低，该区域称为空间电荷区域（space charge region）。由于 n 型半导体中电子是多数载流子，电子在半导体表面的空间电荷区域发生耗散从而使半导体表面表现出正电荷富集，即电荷耗尽层（depletion layer）。当金属的费米能级比半导体低时，电子会从半导体流向金属导致半导体的费米能级降低。在空间电荷区域内，电荷在电场作用下发生迁移，从而导致半导体的能带发生弯曲。半导体界面处的能带弯曲程度（V_{BB}）等于金属与半导体之间的功函数差［式（3.28）]：

$$V_{BB} = \Phi_m - \Phi_s \tag{3.28}$$

式中，Φ_m 为金属的功函数；Φ_s 为半导体的功函数。

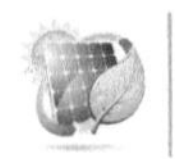

金属和半导体的界面处形成的肖特基势垒的高度（Φ_{SB}）等于金属的功函数与电子亲和能（χ_s）之差［式（3.29）］：

$$\Phi_{SB} = \Phi_m - \chi_s \tag{3.29}$$

式中，电子亲和能 χ_s 可通过测量半导体导带能级与真空能级的差值得到。

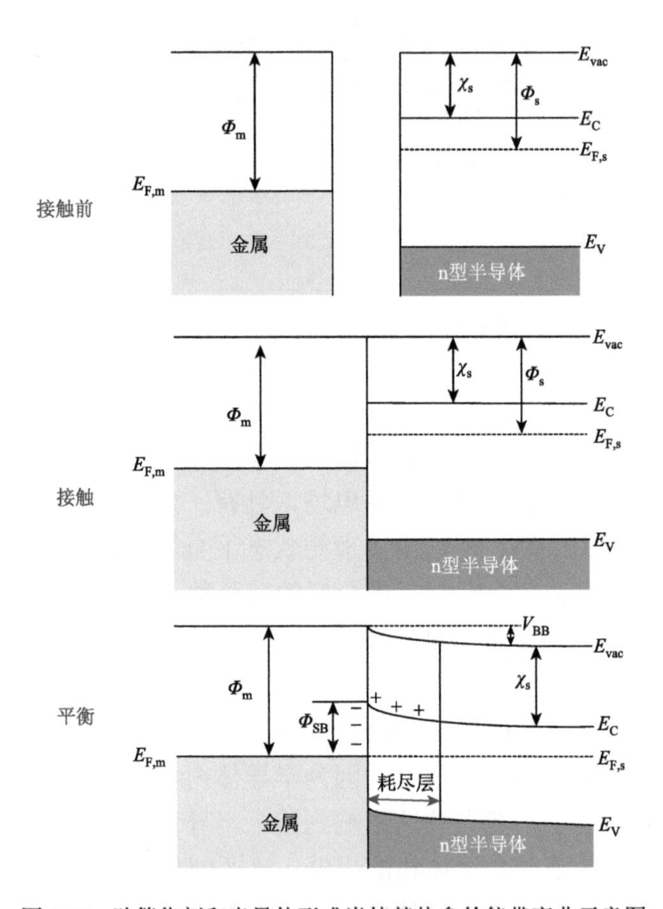

图 3.19　助催化剂和半导体形成肖特基势垒的能带弯曲示意图

E_{vac}：真空能级；E_F：费米能级；Φ_s：半导体的功函数；Φ_m：金属的功函数；χ_s：电子亲和能；Φ_{SB}：肖特基势垒高度；V_{BB}：能带弯曲程度；E_C：导带能级；E_V：价带能级

以贵金属（如 Au、Ag 等）负载在半导体（如 TiO_2）表面形成的光催化剂为例，在贵金属和半导体的界面会形成肖特基势垒，半导体被激发后产生的光生电子越过肖特基势垒转移至费米能级更低的贵金属表面，由于肖特基势垒的存在，光生电子向半导体的逆向转移被阻止，从而发挥抑制光生电荷复合以提升电荷分离效率的作用。另外，肖特基势垒的存在也为

光生电荷从半导体向金属的迁移提供了一定的障碍。金属与半导体之间形成的肖特基势垒的高度 Φ_{SB} 决定了光生电子的注入效率，Φ_{SB} 越小，电子的理论注入效率越高；当肖特基势垒高度太低时，电子虽然能够有效地转移到金属上，但同样电子从金属返回到半导体的概率也增加。

2）欧姆接触

如果金属助催化剂的功函数（Φ_m）小于半导体的功函数（Φ_s），即金属的费米能级高于半导体的费米能级，金属和半导体的界面会形成欧姆接触。欧姆接触在界面不产生明显的附加阻抗，不会使半导体内部的平衡载流子浓度发生显著的改变。当费米能级拉平后，金属和半导体的接触面能带情况如图 3.20 所示，这种情况下，半导体上的电子倾向于向金属发生转移，形成电荷聚集层（accumulation layer）。如果半导体材料和金属助催化剂之间形成欧姆接触，半导体激发产生的电子很容易发生从半导体向助催化剂的迁移，也能够促进光生电荷的分离。

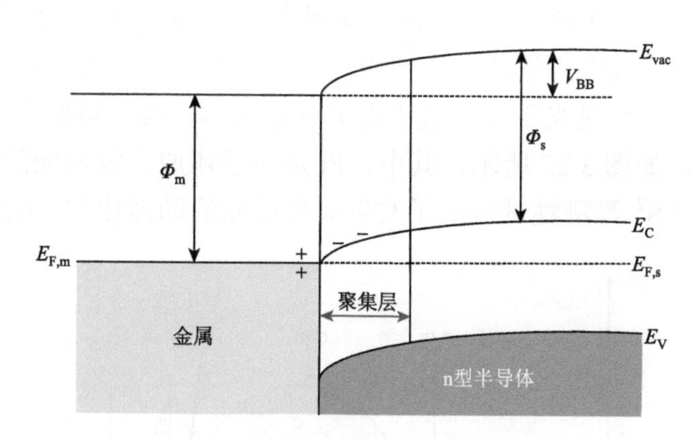

图 3.20　金属助催化剂和半导体形成欧姆接触示意图

3.5.5　氧化还原双助催化剂

担载单一助催化剂一般无法同时促进氧化反应和还原反应的高效进行，作者研究组[30]提出氧化还原双助催化剂策略，即一个高效的光催化剂体系，通常需要在捕光材料表面同时担载氧化助催化剂和还原助催化剂，以分别加速氧化反应和还原反应速率，同时担载的氧化和还原助催化剂被称为“双助催化剂”，总反应速率由氧化反应和还原反应中较慢的反应决定（图 3.21）。例如，光催化分解水反应是由质子还原和水氧化两个半反应构成，一般情况下，需要在吸光材料的表面同时担载用于质子还原产氢的还原助催化剂和用于水氧化产氧的氧化助催化剂以分别提升还原反应和氧化反应的速率。

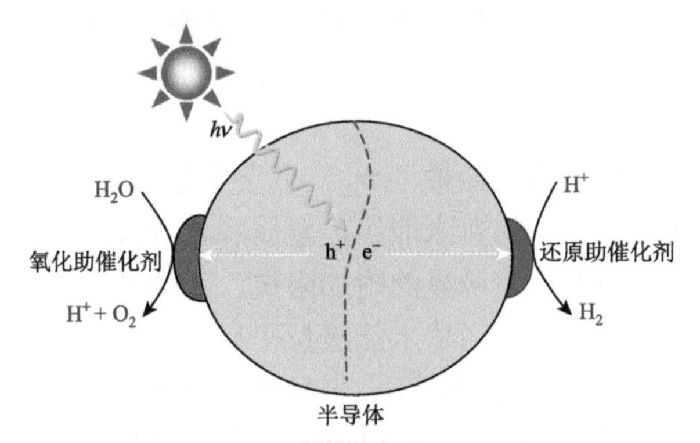

图 3.21　光催化中的双助催化剂示意图

以半导体光催化材料硫化镉（CdS）为例，研究表明，当在 CdS 表面同时担载 Pt 和 PdS 分别作为还原助催化剂和氧化助催化剂时，在 Na_2S-Na_2SO_3 溶液作为消耗空穴的牺牲试剂条件下，光催化产氢的性能得到大幅度提升，可见光下表观量子效率可达 93%，接近自然光合作用的量子效率[37, 38]。如图 3.22 所示，其中，Pt 是质子还原产氢反应的助催化剂，PdS 是溶液中 S^{2-}等牺牲试剂离子发生氧化反应的助催化剂，双助催化剂分

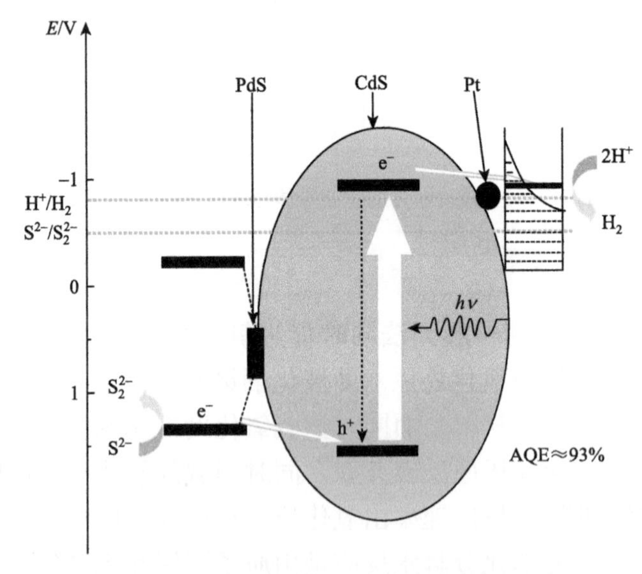

图 3.22　Pt-PdS/CdS 双助催化剂光催化剂体系及其产氢表观量子效率[37]

别加速了氧化反应和还原反应过程，使得总反应速率得到大幅度提升。双助催化剂策略已广泛应用于半导体光催化体系中，逐渐发展为太阳能光催化研究中的一种普适性策略。

双助催化剂的构筑也需要兼顾半导体光催化材料自身的光生电荷分离特性。如 3.4 节提到，一些具有规则形貌的半导体光催化材料在光照条件下，光生电子和空穴会分离至不同暴露晶面上，在此基础上，将还原助催化剂和氧化助催化剂分别选择性地沉积在电子富集和空穴富集的晶面上，可使氧化反应和还原反应在空间上分开，这不仅能大幅度减少光生电荷的复合概率，还能有效抑制逆反应的发生。如图 3.23 所示，作者研究组[39]以 $BiVO_4$ 为例，将还原助催化剂 Pt 和氧化助催化剂 CoO_x（或 MnO_x）分别担载在 $BiVO_4$ 的（010）和（110）晶面上，构筑氧化反应和还原反应在空间上分开的光催化剂体系，研究发现，空间分离的氧化和还原助催化剂表现出明显的协同促进作用，可使光催化性能呈现数量级提升。作者研究组[40]进一步利用自主研发的空间分辨表面光电压谱和开尔文探针成像系统发现，光催化活性大幅提升的原因是由于双助催化剂和 $BiVO_4$ 界面的

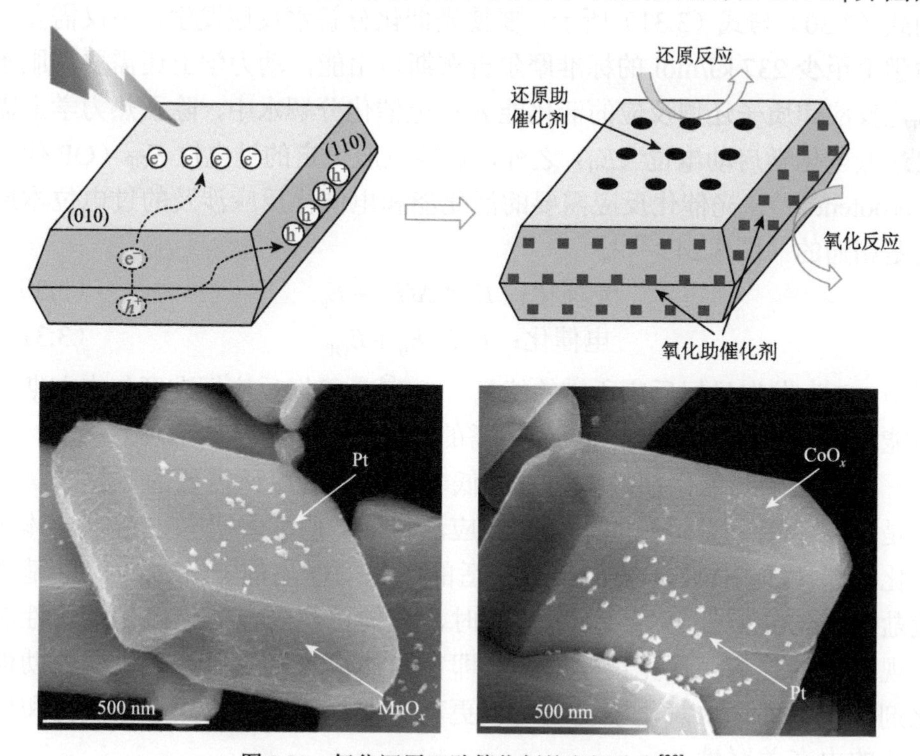

图 3.23　氧化还原双助催化剂的空间分布[39]

电荷转移得到了极大的增强，双助催化剂的引入有效地增加了空间电荷层的宽度，使其由原来独立相反的内建电场变为方向一致的内建电场，增强了电荷分离的驱动力，使光生电子和空穴在空间上发生有效分离。利用半导体材料不同暴露晶面之间的光生电荷分离特性构筑空间分离的双助催化剂已发展成为光催化研究中一种行之有效的策略，广泛应用于太阳能转化中的光催化和光电催化研究领域。

3.5.6 助催化剂与电催化剂的区别与联系

光催化分解水中的大多数助催化剂源于电催化分解水中的电催化剂，其实，光催化分解水和电催化分解水反应具有本质关联，二者可进行类比：电催化分解水反应中，阴极和阳极上分别发生质子还原和水氧化反应；光催化分解水反应中，迁移到催化剂表面的光生电子和空穴分别参与还原反应和氧化反应。光催化剂可以看成是由许多微小的电化学电极组成，区别是电催化分解水反应中氧化反应和还原反应分别在阳极和阴极上发生，而光催化中氧化反应和还原反应在同一个光催化剂颗粒表面上进行。如式（3.30）与式（3.31）所示，要使光催化分解水反应发生，不仅需要热力学上至少 237 kJ/mol 的标准摩尔吉布斯自由能，动力学上还需要克服水氧化反应和质子还原反应的活化能 E_a；电催化分解水中，除了热力学上需要最低电化学启动电位（E_0）之外，还要克服一定的过电位 E_{OP}（OP 代表 overpotential）。光催化反应需要的活化能和电催化反应涉及的过电位本质上是相通的（图 3.24）[31]。

$$\text{光催化：} E \geqslant \Delta G^{\ominus} + E_a \tag{3.30}$$

$$\text{电催化：} U \geqslant E_0 + E_{OP} \tag{3.31}$$

式中，E 为发生目标反应所需的能量；$\Delta G^{\ominus}$ 为目标反应标准摩尔吉布斯自由能改变量；U 为发生目标反应所需的电位。

光催化中助催化剂的作用是降低表面催化反应所需要的活化能，尤其是动力学上更为缓慢的水氧化反应活化能。研究表明[31]，在半导体光催化材料（如 $BiVO_4$）表面担载合适的氧化助催化剂（如 CoO_x、钴基磷酸盐、MnO_x、IrO_2 以及 RuO_2 等）时，光催化和光电催化氧化水的性能呈现一致的趋势（详见第 4 章），即在光催化水氧化中性能优异的助催化剂在光电催化水氧化中也表现出更高的催化活性，验证了光催化和电催化的内在关联性。

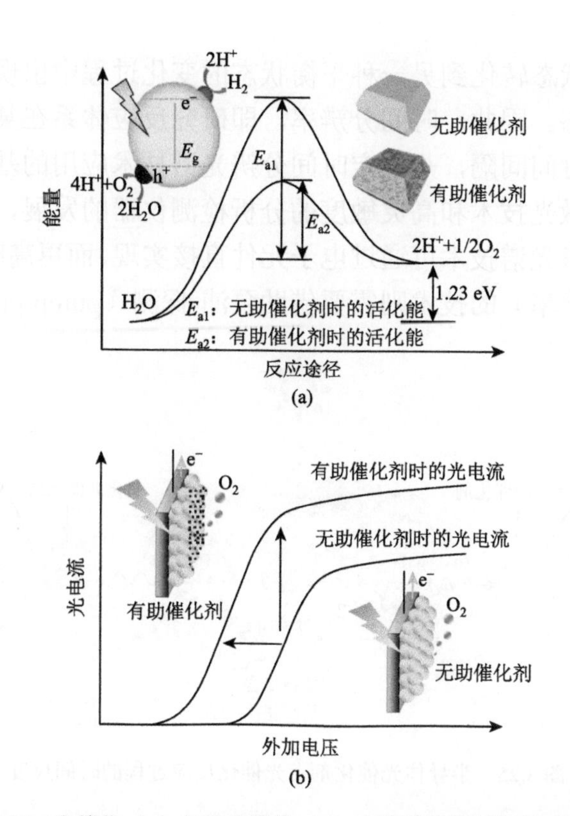

图 3.24　光催化（a）与光电催化（b）中的助催化剂作用对比[31]

3.6　光催化动态学光谱表征技术简介

半导体光催化反应中各个过程发生的时间尺度是不同的（图 3.25），光催化剂受光激发产生光生电荷的时间尺度一般在飞秒（fs）量级，光生电荷的捕获在飞秒（fs）～皮秒（ps）量级，光生电荷的迁移、传输和复合等动态学过程通常在纳秒（ns）～微秒（μs）量级，而光生电荷参与催化反应过程发生在微秒（μs）～毫秒（ms）或更小的时间尺度。因此，对光催化反应微观过程的研究，需借助于快速或超快的时间分辨技术。随着超快脉冲激光技术和高灵敏度的光谱仪器的发展，各种超快时间分辨表征技术逐步兴起，并广泛应用于光催化相关的微观机理研究中。其中，时间分辨光谱技术在光催化机理研究中起到举足轻重的作用。

时间分辨光谱是由光脉冲技术和微弱、瞬变光信号检测方法相结合而发展起来的，用于研究光辐射场和物质分子的相互作用过程。时间分辨光谱所探测的对象就是脉冲光激发后的非平衡态变化过程，可观察和检测物质从一种平衡状态转化到另一种平衡状态的变化过程中出现的各种“中间物”的瞬间形态。因此，时间分辨率，即研究反应体系在某一瞬间的结构和状态的最短时间间隔，是决定时间分辨光谱技术应用的基本因素之一。随着超快脉冲激光技术和高灵敏度的分析检测仪器的发展，纳秒级以下分辨率的时间分辨光谱技术可通过电子元件直接实现，而更高时间分辨率（如皮秒、飞秒分辨率）的技术则需要借助泵浦-探测（pump-probe）技术。

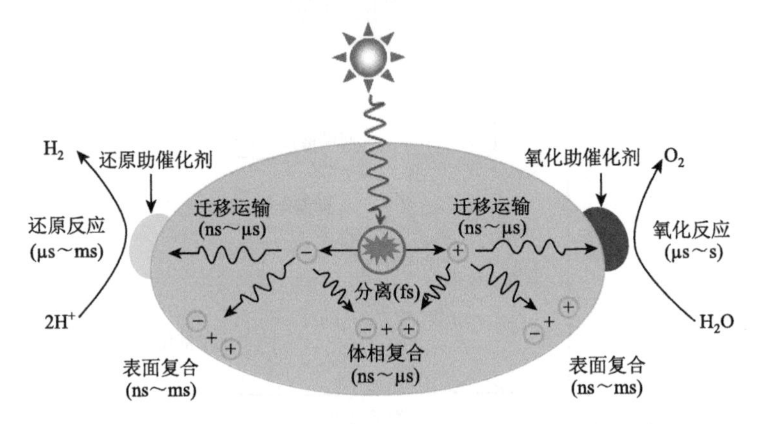

图 3.25 半导体光催化剂上光催化反应过程的时间尺度

为了研究光催化反应中的光物理和光化学过程，需要选用不同的时间分辨光谱技术，以及不同的激发光源和探测器。光催化研究中常用的时间分辨光谱手段包括时间分辨荧光光谱、瞬态吸收光谱、时间分辨红外光谱、时间分辨微波光电导谱、时间分辨太赫兹谱等，其中时间分辨荧光光谱和瞬态吸收光谱分别研究辐射复合过程和光生电子与空穴的动态学过程，是应用最为广泛的时间分辨光谱技术。

光催化反应涉及的界面电荷转移过程，主要包括半导体与助催化剂、助催化剂与反应物分子之间的电荷转移等过程。光催化的多步动态学过程直接影响光催化效率，研究光催化反应涉及的光物理和光化学过程对理解光催化反应微观机理尤为重要。以 TiO_2 光催化剂的瞬态吸收光谱为例，出现在 520 nm 和 770 nm 处的瞬态吸收信号分别归属为束缚态的空穴和束缚态的电子，它们位于 TiO_2 的表面，参与光催化反应过程；而自由电子主要分布在 TiO_2 内部，自由电子的吸收信号强度随波长增加而增加，主要出现在红外光区[41]。通过分析光生电子和光生空穴的瞬态吸收光谱信号，可得到光生电荷的动态学信息。光生电子和空穴发生分离后，往往在极短的时

间内被杂质能级或缺陷态捕获，被捕获的光生电子和空穴发生复合或者参与催化反应。捕获光生电荷的时间尺度在几百飞秒到几十皮秒不等，这取决于半导体光催化材料的本征性质，如 CdS 半导体的电子捕获时间在 30 ps 左右，空穴的捕获在更短的时间，在 1 ps 左右[42]。

光生电荷的复合是影响光催化性能的主要因素之一，通过对瞬态吸收光谱中光生电子和空穴信号的衰减过程拟合分析，可得到光生电子与空穴发生复合的动态学过程。此外，光致发光光谱直接检测光生电子和空穴的辐射复合过程，也是直接研究光生电荷复合过程的技术之一。半导体材料的发光可以分为吸收带边复合发光和束缚态发光，其中吸收带边复合发光直接反映激子发光行为，或者是半导体导带的自由电子与价带的自由空穴的复合发光过程；而束缚态发光性质与半导体的缺陷态和杂质等密切相关。

光催化研究中，人们尤其关注光生电荷参与表面催化反应的微观动力学机理。以光生电子参与的光催化产氢反应为例，由于光生电子在中红外区呈现出宽吸收信号，为采用时间分辨中红外光谱研究光生电子的动力学行为提供了基础。光催化分解水的瓶颈反应是水氧化半反应过程，通过微秒至秒时间尺度的瞬态吸收光谱发现，光生空穴参与水氧化的反应过程一般在 0.1～10 s，是光催化分解水反应的速控步骤[43]。此外，研究助催化剂的动力学作用机制对理解光催化剂反应机理也很重要。以 Pt/TiO_2 光催化剂为例，飞秒瞬态吸收光谱表征发现，TiO_2 上的光生电子向助催化剂 Pt 的转移过程发生在 15 ps 内，Pt 对光生电子的捕获过程有利于光生电子和空穴的分离，使光生电荷具有更长的寿命，从而有利于光生电荷参与光催化反应[44, 45]。

3.7　光催化分解水表面反应机理

光催化分解水反应由质子还原产氢半反应和水氧化产氧半反应组成，下面分别简述酸性体系和碱性体系中质子还原和水氧化反应可能经历的反应路径。

在酸性体系中，质子还原产氢反应过程较为简单，有两种可能的反应机理：一是水合质子（H_3O^+）在催化剂表面吸附活化并接受一个光生电子生成吸附氢原子（H*）和水分子，吸附氢原子再和另一个水合质子偶合并接受一个光生电子生成氢气和水分子［式（3.32）、式（3.33）］；二是水合质子在催化剂表面吸附活化并接受一个光生电子生成吸附氢原子和水分子，随后相邻两个吸附氢原子发生偶合生成氢气［式（3.32）、式（3.34）］。

$$H_3O^+ + e^- + * \longrightarrow H* + H_2O \tag{3.32}$$

$$H_3O^+ + H* + e^- \longrightarrow H_2 + H_2O + * \tag{3.33}$$

$$2H* \longrightarrow H_2 + 2* \tag{3.34}$$

式中，*为质子还原位点；H*为质子还原位点上的吸附氢物种。

水氧化产氧的反应则较为复杂，反应过程涉及四个电子转移过程（$2H_2O \longrightarrow O_2 + 4H^+ + 4e^-$），式（3.35）～式（3.45）给出了酸性体系下水氧化过程可能经历的反应路径：

$$H_2O + * \longrightarrow *OH + H^+ + e^- \tag{3.35}$$

$$*OH \longrightarrow *O + H^+ + e^- \tag{3.36}$$

$$2*OH \longrightarrow *O + H_2O + * \tag{3.37}$$

$$*OH \longrightarrow \cdot OH + * \tag{3.38}$$

$$2*OH \longrightarrow H_2O_2 + 2* \tag{3.39}$$

$$*O + H_2O \longrightarrow *OOH + H^+ + e^- \tag{3.40}$$

$$*O + H_2O \longrightarrow H_2O_2 + * \tag{3.41}$$

$$*OOH \longrightarrow \cdot OOH + * \tag{3.42}$$

$$*O + *O \longrightarrow O_2 + 2* \tag{3.43}$$

$$2H_2O_2 \longrightarrow 2H_2O + O_2 \tag{3.44}$$

$$*OOH \longrightarrow O_2 + H^+ + e^- + * \tag{3.45}$$

式中，*为水氧化位点；*OH、*O和*OOH为水氧化位点上不同的吸附中间物种。

水分子被氧化至氧气过程中涉及两个水分子反应和四电子转移反应过程，因为在不同的光催化剂上每一步氧化过程需要的反应活化能不同，且不同光催化剂激发产生电荷的能量也有差异，水氧化反应过程很可能受到其中任何一步反应的限制。因此，四电子过程可能被阻断而出现单电子过程生成羟基自由基［式（3.35）、式（3.38）］、两电子过程生成过氧化氢［式（3.35）～式（3.37）、式（3.39）、式（3.41）］或三电子过程生成超氧自由基［式（3.35）～式（3.37）、式（3.40）、式（3.42）］。

例如，A. J. Bard等[46]在TiO_2的光催化水氧化过程中观察到了中间物

种羟基自由基·OH 的存在，并认为·OH 主要由水分子被氧化后释放出一个电子和一个质子产生；M. Grätzel 等[47]在 TiO_2 的光催化水氧化过程中观察到了超氧自由基·OOH，认为·OOH 主要由水分子被氧化后释放出三个电子和三个质子产生；J. K. Nørskov 等[48]通过理论计算发现，TiO_2、$BiVO_4$ 及 WO_3 等光催化剂的水氧化过程更倾向于发生两电子过程并生成 H_2O_2，而 IrO_2 和 RhO_2 等贵金属氧化物表面则更倾向于发生四电子过程并放出 O_2。

反应溶液环境如果是碱性体系，质子还原产氢反应和水氧化产氧反应则与酸性体系完全不同，质子还原产氢反应过程如式（3.46）～式（3.48）所示：

$$H_2O + e^- + * \longrightarrow H* + OH^- \tag{3.46}$$

$$H* + H_2O + e^- \longrightarrow H_2 + OH^- + * \tag{3.47}$$

$$2H* \longrightarrow H_2 + 2* \tag{3.48}$$

水氧化产氧反应可能经历的反应路径如式（3.49）～式（3.61）所示：

$$OH^- + * \longrightarrow *OH + e^- \tag{3.49}$$

$$*OH + OH^- \longrightarrow *O + H_2O + e^- \tag{3.50}$$

$$*OH \longrightarrow *O + e^- + H^+ \tag{3.51}$$

$$*OH + OH^- \longrightarrow *O^- + H_2O \tag{3.52}$$

$$*OH + *OH \longrightarrow *O + H_2O + * \tag{3.53}$$

$$*O^- \longrightarrow *O + e^- \tag{3.54}$$

$$*O + *O \longrightarrow O_2 + 2* \tag{3.55}$$

$$*O + OH^- \longrightarrow *OOH + e^- \tag{3.56}$$

$$*OOH + OH^- \longrightarrow *O_2^- + H_2O \tag{3.57}$$

$$*O_2^- \longrightarrow O_2 + e^- \tag{3.58}$$

$$*OH + OH^- \longrightarrow * + H_2O_2 + e^- \tag{3.59}$$

$$* + H_2O_2 + OH^- \longrightarrow *OOH^- + H_2O \tag{3.60}$$

$$* + H_2O_2 + *OOH^- \longrightarrow 2* + H_2O + OH^- + O_2 \tag{3.61}$$

3.8　人工光合成中的分子光催化剂

在光催化分解水研究中，除了前面介绍的半导体作为吸光材料的多

相光催化剂体系外，利用分子催化剂的均相光催化分解水体系也受到了关注。

3.8.1 分子光催化体系

分子光催化体系通常由光敏剂分子、电子给体或受体、产氢或产氧催化剂组成。光敏剂分子一般为金属配合物或有机染料等，主要作用是吸收光子产生光生电子或空穴，再将光生电子或空穴传输至产氢催化剂或产氧催化剂上进行产氢半反应或产氧半反应（图 3.26）。例如，模拟氢化酶是光催化产氢体系中常用的产氢催化剂，主要包括[Fe_2S_2]模拟氢化酶及钴肟类功能性模拟氢化酶等，一些具有模拟酶结构的多核金属配合物用作产氧催化剂等。

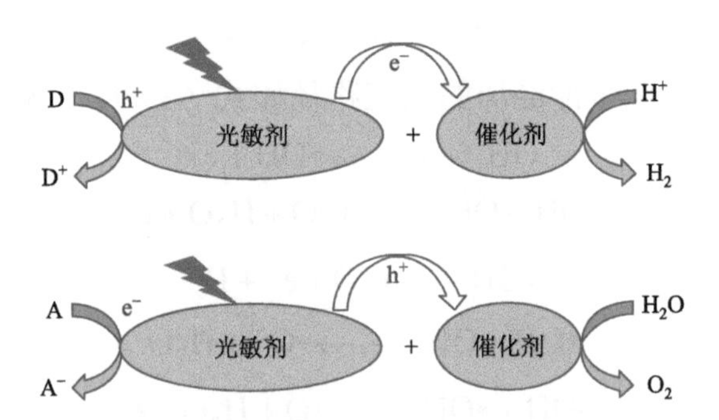

图 3.26　分子光催化体系的构成（D 为电子给体，A 为电子受体）

3.8.2 分子光催化体系的光致电荷转移

分子光催化体系中光敏剂分子的光致电荷转移满足以下条件才可以发生：只有当入射光子能量大于或等于光敏剂分子的电子跃迁前后的能量差时，才有可能被吸收。入射光子能否被吸收除了要满足能量要求，还需满足其对应的跃迁选择定则：只有跃迁前后原子核的构型没有发生改变、跃迁过程中电子自旋没有改变、跃迁前后电子的轨道在空间上有较大的重叠和轨道的对应性发生改变的跃迁是允许的，反之则是禁阻的。选择定则允许的跃迁所对应的吸收带较宽，吸收强度较大，而选择定则禁阻的跃迁所对应的吸收一般较弱。以光敏剂分子三联吡啶钌配合物$[Ru(bpy)_3]^{2+}$为例，其中心金属离子 Ru^{2+}为 d^6 电子构型，分子呈八面体对称，其简化的分子轨道分布如图 3.27（a）所示，可能存在的电子跃迁主要包括中心金属 π 轨道

向配体 π^*反键轨道的跃迁（MLCT）、中心金属 π 轨道向中心金属 σ^*反键轨道的跃迁（MC）及配体 π 轨道向配体 π^*反键轨道的跃迁（LC）。图 3.27（b）为$[Ru(bpy)_3]^{2+}$的紫外-可见吸收光谱，其中 240 nm 及 450 nm 处吸收峰可归属为 MLCT（metal-to-ligand charge transfer，金属到配体电荷转移）跃迁，285 nm 处强吸收对应 LC（ligand centered，中心配体）跃迁，344 nm 处弱吸收则对应选择定则禁阻的 MC（metal centered，中心金属）跃迁[49]。

3.8.3　分子光催化体系研究进展简介

分子光催化剂结构相对明确，有利于用来研究光催化反应机理。下面分别从分子光催化体系用于质子还原产氢和水氧化产氧方面简要介绍研究进展。

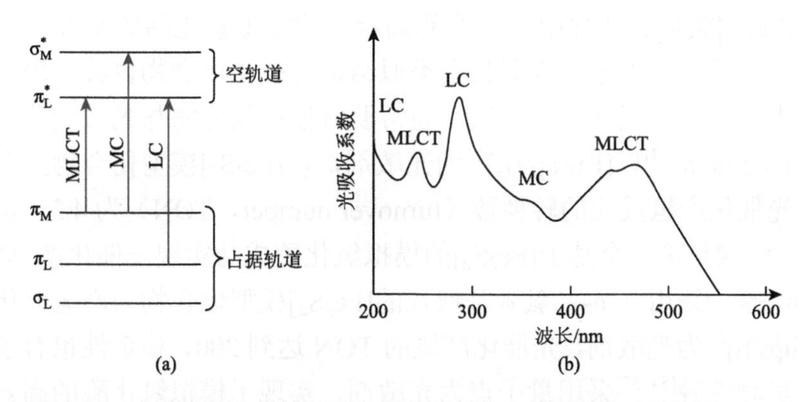

图 3.27　光敏剂分子三联吡啶钌配合物$[Ru(bpy)_3]^{2+}$的简化分子轨道分布图（a）及紫外-可见吸收光谱（b）[49]

1998 年，J. W. Peters 等[50]从巴氏梭菌中成功分离出了[FeFe]氢化酶，并得到了其活性中心的晶体结构；随后，J. C. Fontecilla-Camps 等[51]也从脱硫弧菌的研究中得到了[FeFe]氢化酶的晶体结构，即[FeFe]氢化酶的活性中心由一个$[Fe_2S_2]$单元和一个[4Fe4S]立方烷组成，它们通过一个半胱氨酸的硫原子相连接（图 3.28）。$[Fe_2S_2]$单元具有准八面体的结构，主要由两个铁原子通过一个二硫醇桥连接。在[FeFe]氢化酶活性中心催化质子还原过程中，一般认为[4Fe4S]单元主要起到电子传递通道的作用，$[Fe_2S_2]$单元的作用是捕获质子并催化质子还原，是催化反应的活性中心。

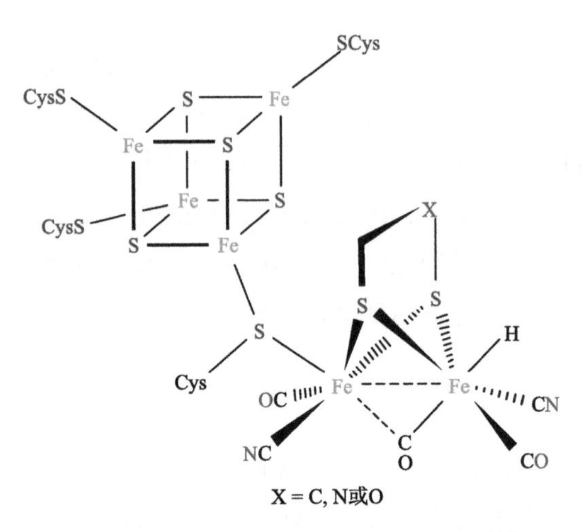

图 3.28 [FeFe]氢化酶活性中心结构图[51]

[FeFe]氢化酶活性中心结构的揭示，使模拟氢化酶的研究方向更为明确，在随后的研究中，许多具有类似结构的模型化合物也被应用于光催化反应中。为了实现光催化产氢，通常要将模拟氢化酶与光敏剂分子耦合起来。孙立成等[52]以$[Ru(bpy)_3]^{2+}$为光敏剂，以$[Fe_2S_2]$模型化合物为产氢催化剂，光催化产氢反应的转换数（turnover number，TON）为 4.3，虽然活性不高，但这是第一个基于$[Fe_2S_2]$的模拟氢化酶成功实现光催化产氢的体系；S. Ott 等[53]采用 3, 6-二氯苯基取代的$[Fe_2S_2]$模型化合物为产氢催化剂，以$[Ru(bpy)_3]^{2+}$为光敏剂，光催化产氢的 TON 达到 200，稳定性也有了明显提升；吴骊珠等[54, 55]采用量子点为光敏剂，实现了模拟氢化酶的高效光催化产氢，且模拟氢化酶化合物的稳定性和催化效率均有明显提高，进一步利用分子组装增强的电子转移和质子转移实现了量子点与产氢催化剂的耦合，光催化产氢转化数突破百万。光敏剂与分子氢化酶耦合以及半导体与分子氢化酶耦合的研究已经取得了较大进展，这些研究对于发展分子模拟酶光催化分解水制氢具有重要的科学意义。

对于水氧化这一更具挑战性的反应，从分子水平上认识其微观机理对设计人工光合成体系意义重大。1982 年，T. J. Meyer 等[56]首次报道了双核钌的配合物可催化水氧化反应的发生。此后，具有水氧化功能的分子催化剂吸引了越来越多研究人员的关注，主要集中于研究含钌和铱等贵金属的多核金属配合物。孙立成等[57]发现，在氧化剂存在条件下，含钌金属配合物 $Ru(bda)(pic)_2$ 的水氧化速率可接近自然光合作用体系中水氧化活性中心

的水平；张纯喜等[58]模拟自然光合作用体系活性中心 Mn_4CaO_5 簇的结构，合成了与自然光合作用活性中心结构非常类似的锰簇化合物，且发现其具有水氧化性能；S. Masaoka 等[59]设计合成的含有五个铁中心的分子催化剂在电催化中表现出优异的催化性能。这些研究进展为认识和揭示水氧化反应机理提供了重要依据。

上述这些基于模拟氢化酶和水氧化催化剂的研究进展，不仅为认识光催化分解水的微观机理提供了重要的实验和理论依据，也为人工光合成研究中高效助催化剂的研发提供了思路。与此同时，分子催化剂体系的研究为进一步构建仿生人工光合成催化体系奠定了基础，如模拟自然光合作用体系中酶的结构和功能构建人工氢化酶体系和人工水氧化模拟酶体系、氢化酶与水氧化模拟酶的耦合体系以及模拟酶与无机半导体杂化体系等，为人工光合成研究领域的发展注入新的力量。

3.9　光催化分解水的规模化应用可行性探索

光催化分解水制氢因其工艺简单、易操作及直接投资成本低等优点，被认为是未来实现规模化太阳能制氢有希望的途径之一，尽管目前纳米颗粒光催化剂的水分解效率尚低，研究人员已开始尝试进行未来可规模化应用的探索。K. Domen 等[60]提出了光催化完全分解水规模化应用的平板反应器模型，如图 3.29 所示，该模型采用密封的平板反应池，主要由上层有机玻璃板、水层、光催化剂层、垫片层和下层有机玻璃板构成，反应池顶端有气体收集出口。采用金属 Al 掺杂的 $SrTiO_3$ 作为吸光半导体材料（$SrTiO_3$:Al），在 $RhCrO_x$ 作为助催化剂时，光催化剂在 365 nm 处的完全分解水量子效率可达到 56%，并在 331K 温度条件下太阳能到氢能转化效率（STH）达到 0.6%。在模拟太阳光照射测试下，该光催化剂经过 1300 h 的持续照射后，其平均 STH 可以保持在 0.3%以上[61]。此平板反应池产生的氢气和氧气混合共存，需要额外增加氢气和氧气分离装置，氢气和氧气的分离仍然存在一定的技术挑战和成本问题。此外，所采用的 $SrTiO_3$ 基光催化剂仅能吸收紫外光，限制了其太阳能利用效率。该研究组[62]又构建了 $BiVO_4$/Au/$SrTiO_3$:La, Rh 固体 Z 机制分解水体系，在 419 nm 处的表观量子效率达到了 30%以上，STH 为 1.1%，虽然距离规模化应用要求的效率还有差距，但是与以往绝大多数半导体光催化剂相比已经有了大幅度提升。

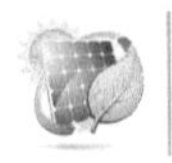

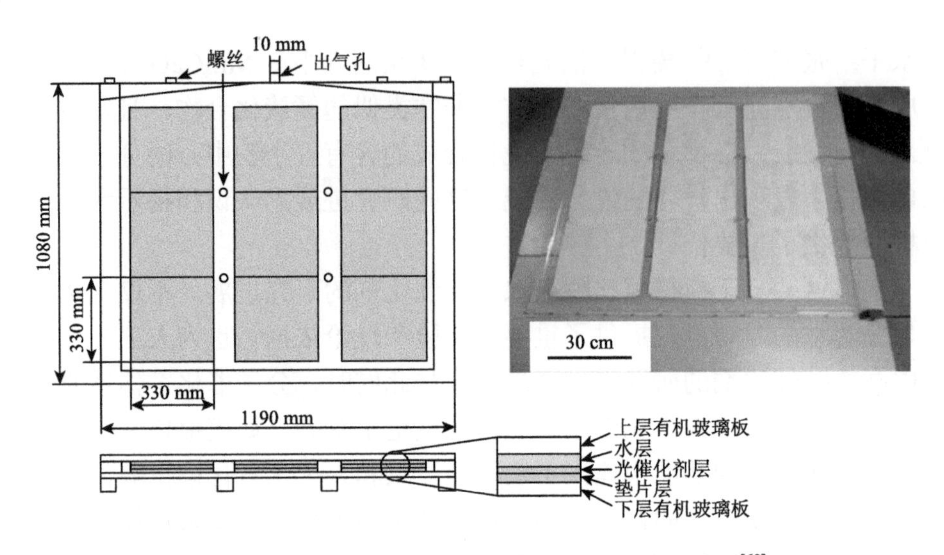

图 3.29 太阳能光催化完全分解水的平板反应装置实例[60]

作者研究组[63, 64]从自然光合作用原理获得启发，借鉴了农场大规模种植庄稼的思路，提出了规模化太阳能储存利用的氢农场项目（hydrogen farm project，HFP）策略（图 3.30），避免了氢气氧气分离等问题，且无需密封反应器，便于规模化应用。绿色植物的光合作用的第一步是叶绿体利用太阳能将水分解为氧气和还原性氢物种（即绿色植物光合作用并不直接放出氢气），同时把能量储存在 NADPH 和 ATP 中，储存的能量参与碳固定反应。对应地，HFP 策略的第一步利用半导体光催化剂进行水氧化反应放出氧气，同时将捕获的太阳能储存在特定储能离子对中，储能离子对从氧化态转化至还原态，这一过程在敞开的反应器中就可以进行，避免了反应器密封和气体收集等问题，具有实现规模化太阳能捕获和储存利用的可行性，这一步类似于自然光合作用的光反应；HFP 策略的第二步是将含有还原态储能离子对的溶液收集并集中产氢，这一步可在电催化或光电催化电解池中进行，同时将还原态储能离子对转化至氧化态循环利用，这一步近似于自然光合作用的暗反应。此外，储能离子对中储存的太阳能除了用于产氢之外，还可以与 CO_2 还原、N_2 还原合成氨等反应耦合起来，制备燃料或化学物质。

HFP 中水氧化反应是通过半导体材料的光催化过程实现（主要的储能步骤），第二步放氢过程在很小的过电位下即可实现。HFP 策略暗合了自然光合作用中光反应和暗反应的原理，类似于农场大规模种植庄稼，即大

面积播种，利用植物的光合作用储存并收集太阳能，待庄稼成熟后集中收割粮食（储存的太阳能）。

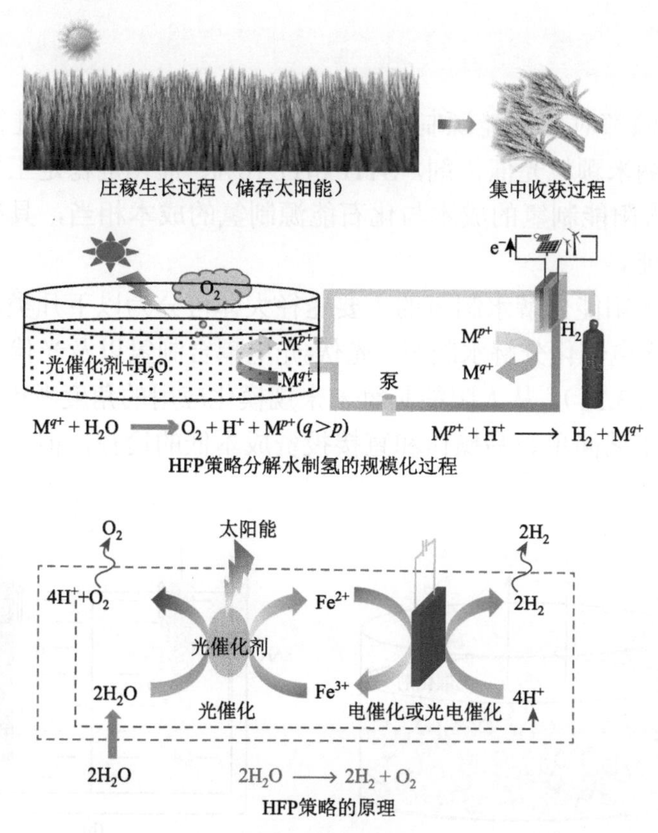

图 3.30　HFP 规模化太阳能分解水制氢策略示意图

实现 HFP 策略有两个关键，一是发展高效水氧化光催化剂，二是抑制储能离子对氧化态和还原态之间的逆反应，作者研究组在初期的探索中采用暴露晶面可控调变的 $BiVO_4$ 光催化剂作为水氧化光催化剂，在 Fe^{3+}/Fe^{2+} 作为储能离子对的条件下，水氧化的表观量子效率可达 60%以上，同时，利用 $BiVO_4$ 光催化剂不同暴露晶面之间独特的光生电荷分离性质，将氧化反应和还原反应在不同暴露晶面上实现分离，Fe^{3+}/Fe^{2+} 离子对之间的逆反应得到有效抑制。并且利用 $BiVO_4$ 光催化剂进行了户外真实太阳光照射条件下的试验，成功验证了 HFP 策略的可行性。HFP 策略有效避免了氢气和氧气共存的问题，同时该策略对光催化剂的能带结构要求较低，热力学上仅需满足储能离子对存在条件下的水氧化反应即可，被认为具有广阔的应用前景。

3.10 太阳能分解水制氢的途径与前景

3.10.1 太阳能分解水制氢的途径

美国能源部对化石能源制氢和太阳能分解水制氢成本进行了粗略估算，若利用纳米颗粒光催化剂，STH 超过 10%、催化剂稳定工作时间超过 3000 h，则太阳能制氢的成本与化石能源制氢的成本相当，具有大规模工业应用的可能。

目前，太阳能分解水制氢的主要途径大体可分为以下几类：光催化分解水制氢、光电催化分解水制氢、光伏-光电耦合制氢以及光伏 + 电解水串行途径等（图 3.31）。从太阳能制氢未来规模化应用的角度考虑，光催化分解水制氢是工艺简单、易操作和直接投资成本低的途径，但目前太阳能转

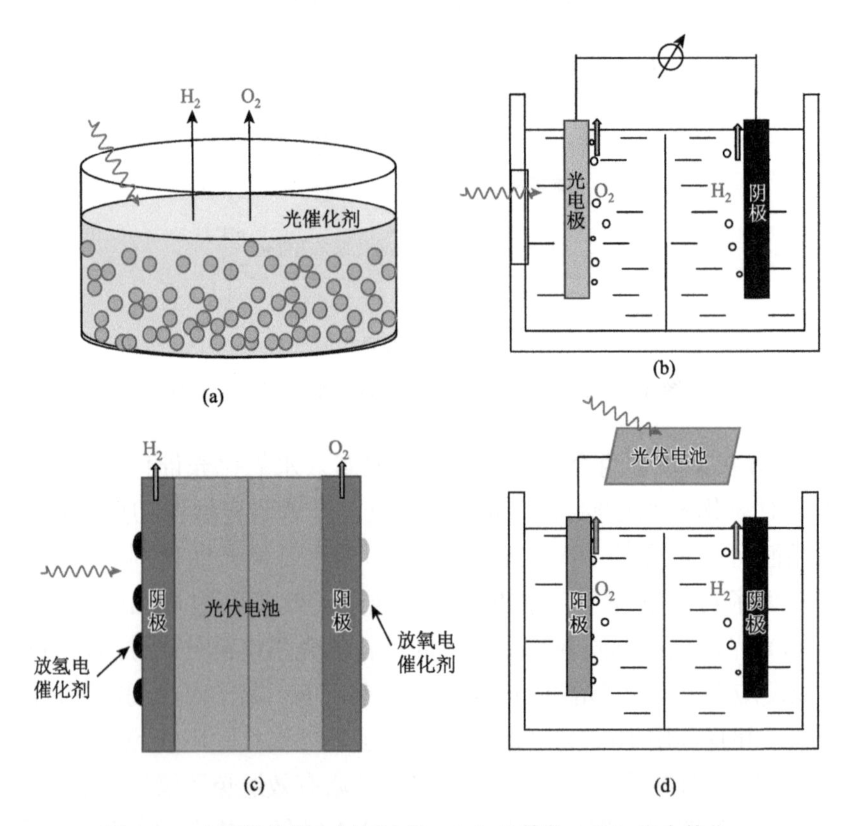

图 3.31 太阳能分解水制氢途径：（a）光催化、（b）光电催化、（c）光伏-光电耦合和（d）光伏 + 电解水串行

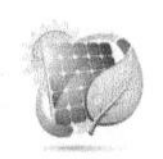

化利用效率低。K. Domen 等[62]构建的固体 Z 机制分解水体系，STH 为 1.1%；作者研究组[63, 64]研发的氢农场技术，根据目前的实验数据初步估算 STH 可达 1.8%左右，且还在进一步提升中。光电催化分解水需要将光催化剂负载在导电基底上制成电极，在少许偏压（或无偏压）下实现完全分解水。光电催化分解水在过去几年内发展迅速，在一些典型的光阳极半导体材料上，如 $BiVO_4$、Ta_3N_5 和 Si 等体系上 STH 超过 2.0%[65-67]。光催化和光电催化分解水制氢体系的关键是发展兼具宽光谱捕光和高效电荷分离的光催化剂。

光伏-光电耦合体系是将光伏电池和光电催化结合的一种叠层器件，光伏-光电耦合体系的 STH 在多个体系上已超过 10%，部分多结光伏器件耦合体系的 STH 可达到更高[68]。此外，与光伏-光电耦合体系的基本原理类似，利用光伏发电和电解水技术的串行（光伏+电解水）实现光—电—氢转化，也是太阳能分解水制氢的可行途径，STH 由光伏电池效率和电解水效率的乘积决定，STH 可超过 10%，采用多结光伏电池的体系 STH 甚至超过 30%[69, 70]。需要注意的是，光伏-光电耦合体系是将光伏电池和电解水催化剂耦合在一个系统中，实现太阳能到氢能的直接转化，而光伏 + 电解水的途径是先将太阳能转化为电能，再将电能转化为氢能。光伏-光电耦合和光伏 + 电解水制氢体系的关键是发展高效的电解水催化剂。

由于光伏发电的成本正在快速下降、世界范围内光伏电池的装机容量迅猛增长，并且大规模电解水制氢技术也在快速发展之中，可以预期，未来将光伏发电和规模化电解水制氢串联将是最有可能实现大规模应用的太阳能制氢途径。

3.10.2　规模化太阳能分解水制氢的前景

从近期太阳能分解水制氢研究的态势来看，光伏+电解水途径进行光—电—氢转化，有望率先实现太阳能分解水制氢工业化应用。以单晶硅光伏电池为代表的规模化光伏电池总装机容量和市场占有率在世界范围内正在大幅提升。随着电池制备技术的提升和工艺的不断改进，单晶硅光伏电池成本明显降低且其光电转换效率被不断刷新，大面积硅太阳电池的光电转换效率已达 24%以上。除了大型并网光伏电站外，与建筑相结合的光伏发电系统、小型光伏系统、离网光伏系统等也将快速兴起。光伏发电的成本正在持续下降并逼近煤电发电成本。假定光伏电池的光电转换效率达到 20%，电解水的电能转换效率若超过 70%，则光伏+电解水体系的太阳能利

用效率已经可以突破 14%。随着光伏发电和电解水成本的进一步下降，光伏+电解水制氢的成本有望与传统的化石能源制氢相抗衡，将是未来最有可能实现工业化应用的太阳能分解水制氢技术。如果考虑传统化石能源制氢的环境和生态成本，光伏+电解水制氢将是未来替代化石能源制氢非常有前景的途径。我国许多地区有丰富的太阳能，但是地理位置和并网困难等原因导致严重的弃光现象，如果能将这部分废弃的电能通过电解水转化为氢能，将具有十分可观的经济效益和重要的社会意义。

从太阳能分解水制氢的长远目标考虑，利用粉末纳米颗粒光催化剂及光电催化体系实现规模化太阳能分解水制氢仍然是亟须攻克的方向。要实现 STH 达到 10%的目标，科学家们对于半导体光催化剂的吸光范围和表观量子效率需要满足的条件做了粗略估算[71]。如图 3.32 所示，如果光催化剂的吸收带边在 400 nm，即使其量子效率达到 100%，该体系的理论最高 STH 仍不足 3%；如果光催化剂的吸收带边在 500 nm，其量子效率达到 100%时 STH 仍然小于 10%；当光催化剂的吸收带边拓展至 600 nm 时，量子效率达到 60%以上就可以实现 STH 效率超过 10%；若光催化剂的吸光范围更宽，则满足 10%的 STH 所需的量子效率较低。因此，研发高效稳定的宽光谱捕光半导体材料（尤其是吸收带边在 600 nm 以上），是太阳能分解水制氢未来规模化应用的努力目标。在具有宽光谱捕光材料的条件下，高效的电荷分离和催化过程成为更具有挑战性的两个研究方向。只有在解决高效电荷分离问题的前提下，才有望拓宽吸光范围和加速催化反应从而达到更高的 STH。

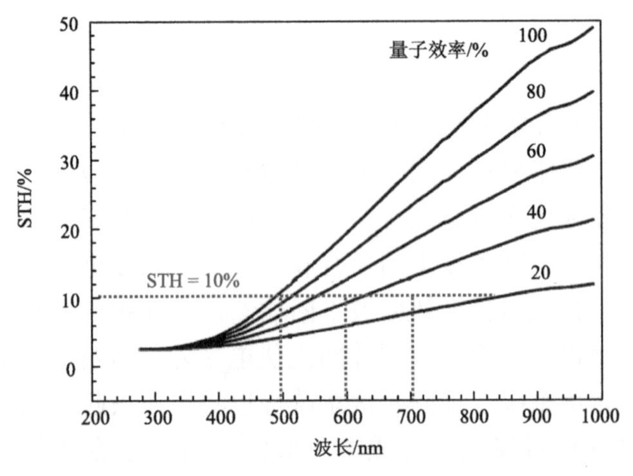

图 3.32　半导体光催化剂的波长、量子效率与 STH 之间的关系[71]

3.11　光催化二氧化碳还原

人工光合成反应主要是通过二氧化碳（CO_2）与水（H_2O）在光催化剂作用下合成燃料或化学品，通过光催化途径直接将 CO_2 和 H_2O 转化为燃料或化学品也是科学家们探索的课题之一。一般来说，光催化 CO_2 还原的产物以 CH_4、CO、HCOOH 居多，也有少部分为 CH_3OH 及其他醇类和烃类等。其原理与光催化分解水类似，首先光催化剂在光激发下产生光生电荷，光生电荷发生分离后迁移至光催化剂表面并与吸附在光催化剂表面的 H_2O 和 CO_2 分子分别发生氧化和还原反应。CO_2 还原在热力学上需要的标准化学电位如式（3.62）～式（3.68）所示，相应的化学电位可与 CO_2 还原的竞争反应——质子还原放氢反应的化学电位进行比较，在光生电子参与 CO_2 还原反应的同时，光生空穴参与 H_2O 氧化反应放出 O_2。

$$2H_2O + 4h^+ \longrightarrow 4H^+ + O_2 \quad (E^{\ominus}_{redox} = +0.82\ V) \tag{3.62}$$

$$CO_2 + 2H^+ + 2e^- \longrightarrow CO + H_2O \quad (E^{\ominus}_{redox} = -0.53\ V) \tag{3.63}$$

$$CO_2 + 2H^+ + 2e^- \longrightarrow HCOOH \quad (E^{\ominus}_{redox} = -0.61\ V) \tag{3.64}$$

$$CO_2 + 4H^+ + 4e^- \longrightarrow HCHO + H_2O \quad (E^{\ominus}_{redox} = -0.48\ V) \tag{3.65}$$

$$CO_2 + 8H^+ + 8e^- \longrightarrow CH_4 + 2H_2O \quad (E^{\ominus}_{redox} = -0.24\ V) \tag{3.66}$$

$$CO_2 + 6H^+ + 6e^- \longrightarrow CH_3OH + H_2O \quad (E^{\ominus}_{redox} = -0.38\ V) \tag{3.67}$$

$$2H^+ + 2e^- \longrightarrow H_2 \quad (E^{\ominus}_{redox} = -0.41\ V) \tag{3.68}$$

光催化 CO_2 还原除了关注光吸收及光生电荷分离等关键问题之外，还需考虑 CO_2 分子在光催化剂表面的吸附活化问题。通常，高比表面积的光催化剂可以为提供更多的 CO_2 吸附活性位点；此外，碱改性的光催化剂表面有可能与显路易斯酸性的 CO_2 分子之间反应形成中间体如双齿碳酸酯，有利于 CO_2 分子的吸附活化。

判断一个反应是否真正利用太阳能实现了 CO_2 还原至燃料或化学品，一个重要指标是看是否发生了 H_2O 氧化反应[式（3.62）]。文献报道的绝大部分工作是牺牲试剂存在条件下的 CO_2 还原反应，并非真正意义上的人工光合成反应，因为很多牺牲试剂参与的反应在热力学上是自发进行的，光照的引入仅仅起到了加速反应进行的作用，整个反应并没有发生太阳能储存过程。

对于光催化 CO_2 还原需要特别注意的一个关键问题是碳污染，对于一些光催化反应效率很低的反应来说，生成的极少量目标产物很可能不是来源于光催化 CO_2 还原反应，而是来源于光催化剂在合成过程引入的碳污染。一般来讲，碳污染来源包括光催化剂制备的溶剂、反应物和表面活性剂的有机物质残留物、含碳元素的催化剂本身在反应过程中的分解物等，这些含碳化合物都有可能在反应过程中生成 CO 和 CH_4 等产物，导致实测的光催化活性偏高，甚至得到完全错误的实验结果。因此，需要通过多种手段确认反应产物确实来自 CO_2 还原反应而不是碳污染。总之，为了确保结果的可靠性，太阳能人工光合成还原 CO_2 研究中，必须关注水氧化和碳平衡。

3.12 规模化人工光合成太阳燃料简介

光催化直接还原 CO_2 制备燃料和化学品面临诸多挑战，距离可规模化应用较为遥远。其实，直接进行一步 CO_2 和 H_2O 的转化反应，并不符合自然光合作用的原理，且在光（电）催化体系中面临气液固三相共存的问题，目前来看，并不是未来规模化太阳燃料合成最为理想的途径。从 3.1 节提到的人工光合成的总反应式（$H_2O+CO_2 \xrightarrow{\text{光催化剂}}$ 化学品 $+O_2$）来看，该反应又可分解为下面两个反应的串行：

$$2H_2O \xrightarrow{\text{光催化剂}} 2H_2+O_2 \tag{3.69}$$

$$H_2+CO_2 \xrightarrow{\text{催化剂}} \text{化学品} \tag{3.70}$$

即可以先通过光催化分解水反应制备氢气，再进行二氧化碳加氢反应合成燃料或化学品。分解水反应是热力学爬坡反应，是太阳能储存的过程，相当于自然光合作用中的光反应；而二氧化碳催化加氢生成燃料或化学品的反应是热力学自发进行的反应，这个过程相当于自然光合作用中的暗反应。人工光合成也可模拟自然光合作用过程，利用光反应过程储存太阳能，再通过暗反应过程合成燃料或化学品等。

广义来讲，人工光合成包括所有利用光反应储存的太阳能来制备各类化学物质的反应，如将二氧化碳转化为燃料或化学品、将质子转化为氢气、

将氮气转化为氨等。人工光合成未来的一个重要发展方向将是合成生物学，即在太阳能作用下，由空气中二氧化碳和氮气合成氨基酸、蛋白质、糖和核酸等人类生命活动不可缺少的基本物质，将是更为挑战的科学难题。对比自然光合作用过程，人工光合成中的光反应和暗反应过程可用图 3.33 来描述。自然光合作用中的光反应是利用叶绿体在光照下将水氧化为氧气，同时把能量储存在 NADPH 和 ATP 中，暗反应则是利用 NADPH、ATP 进行二氧化碳固定反应合成糖类等物质；人工光合成的光反应是利用光催化剂将水分解为氧气、质子和电子，暗反应则是利用质子和电子进行质子还原制备氢气、二氧化碳还原制备燃料或化学品、氮气还原制备氨，以及利用二氧化碳和氮气合成氨基酸等各类反应，净反应结果是利用太阳能合成燃料、化学品及氨基酸等物质。

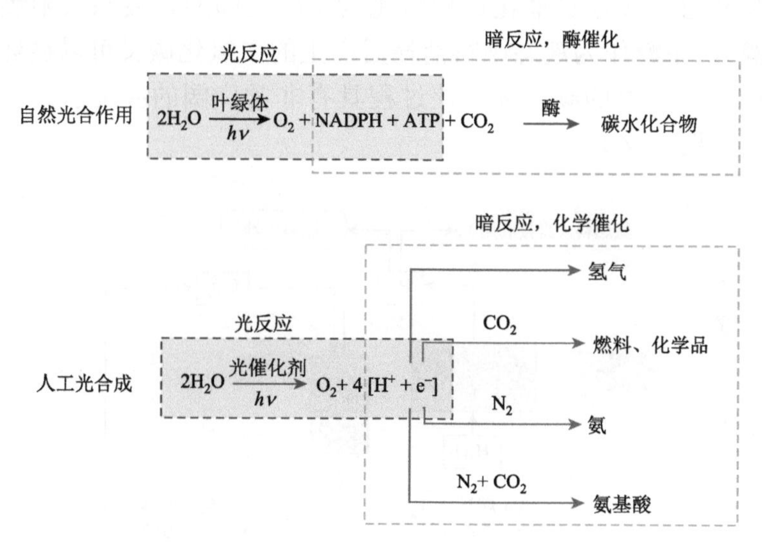

图 3.33　自然光合作用与人工光合成中的光反应与暗反应

太阳燃料是所有利用太阳能生产的燃料的总称，包括氢气、一氧化碳、甲烷等气态燃料，以及以甲醇、乙醇为代表的液态燃料。由于气态燃料大规模储存和运输较为困难，液态燃料更具优势。液态太阳燃料（liquid solar fuels），俗称“液态阳光”（liquid sunshine），指利用太阳能将水和二氧化碳转化为甲醇等液态燃料。

美国科学家奥拉（G. A. Olah）等[72]曾提出“甲醇经济”（methanol economy）的概念，是指以液体甲醇为能源载体替代化石燃料作为能源和合成烃类等化学品的原料。甲醇作为一种能量储备载体，可直接作为燃料或燃料添加剂（如汽油中添加甲醇等）应用，且方便输运，同时，甲醇也可以作为合成烃类等化学品的原料。甲醇经济包含的主要内容有：①用现存天然气作为原料，通过新的更方便的途径转化为甲醇；②利用工业废气二氧化碳通过催化加氢生产甲醇，最终目标是以大气中的二氧化碳作为碳源；③甲醇用作便利的交通燃料，直接应用于内燃机或燃料电池中；④以甲醇作为原料进行碳氢化合物等化学品的生产。

以二氧化碳为原料制取甲醇的技术中，最为关键的问题是氢气的来源。若氢气从化石能源获取，则制氢过程本身会排放大量的二氧化碳；若从太阳能分解水制氢获取（通过光催化、光电催化、光伏+电催化等途径），则制氢的过程是零碳排放过程。太阳能分解水制取的氢气和空气中捕获的二氧化碳进一步通过催化过程转化为甲醇（即通过液态太阳燃料过程生产甲醇），甲醇作为液态燃料消耗后产生的二氧化碳又可以循环利用，这样形成一个完整的碳循环。该过程具有非常广阔的应用前景和重要的社会意义（图 3.34）。

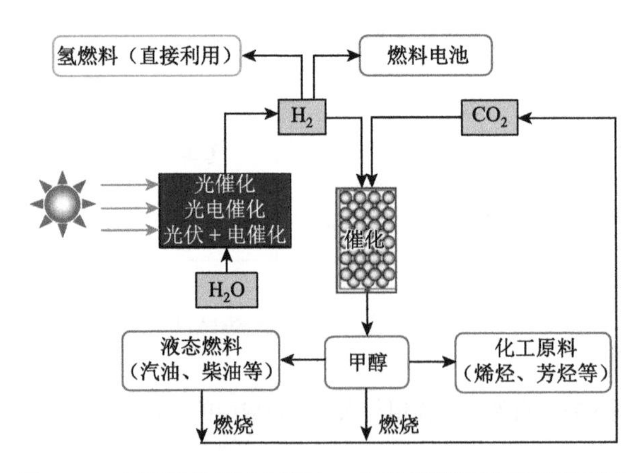

图 3.34　太阳能分解水制氢与二氧化碳资源化利用的耦合

液态太阳燃料合成的关键在于攻克两个核心技术：其一是高效低成本太阳能分解水制氢，主要通过太阳能光催化、光电催化和可再生电能（如光伏发电等）电解水制氢等；其二是实现高选择性高活性低能耗二氧化碳催化加氢制甲醇。作者研究组发展了具有自主知识产权的高效稳定的分解水电催化剂（能量转换效率可达 80%以上），以及高活性高选择性的二氧

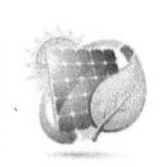

化碳加氢制甲醇的固溶体 ZnO-ZrO_2 催化剂，并于 2018 年 7 月在我国西部启动了千吨级液态太阳燃料合成的工业化示范项目，且该项目已于 2020 年 1 月成功试车，这是全球范围首个直接太阳燃料规模化合成的尝试。作为一种化学储能的形式，它解决了可再生能源间歇性问题和能源使用的随机性问题。太阳燃料合成可将分散的太阳能收集并长期储存，适应随机的能源应用市场需求。粗略估算，每吨太阳燃料甲醇相当于储存约 10000kW·h 的电能，利用太阳能生产 100 万吨甲醇储存的电能相当于 100 亿 kW·h。

此外，太阳燃料甲醇也是理想的储氢载体，有助于解决氢燃料电池氢源的“制、储、运、加”过程的安全问题，使燃料电池技术成为真正意义上的可持续清洁能源技术。可以借助太阳燃料技术建设液态阳光加氢站，解决加氢站建设中氢的储存和运输问题。同时，氢来自可再生能源，实现了燃料电池全流程绿色清洁和二氧化碳零排放。此外，还可扩展为化学储氢路线（如利用甲苯、氨等作为储氢载体），并且与加油站、甲醇站等并存，适合社区和现行加油站使用，这将是未来加氢站最具有优势的发展方向。

图 3.35 展示了未来液态太阳燃料的生产和供给路线，利用太阳能驱动整个二氧化碳参与的产业链循环，整个产业链条包括二氧化碳捕获、太阳能分解水制氢、二氧化碳催化转化、液态太阳燃料储存、运输和分配等，最后是终端用户使用，液态太阳燃料供能后排放的二氧化碳被回收再利用，形成完整的循环。未来规模化液态太阳燃料的生产和应用，将从根本上改善人类赖以生存的环境，具有重大而深远的社会生态意义。

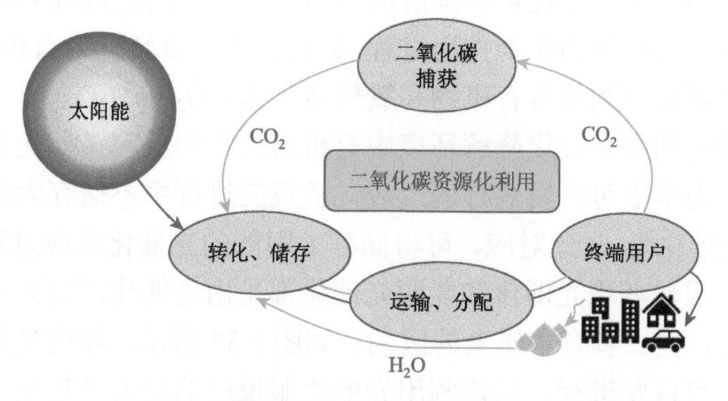

图 3.35　液态太阳燃料的“制、储、运、用”示意图[73]

3.13　太阳能光催化的其他重要应用领域简介

3.13.1　光催化治理环境污染物

随着世界范围内环境问题的日益凸显，环境污染物的处理，尤其常温常压条件下环境污染物的处理受到了学术界和企业界的关注。而光催化技术是一种在环境领域有广泛应用前景的绿色技术，在太阳光照射下即可将环境中的有机污染物彻底降解为二氧化碳与水，被认为是理想的环境净化技术之一。

一些有机污染物通过各种环境介质（大气、水、生物体等）能够长距离迁移并长时间存在于环境中，具有长期残留性、生物蓄积性、半挥发性和毒性等特点，对人类健康和环境具有严重的危害，光催化技术为有机污染物的治理提供了一条可行性途径。相比于光催化在能源相关领域的应用（如太阳能分解水制氢、二氧化碳还原制化学品等），光催化在环境污染物处理方面发展更快。

光催化降解有机污染物是利用光催化剂在光激发条件下发生水氧化或氧还原反应产生高反应活性的自由基（如羟基自由基、超氧自由基等），通过自由基与有机污染物之间的加合、取代、电子转移等过程，打断有机污染物结构中的C—C键、C—H键等化学键，直至降解为二氧化碳和水的过程。光催化降解过程中一般需要通入氧气快速捕获光催化剂导带上的电子生成超氧自由基等；价带的空穴与溶液中的水分子作用生成羟基自由基等。因此，光催化降解过程既有导带电子的贡献，也有价带空穴的贡献。光催化降解有机污染物的过程可以理解成自然光合作用的逆过程（图3.36），光合作用过程是用植物的光合作用过程，将CO_2和H_2O转化为有机物和氧气；而光催化降解反应则是将有机物和氧气转化为CO_2和H_2O。

几乎所有利用光催化降解环境中有机污染物的反应（如光催化除甲醛等）都是热力学上可自发进行的反应，故反应过程中不储存太阳能，称之为“环境光催化”。与此对应，可将储存太阳能的光催化反应过程称为“能源光催化”。虽然环境光催化和能源光催化都是由光催化剂的光生电荷参与的催化反应，但二者有本质上的区别。如图3.37所示，环境光催化的反应在热力学上可自发进行，只需利用光能克服反应的动力学势垒；而能源光

催化的反应，热力学上不能自发进行，不仅需要克服反应的动力学势垒，还需要满足热力学上标准摩尔吉布斯自由能的条件。由此可见，能源光催化（如光催化分解水制氢、CO_2还原制燃料或化学品等）挑战性更大。

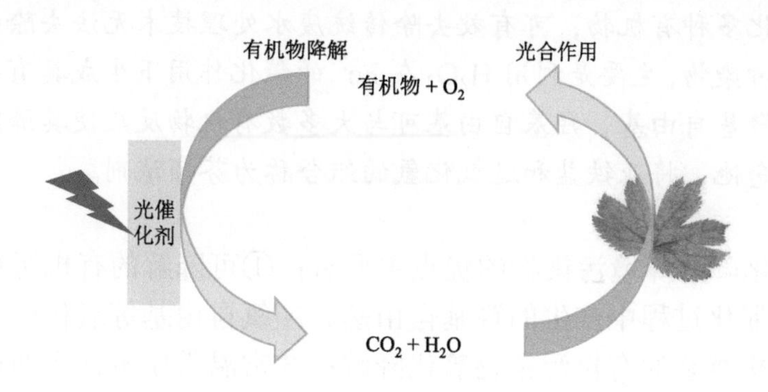

图 3.36　光催化降解有机污染物与光合作用过程对比

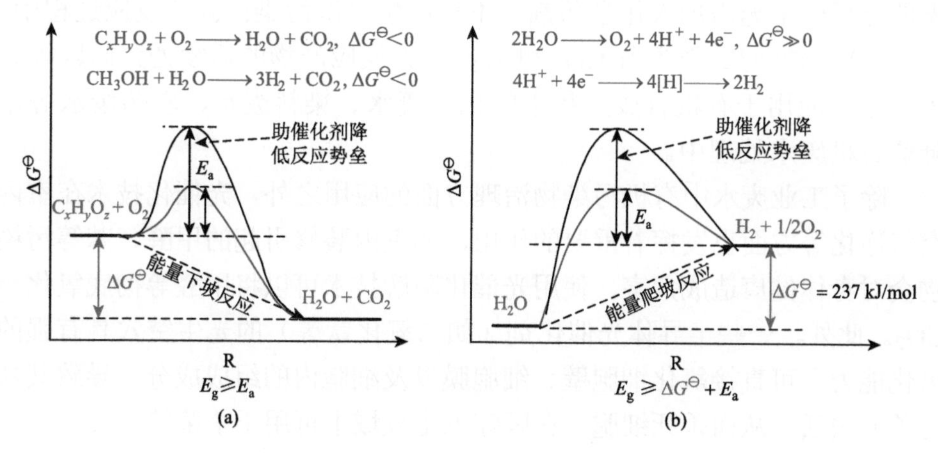

图 3.37　环境光催化（a）和能源光催化（b）的区别

在环境有机污染物的处理中，光芬顿技术是将传统的芬顿（Fenton）法和光催化反应结合的一种新技术，受到了环境科学领域研究者的青睐。传统的芬顿法是一种常用的高级氧化方法，尤其对于废水中难降解有机污染物的处理具有独特的优势，其原理是过氧化氢在亚铁离子的催化作用下生成羟基自由基，羟基自由基可与大多数有机物分子发生作用使其降解。研究发现，芬顿法和光催化的耦合技术相比单一的技术可明显提升降解效率，同时降低了亚铁离子的用量并提高了过氧化氢的利用率，光芬顿技术在环境污染物治理领域已经得到了应用。

什么是芬顿试剂?

1894 年，英国人芬顿（H. J. H. Fenton）发现采用 Fe^{2+}和 H_2O_2 体系能氧化多种有机物，可有效去除传统废水处理技术无法去除的难降解有机污染物，主要是利用 H_2O_2 在 Fe^{2+}的催化作用下生成具有高反应活性的羟基自由基，羟基自由基可与大多数有机物反应使其降解。后人为纪念他，将亚铁盐和过氧化氢的组合称为芬顿试剂。

光催化降解环境污染物的优点主要有：①可降解的有机污染物种类多；②光催化过程中产生的羟基自由基、超氧自由基等氧化能力强，可将分子结构复杂的有机污染物氧化降解；③常温常压条件下即可进行，设备维护相对简单、运行费用较低；④与传统的化学氧化处理方法不同，光催化反应中无需加入化学药剂，不会产生二次污染；⑤在反应过程中，有机污染物被彻底降解为 CO_2 和 H_2O，无反应产物的后续处置问题等。该技术被应用于有机合成过程中的化工废水、染料废水、农药废水等难降解有机废水处理中。

除了工业废水中有机污染物治理方面的应用之外，光催化技术在室内空气净化等方面也发挥着重要的作用，如室内装修引起的甲醛、苯等污染物会对身体健康造成危害，使用光催化降解技术可以将甲醛等彻底氧化至 CO_2。此外，一些半导体光催化剂（如二氧化钛等）的光生空穴具有强的氧化能力，可直接氧化细胞壁、细胞膜以及细胞内的组成成分，导致其功能单元失活，从而杀死细胞，在医疗卫生领域中可用于杀菌等。

尽管光催化降解有机污染物具有许多优点，但在实际应用中还存在一些问题亟待解决：使用的光催化剂体系仍然以二氧化钛为主，其光吸收范围窄、太阳能利用率低，仅适用于较低浓度污染物处理；光催化降解受到工业废水色度、浊度及其他多种因素的影响，难以处理成分复杂的废水；光催化降解过程中，反应副产物或中间产物会占据光催化剂表面活性中心，阻碍污染物分子在光催化剂表面的吸附，从而使催化剂的活性降低；此外，光催化剂的负载和分离回收问题也制约其实际应用，等等。

3.13.2 光催化有机合成

光催化除了在能源和环境领域的应用之外，还在有机合成等领域受

到越来越广泛的关注。传统的有机合成常常需要烦琐的多步反应，且反应速率低；有些有机合成反应还需要使用一些有毒有害试剂，如 ClO^-、Cr^{4+}、CO、Cl_2 等。光催化反应能够在常温常压下进行，且反应过程清洁、安全、环境友好，在光催化条件下进行的有机合成反应可称为光催化有机合成。光催化有机合成发展迅速，已逐渐成为有机化学领域的重要分支之一。下面仅选取几个例子简要说明光催化在有机合成领域的应用[74]。

1. 碳氢键的活化

碳氢键（C—H 键）是一类基本的化学键，存在于几乎所有的有机物中。碳氢键的键能高，碳元素与氢元素的电负性接近，因而碳氢键的极性很小，使得其具有惰性，在温和条件下将碳氢键选择性催化活化存在热力学和动力学的双重挑战。光催化反应为碳氢键活化注入了新的活力。例如，李亚栋等[75]以甲苯氧化反应为模型，采用铋基半导体光催化剂，在常温常压下可将甲苯中碳氢键高效活化，将甲苯转化为苯甲醇、苯甲醛和苯甲酸（图 3.38）；T. Rouis 等[76]和 R. R. Knowles 等[77]分别采用光氧化还原的策略，先断裂 N—H 键生成含 N 自由基，随后发生 1, 5-氢迁移，实现了光催化的酰胺远程碳氢键与烯烃反应过程。光催化碳氢键活化已逐渐成为光催化有机合成中的热点方向之一。

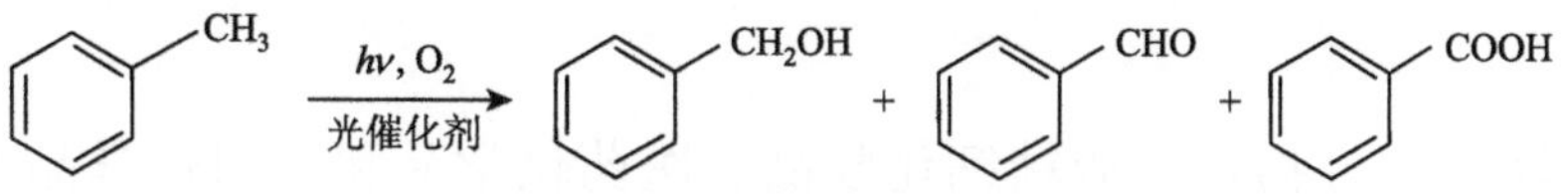

$C_6H_5CH_3 \xrightarrow[\text{光催化剂}]{h\nu,\ O_2} C_6H_5CH_2OH + C_6H_5CHO + C_6H_5COOH$

图 3.38　光催化碳氢键活化示例[75]

2. 烯烃的环氧化

具有光学活性的环氧化物是合成许多天然产物和活性药物的重要有机中间体。D. W. Michael 等[78]发现以 TiO_2 作为光催化剂时，在常温常压条件下，以丙烯和氧气作为反应物，光照下可得到一定量的环氧丙烷，虽然产率比较低，但证明了光催化用于合成环氧化合物的可行性。此外，光催化过程也被应用于多种环烯和线型烯烃的环氧化反应中（图 3.39）[79]。

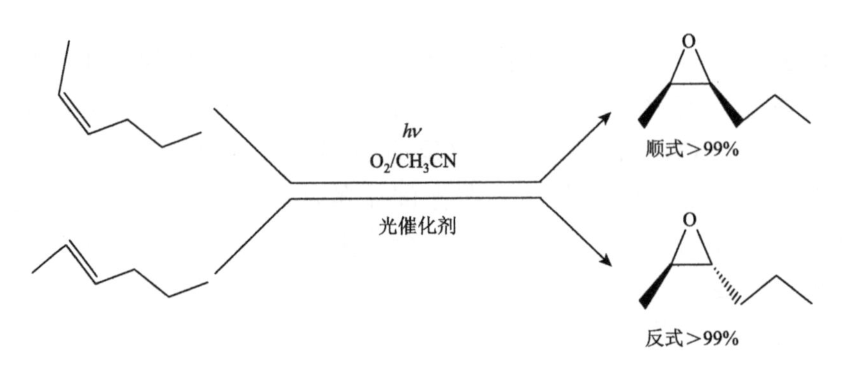

图 3.39　光催化烯烃的环氧化反应示例[79]

3. 羰基化反应

羰基化反应在有机合成中占有十分重要的位置，如醛类化合物、酮类化合物等均是有机化工领域的重要化学品。传统的羰基化反应需要采用贵金属催化剂、高温高压下进行，且反应难以控制、副反应多。例如，乙醛作为合成乙酸、乙酸酐、乙酸乙酯、丁醛、丁烯醛、吡啶和其他一些产品的中间体，工业生产乙醛主要通过乙醇的直接催化氧化来获得，这种方法会产生含氯废物且能耗大。研究发现，利用 TiO_2 作为光催化剂，可在室温下将乙醇脱氢氧化生成乙醛，且具有较高的转化率和反应选择性[80]。

4. 胺类化合物的氧化反应

亚胺类化合物是合成精细化学品、医药化学品和农用化学品非常重要的中间体。胺类化合物选择性催化氧化为亚胺类化合物大多采用贵金属类催化剂，如 Pd、Ru、Au 等。赵进才等[81]以 TiO_2 作为光催化剂，在光照下实现了胺类化合物高选择性地转化为亚胺，并且发现此类催化剂对于苄胺等胺类化合物及其复杂衍生物的选择性氧化反应都表现出催化活性（图 3.40）。

此外，光催化在聚合反应、选择性氧化、环加成、多元环开环、芳环和杂环化合物的甲基化等多个有机化学反应类型中均有应用。光催化有机合成的独特优势，使其越来越受到有机合成化学和有机化工领域的青睐，开辟了一条新的有机化合物选择性催化合成的路线。

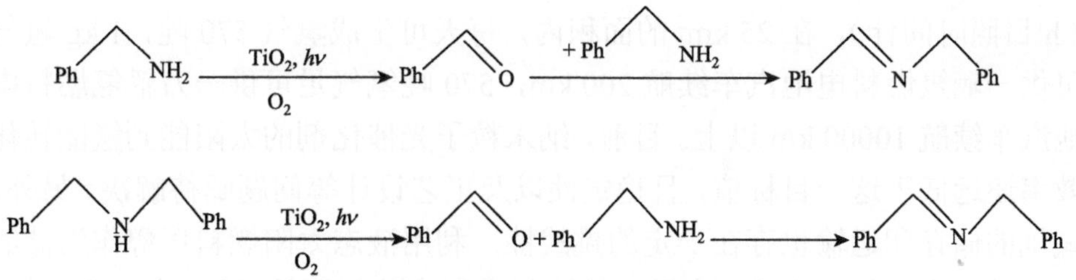

$$\text{Ph}\diagup\!\!\diagdown\text{NH}_2 \xrightarrow[O_2]{TiO_2,\ h\nu} \text{Ph}\diagup\!\!\diagdown\text{O} \xrightarrow{+\text{Ph}\diagup\!\!\diagdown\text{NH}_2} \text{Ph}\diagup\!\!\diagdown\text{N}\diagup\!\!\diagdown\text{Ph}$$

$$\text{Ph}\diagup\!\!\diagdown\underset{\text{H}}{\text{N}}\diagup\!\!\diagdown\text{Ph} \xrightarrow[O_2]{TiO_2,\ h\nu} \text{Ph}\diagup\!\!\diagdown\text{O} + \text{Ph}\diagup\!\!\diagdown\text{NH}_2 \longrightarrow \text{Ph}\diagup\!\!\diagdown\text{N}\diagup\!\!\diagdown\text{Ph}$$

图 3.40　光催化胺类化合物的氧化反应示例[81]

3.14 展　望

人工光合成太阳燃料是一个极具挑战性的研究方向，涉及一系列关键的基础科学问题，该研究方向也具有非常广阔的应用前景，正吸引着越来越多的科学家投身其中。人工光合成太阳燃料已受到世界各国的高度重视，国际竞争异常激烈。以美国为代表的发达国家已持续投入人力、物力和财力，试图在这一领域占据国际领先地位。美国能源部于 2010 年成立了人工光合成联合研究中心（Joint Center for Artificial Photosynthesis，JCAP），由加州理工学院、劳伦斯伯克利国家实验室、加利福尼亚大学伯克利分校、加利福尼亚大学欧文分校、加利福尼亚大学圣迭戈分校等多家科研单位共同组成研究团队，提出到 2025 年氢能将占整个能源市场 8%～10%的发展目标；欧洲各国对人工光合成的研究始终给予极大关注，如瑞士联邦工学院的 M. Grätzel 教授领导的“NanoPEC”项目，联合欧洲多个研究机构，重点开展高效太阳能分解水制氢研究；日本人工光合成化学工艺技术研究组合（ARPChem）于 2012 年启动了“清洁可持续化学工艺基础技术开发（革新性催化剂）”项目，集合日本多家企业、研究机构的科研队伍展开联合攻关，大力支持人工光合成的基础科学和技术开发；甚至连沙特阿拉伯这样盛产石油的国家，也开始和其他国家开展联合研究，将太阳能作为未来替代化石能源的新能源，由此可见其重要性。我国科技部和自然科学基金委员会也分别设立了国家重点基础研究发展计划（973 计划）项目和国家自然科学基金重大项目支持太阳能分解水制氢的研究，中国科学院也于 2009 年启动了“太阳能行动计划”，我国科学家已在多个方面取得系列重要进展。

在人工光合成的实际应用方面，以太阳能分解水制氢为第一步，若以太阳能到氢能转化效率为 10%的目标来计算，在标准太阳光照射下（每天

8 h 日照时间计），在 25 km^2 的面积内，每天可生成氢气 570 吨，1 kg 氢气可供一辆氢燃料电池汽车续航 200 km，570 吨氢气足可供一万辆氢燃料电池汽车续航 10000 km 以上。目前，纳米粒子光催化剂的太阳能到氢能转化效率还远低于这一目标值，且稳定性以及工艺设计等问题亟待解决。另外，氢气的储存和运输也存在一定的挑战性，利用液态太阳燃料甲醇作为储氢载体是更为理想的方式，有助于解决氢燃料电池氢源的“制、储、运、加”技术的安全问题。虽然当下看来，同化石能源重整制氢相比，人工光合成制取太阳燃料成本上不具有优势。但是，传统化石能源制氢具有不可再生性并带来日益严峻的环境生态问题，如果考虑传统化石能源制氢的环境和生态成本，人工光合成制取太阳燃料将是未来替代化石能源非常有前景的途径。随着光伏电池技术的发展和工艺的不断改进，以单晶硅光伏电池为代表的光伏电池的光电转换效率被不断刷新，光伏电池总装机容量和市场占有率在世界范围内正在大幅提升，且光伏发电成本明显降低并已逼近煤电发电。在此形势下，光伏发电和电解水耦合制氢，再利用二氧化碳催化加氢制备液态燃料甲醇，甲醇作为燃料消耗后产生的二氧化碳又可以循环利用。由于氢来源于太阳能，整个过程清洁、不额外增加碳排放，有效解决了可再生能源间歇性问题和能源使用的随机性问题，将是一条具有非常广阔应用前景和重要社会意义的可行之路。

在人工光合成的基础科学研究方面，虽然取得了诸多进展，但一些关键科学问题仍没有完全解决。这些问题如：①宽光谱捕光半导体材料如何保持高的载流子迁移率；②光生电荷在微纳尺度上分离传输的驱动力以及光生电荷分离与光催化剂尺寸的内在关系是什么；③人工光合成暗反应中 CO_2、N_2 等分子如何在光催化剂表面活化，以及光生电荷参与催化反应的微观过程如何发生；④高活性水氧化催化剂的微观结构是否和自然光合作用体系中水氧化活性中心结构存在本质关系，水氧化反应路径是否相同；⑤在不同时间和空间尺度上如何探测光生电荷的超快传输过程以及真实反应条件下光催化剂的结构动态演变与光催化性能的关联性等。基于这些前沿基础科学问题，人工光合成的基础科学研究未来需加强以下几方面，才能有望取得原创性突破，以在激烈的国际竞争中占据一席之地：①强化对光生电荷的分离、传输与表面催化反应的串行与互相协同的机制、人工光合成体系及自然光合作用体系的 O—O 键形成机理、多电子参与的复杂光电催化活性中心的结构、人工光合成反应在原子/分子层次上化学键的断裂

和重排机理等基础科学问题的研究，为高效人工光合成催化剂的设计提供理论指导；②加强不同学科间交叉融合，从不同领域汲取营养，如借鉴自然光合作用过程和光伏电池领域的策略，扩展人工光合成催化剂的研究思路；③借助于材料科学和纳米科技发展的新方法和新思路，设计合成高效、稳定的具有宽光谱捕光范围和高载流子迁移率的光催化材料体系；④“道法自然”，仿习自然光合作用体系的光生电荷分离思路以及光合作用体系中水氧化活性中心的结构和功能，设计高效的人工光合成催化剂体系；⑤发展先进的原位光谱表征技术和理论方法，深入系统地探究光生电荷分离、传输和表面催化反应的微观机制等。

人工光合成太阳燃料领域的机遇与挑战并存，虽然经过几十年的发展取得了长足进展，但许多关键科学问题尚未得到彻底的解决，需要科学家们长期不懈地努力和坚持，做好打“持久战”的决心和准备。只有对微观机理有清晰的认识和理解，进而合理地利用原创性策略设计构建集成光催化剂体系才能有望解决这一挑战性难题。人工光合成体系中的“三大战役”（吸光产生电荷、光生电荷分离、表面催化反应）需兼顾、逐个攻破。在攻克这些科学难题推动人工光合成研究进程的同时，也会带动其他相关学科的发展，进而引发新的科学问题和研究领域。人工光合成太阳燃料既不是人们通常认为的十分遥远，但也不是轻易即可规模化应用，需要一代又一代的科学家持之以恒的耐心和百折不挠的勇气，需要长期不断的坚持和坚守，相信终究会取得突破，造福人类。

参考文献

[1] Oakley H D，Rao K K. Photosynthesis. Cambridge：Cambridge University Press，1999.

[2] Fujishima A，Honda K. Electrochemical photolysis of water at a semiconductor electrode. Nature，1972，238（5358）：37-38.

[3] 藤岛昭. 光催化创造未来：环境和能源的绿色革命. 上官文峰，译. 上海：上海交通大学出版社，2015.

[4] Thompson T L，Yates J T. Surface science studies of the photoactivation of TiO_2：new photochemical processes. Chemical Reviews，2006，106（10）：4428-4453.

[5] Hwang D W，Kim H G，Kim J，et al. Photocatalytic water splitting over highly donor-doped（110）layered perovskites. Journal of Catalysis，2000，193（1）：40-48.

[6] Maeda K. Z-Scheme water splitting using two different semiconductor photocatalysts. ACS Catalysis，2013，3（7）：1486-1503.

[7] Iwase A，Ng Y H，Ishiguro Y，et al. Reduced graphene oxide as a solid-state electron mediator in Z-scheme photocatalytic water splitting under visible light. Journal of the American Chemical Society，2011，133（29）：

11054-11057.

[8] Zhou P, Yu J G, Jaroniec M. All-solid-state Z-scheme photocatalytic systems. Advanced Materials, 2014, 26 (29): 4920-4935.

[9] Tada H, Mitsui T, Kiyonaga T, et al. All-solid-state Z-scheme in CdS-Au-TiO_2 three-component nanojunction system. Nature Materials, 2006, 5 (10): 782-786.

[10] Kudo A, Miseki Y. Heterogeneous photocatalyst materials for water splitting. Chemical Society Reviews, 2009, 38 (1): 253-278.

[11] Kato H, Kudo A. Visible-light-response and photocatalytic activities of TiO_2 and $SrTiO_3$ photocatalysts co-doped with antimony and chromium. The Journal of Physical Chemistry B, 2002, 106 (19): 5029-5034.

[12] Serpone N, Lawless D, Disdier J, et al. Spectroscopic, photoconductivity, and photocatalytic studies of TiO_2 colloids: naked and with the lattice doped with Cr^{3+}, Fe^{3+}, and V^{5+} cations. Langmuir, 1994, 10 (3): 643-652.

[13] Sayama K, Mukasa K, Abe R, et al. Stoichiometric water splitting into H_2 and O_2 using a mixture of two different photocatalysts and an IO_3^-/I^- shuttle redox mediator under visible light irradiation. Chemical Communications, 2001, 23: 2416-2417.

[14] Konta R, Ishii T, Kato H, et al. Photocatalytic activities of noble metal ion doped $SrTiO_3$ under visible light irradiation. The Journal of Physical Chemistry B, 2004, 108 (26): 8992-8995.

[15] Zhang G, Liu G, Wang L Z, et al. Inorganic perovskite photocatalysts for solar energy utilization. Chemical Society Reviews, 2016, 45 (21): 5951-5984.

[16] Maeda K, Teramura K, Lu D L, et al. Noble-metal/Cr_2O_3 core/shell nanoparticles as a cocatalyst for photocatalytic overall water splitting. Angewandte Chemie International Edition, 2006, 45 (46): 7806-7809.

[17] Maeda K, Teramura K, Lu D L, et al. Roles of Rh/Cr_2O_3 (core/shell) nanoparticles photodeposited on visible-light-responsive ($Ga_{1-x}Zn_x$) ($N_{1-x}O_x$) solid solutions in photocatalytic overall water splitting.The Journal of Physical Chemistry C, 2007, 111 (20): 7554-7560.

[18] Irokawa Y, Morikawa T, Aoki K, et al. Photodegradation of toluene over $TiO_{2-x}N_x$ under visible light irradiation. Physical Chemistry Chemical Physics, 2006, 8 (9): 1116-1121.

[19] Maeda K, Takata T, Hara M, et al. GaN:ZnO solid solution as a photocatalyst for visible-light-driven overall water splitting. Journal of the American Chemical Society, 2005, 127 (23): 8286-8287.

[20] Dhanalakshmi K B, Latha S, Anandan S, et al. Dye sensitized hydrogen evolution from water. International Journal of Hydrogen Energy, 2001, 26 (7): 669-674.

[21] Zhang J, Xu Q, Feng Z C, et al. Importance of the relationship between surface phases and photocatalytic activity of TiO_2. Angewandte Chemie International Edition, 2008, 47 (9): 1766-1769.

[22] Wang X, Xu Q, Li M R, et al. Photocatalytic overall water splitting promoted by an α-β phase junction on Ga_2O_3. Angewandte Chemie International Edition, 2012, 51 (52): 13089-13092.

[23] Li R G, Zhang F X, Wang D E, et al. Spatial separation of photogenerated electrons and holes among {010} and {110} crystal facets of $BiVO_4$. Nature Communications, 2013, 4 (1432): 1-7.

[24] Zhu J, Fan F T, Chen R T, et al. Direct imaging of highly anisotropic photogenerated charge separations on different facets of a single $BiVO_4$ photocatalyst. Angewandte Chemie International Edition, 2015, 31 (54): 9111-9114.

[25] Li R G, Tao X P, Chen R T, et al. Synergetic effect of dual co-catalysts on the activity of p-type Cu_2O crystals with anisotropic facets. Chemistry-A European Journal, 2015, 21 (41): 14337-14341.

[26] Mu L C, Zhao Y, Li A L, et al. Enhancing charge separation on high symmetry $SrTiO_3$ exposed with anisotropic

facets for photocatalytic water splitting. Energy & Environmental Science，2016，9（7），2463-2469.

[27] Chen R T, Pang S, An H Y, et al. Charge separation via asymmetric illumination in photocatalytic Cu_2O particles. Nature Energy，2018，3（8），655-663.

[28] 吴越. 催化化学. 北京：科学出版社，2000.

[29] 刘守新，刘鸿. 光催化及光电催化基础与应用. 北京：化学工业出版社，2006.

[30] Yang J H，Wang D E，Han H X，et al. Roles of cocatalysts in photocatalysis and photoelectrocatalysis. Accounts of Chemical Research，2013，46（8）：1900-1909.

[31] Wang D E, Li R G, Zhu J, et al. Photocatalytic water oxidation on $BiVO_4$ with the electrocatalyst as an oxidation cocatalyst：essential relations between electrocatalyst and photocatalyst. The Journal of Physical Chemistry C，2012，116（8）：5082-5089.

[32] Kanan M W，Nocera D G. *In situ* formation of an oxygen-evolving catalyst in neutral water containing phosphate and Co^{2+}. Science，2008，321（5892）：1072-1075.

[33] Kanan M W，Surendranath Y，Nocera D G. Cobalt-phosphate oxygen-evolving compound. Chemical Society Reviews，2009，38（1）：109-114.

[34] Yoshida M，Takanabe K，Maeda K，et al. Role and function of noble-metal/Cr-layer core/shell structure cocatalysts for photocatalytic overall water splitting studied by model electrodes. The Journal of Physical Chemistry C，2009，113（23）：10151-10157.

[35] Linsebigler A L, Lu G Q, Yates J T. Photocatalysis on TiO_2 surfaces: principles, mechanisms, and selected results. Chemical Reviews，1995，95，735-758.

[36] Zhang Z，Yates J T. Band bending in semiconductors：chemical and physical consequences at surfaces and interfaces. Chemical Reviews，2012，112（10）：5520-5551.

[37] Yan H J，Yang J H，Ma G J，et al. Visible-light-driven hydrogen production with extremely high quantum efficiency on Pt-PdS/CdS photocatalyst. Journal of Catalysis，2009，266（2）：165-168.

[38] Yang J H，Yan H J，Wang X L，et al. Roles of cocatalysts in Pt-PdS/CdS with exceptionally high quantum efficiency for photocatalytic hydrogen production. Journal of Catalysis，2012，290：151-157.

[39] Li R G，Han H X，Zhang F X，et al. Highly efficient photocatalysts constructed by rational assembly of dual-cocatalysts separately on different facets of $BiVO_4$. Energy & Environmental Science，2014，7（4）：1369-1376.

[40] Zhu J，Pang S，Dittrich T，et al. Visualizing the nano cocatalyst aligned electric fields on single photocatalyst particles. Nano letters，2017，17（11）：6735-6741.

[41] Yoshihara T，Katoh R，Furube A，et al. Identification of reactive species in photoexcited nanocrystalline TiO_2 films by wide-wavelength-range（400～2500 nm）transient absorption spectroscopy. The Journal of Physical Chemistry B，2004，108（12）：3817-3823.

[42] Logunov S，Green T，Marguet S，et al. Interfacial carriers dynamics of CdS nanoparticles. The Journal of Physical Chemistry A，1998，102（28）：5652-5658.

[43] Tang J W，Durrant J R，Klug D R. Mechanism of photocatalytic water splitting in TiO_2. Reaction of water with photoholes，importance of charge carrier dynamics，and evidence for four-hole chemistry. Journal of the American Chemical Society，2008，130（42）：13885-13891.

[44] Furube A，Asahi T，Masuhara H，et al. Direct observation of a picosecond charge separation process in photoexcited platinum-loaded TiO_2 particles by femtosecond diffuse reflectance spectroscopy. Chemical Physics Letters，2001，336（5/6）：424-430.

[45] Wu K F，Zhu H M，Liu Z，et al. Ultrafast charge separation and long-lived charge separated state in photocatalytic CdS-Pt nanorod heterostructures. Journal of the American Chemical Society，2012，134（25）：10337-10340.

[46] Jaeger C D，Bard A J. Spin trapping and electron spin resonance detection of radical intermediates in the photodecomposition of water at titanium dioxide particulate systems. The Journal of Physical Chemistry，1979，83（24）：3146-3152.

[47] Howe R F，Grätzel M. EPR study of hydrated anatase under UV irradiation. The Journal of Physical Chemistry，1987，91（14）：3906-3909.

[48] Siahrostami S，Li G L，Viswanathan V，et al. One-or two-electron water oxidation，hydroxyl radical，or H_2O_2 evolution. The Journal of Physical Chemistry Letters，2017，8（6）：1157-1160.

[49] Juris A，Balzani V，Barigelletti F，et al. Ru（Ⅱ）polypyridine complexes：photophysics，photochemistry，electrochemistry，and chemiluminescence. Coordination Chemistry Reviews，1988，84：85-277.

[50] Peters J W，Lanzilotta W N，Lemon B J，et al. X-ray crystal structure of the Fe-only hydrogenase（CpI）from Clostridium pasteurianum to 1.8 angstrom resolution. Science，1998，282（5395）：1853-1858.

[51] Nicolet Y，Piras C，Legrand P，et al. Desulfovibrio desulfuricans iron hydrogenase：the structure shows unusual coordination to an active site Fe binuclear center. Structure，1999，7（1）：13-23.

[52] Na Y，Wang M，Pan J X，et al. Visible light-driven electron transfer and hydrogen generation catalyzed by bioinspired [2Fe2S] complexes. Inorganic Chemistry，2008，47（7）：2805-2810.

[53] Streich D，Astuti Y，Orlandi M，et al. High-turnover photochemical hydrogen production catalyzed by a model complex of the [FeFe]-hydrogenase active site. Chemistry-A European Journal，2010，16（1）：60-63.

[54] Jian J X，Ye C，Wang X Z，et al. Comparison of H_2 photogeneration by [FeFe]-hydrogenase mimics with CdSe QDs and $Ru(bpy)_3Cl_2$ in aqueous solution. Energy & Environmental Sciences，2016，9，2083-2089.

[55] Li X B，Tung C H，Wu L Z. Semiconducting quantum dots for artificial photosynthesis. Nature Reviews Chemistry，2018，2：160-173.

[56] Gersten S W，Samuels G J，Meyer T J. Catalytic oxidation of water by an oxo-bridged ruthenium dimer. Journal of the American Chemical Society，1982，104（14）：4029-4030.

[57] Duan L L，Bozoglian F，Mandal S，et al. A molecular ruthenium catalyst with water-oxidation activity comparable to that of photosystem Ⅱ. Nature Chemistry，2012，4（5）：418-423.

[58] Zhang C X，Chen C H，Dong H X，et al. A synthetic Mn_4Ca-cluster mimicking the oxygen-evolving center of photosynthesis. Science，2015，348（6235）：690-693.

[59] Okamura M，Kondo M，Kuga R，et al. A pentanuclear iron catalyst designed for water oxidation. Nature，2016，530（7591）：465-468.

[60] Goto Y，Hisatomi T，Wang Q，et al. A particulate photocatalyst water-splitting panel for large-scale solar hydrogen generation. Joule，2018，2（3）：509-520.

[61] Lyu H，Hisatomi T，Goto Y，et al. An Al-doped $SrTiO_3$ photocatalyst maintaining sunlight-driven overall water splitting activity for over 1000 h of constant illumination. Chemical Science，2019，10（11）：3196-3201.

[62] Wang Q，Hisatomi T，Jia Q X，et al. Scalable water splitting on particulate photocatalyst sheets with a solar-to-hydrogen energy conversion efficiency exceeding 1%. Nature Materials，2016，15（6）：611-615.

[63] 李灿，李仁贵，赵越，等. 一种规模化太阳能光催化-光电催化分解水制氢的方法：中国，ZL 201610065543.0. 2016.

[64] Zhao Y，Ding C M，Zhu J，et al. A hydrogen farm strategy for scalable solar hydrogen production with particulate

photocatalysts. Angewandte Chemie International Edition，2020，doi.org/10.1002/anie.202001438.

[65] Kim T W，Choi K S. Nanoporous $BiVO_4$ photoanodes with dual-layer oxygen evolution catalysts for solar water splitting. Science，2014，343（6174）：990-994.

[66] Liu G J，Ye S，Yan P L，et al. Enabling an integrated tantalum nitride photoanode to approach the theoretical photocurrent limit for solar water splitting. Energy & Environmental Science，2016，9（4）：1327-1334.

[67] Liu B，Feng S J，Yang L F，et al. Bifacial passivation of n-silicon metal–insulator–semiconductor photoelectrodes for efficient oxygen and hydrogen evolution reactions. Energy & Environmental Science，2020，13：221-228.

[68] Cheng W H，Richter M H，May M M，et al. Monolithic photoelectrochemical device for direct water splitting with 19% efficiency. ACS Energy Letters，2018，3（8），1795-1800.

[69] Bonke S A，Wiechen M，MacFarlane D R，et al. Renewable fuels from concentrated solar power：towards practical artificial photosynthesis. Energy & Environmental Science，2015，8（9）：2791-2796.

[70] Jia J，Seitz L C，Benck J D，et al. Solar water splitting by photovoltaic-electrolysis with a solar-to-hydrogen efficiency over 30%. Nature Communications 2016，7（13237）：1-6.

[71] Hisatomi T，Takanabe K，Domen K. Photocatalytic water-splitting reaction from catalytic and kinetic perspectives. Catalysis Letters，2015，145（1）：95-108.

[72] 奥拉，戈佩特，普拉卡西. 跨越油气时代：甲醇经济. 胡金波，译. 北京：化学工业出版社，2007.

[73] Shih C F，Zhang T，Li J H，et al. Powering the future with liquid sunshine. Joule，2018，2（10）：1925-1949.

[74] Wang J X，Wei X J，Shen J Y，et al. Photocatalytic selective transformation of organics，Progress in Chemistry，2014，26（9）：1460-1470.

[75] Cao X，Chen Z，Lin R，et al. A photochromic composite with enhanced carrier separation for the photocatalytic activation of benzylic C—H bonds in toluene. Nature Catalysis，2018，1（9）：704-710.

[76] Chu J C K，Rovis T. Amide-directed photoredox-catalysed C—C bond formation at unactivated sp^3 C—H bonds. Nature，2016，539（7628）：272-275.

[77] Choi G J，Zhu Q L，Miller D C，et al. Catalytic alkylation of remote C—H bonds enabled by proton-coupled electron transfer. Nature，2016，539（7628）：268-271.

[78] Michael D W，James F B，Robert K G. Process for the selective oxidation of olefins with photochemical illumination of semiconductor powder suspensions：USA，US 4571290. 1986.

[79] Shiraishi Y，Morishita M，Hirai T. Acetonitrile-assisted highly selective photocatalytic epoxidation of olefins on Ti-containing silica with molecular oxygen. Chemical Communications，2005，5977-5979.

[80] Tesser R，Maradei V，Di Serio M，et al. Kinetics of the oxidative dehydrogenation of ethanol to acetaldehyde on V_2O_5/TiO_2-SiO_2 catalysts prepared by grafting. Industrial & Engineering Chemistry Research，2004，43：1623-1633.

[81] Lang X J，Ji H W，Chen C C，et al. Selective formation of imines by aerobic photocatalytic oxidation of amines on TiO_2. Angewandte Chemie International Edition，2011，50（17）：3934-3937.

第 4 章

太阳能转化之光电催化

导　读

光电催化分解水制氢和二氧化碳还原是合成太阳燃料的一种重要方式。在光电催化体系中，光电极在光激发下产生光生空穴和电子，空穴和电子分别迁移到光阳极和光阴极表面并进行催化氧化和还原反应，合成太阳燃料。光电催化实现了氧化和还原反应的空间分离，避免了逆反应，并可通过外加偏压促进反应。光电催化是人工光合成的一个重要策略，也是重要的太阳能转化平台（图 4.1）。

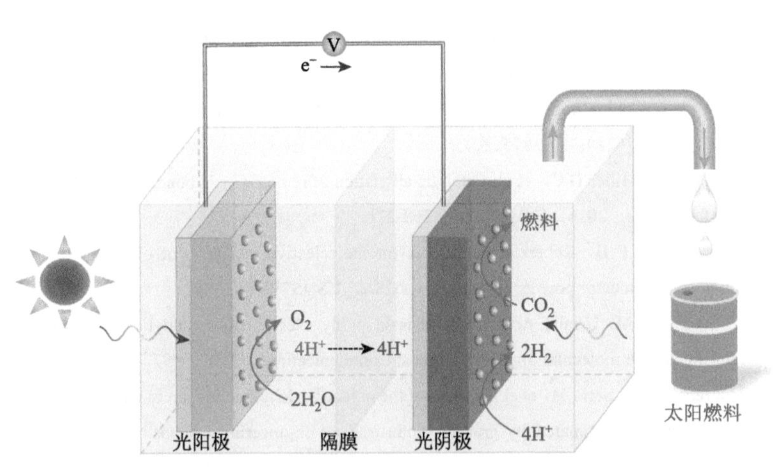

图 4.1　光电催化合成太阳燃料原理

4.1 光电催化人工光合成的原理和特点

光电催化人工光合成采用组装于导电基底上的半导体等捕光材料薄膜及其助催化剂作为光电极，进行太阳能的转化利用。在光照下（可同时施加外加偏压），光电极产生光生空穴和电子，空穴和电子分别迁移到光阳极和光阴极表面，进行催化氧化和催化还原反应，实现人工光合成过程。

光电催化的前世今生

光电化学早在 20 世纪上半叶就有研究。当时，A. J. Nozik、H. Gerischer 和 S. R. Morrison 等半导体物理和电化学方面的科学家逐渐清晰地认识了半导体的能级结构及光激发后表面的电化学反应过程，半导体光电化学的基本理论也逐步形成。直至 1972 年，日本科学家 A. Fujishima 和 K. Honda 研究电解水（插图 4.1）时，将 TiO_2 作为阳极、Pt 作为阴极，他们发现当对 TiO_2 电极进行紫外光照射时，在外电路观测到由 Pt 电极向 TiO_2 电极流动的电流，Pt 电极和 TiO_2 电极分别发生了产氢和产氧反应，从此揭开了光电化学（photoelectrochemistry）合成太阳燃料研究的序幕，人们为了强调催化的作用，也称其为光电催化（photoelectrocatalysis，PEC）[1]。当时正值第一次世界石油危机，光电催化分解水曾一度成为太阳能研究的热点。进入 21 世纪以后，能源危机、环境问题又被世界各国关注，光电分解水制备太阳燃料的研究也再次被人们关注。

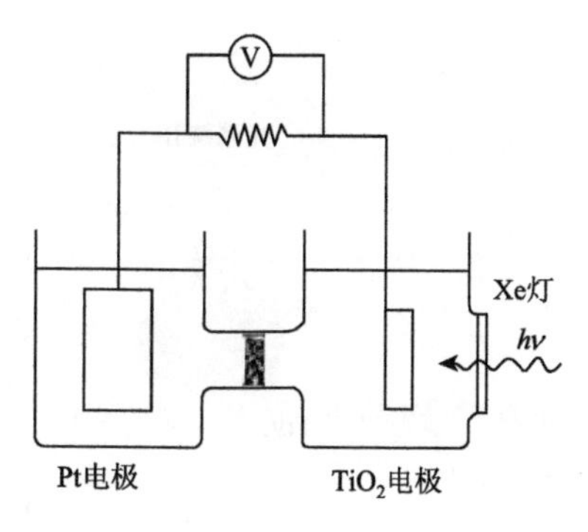

插图 4.1　TiO_2 光电催化分解水装置示意图

光电催化人工光合成，如光电分解水制氢、二氧化碳还原制备碳氢化合物等，可捕获太阳能并将其储存在太阳燃料分子的化学键中，实现太阳能向化学能的转化，其原理与自然光合作用中的 Z 机制类似。在自然光合作用中，

如图 4.2（a）所示，光系统Ⅱ将水分子氧化并释放质子和电子，电子经过一系列传输到达光系统Ⅰ，并再次被激发和传递，在酶作用下形成还原力 NADPH，然后经过一系列酶催化的暗反应，最终实现 CO_2 的捕获和转化。该过程有三个特点：①氧化反应和还原反应位点的分离可避免逆反应发生；②电子通过电荷传输链的阶梯状能级进行单向传输，可减少电荷的复合；③光系统中水氧化反应产生的电子和质子，经过传输，用于暗反应中的还原过程。

在光阳极和光阴极双光电极光电催化体系中，如图 4.2（b）所示，光阳极产生的光生空穴参与水氧化反应，释放出质子和电子，电子经外电路到达光阴极参与还原反应。光电催化体系也可实现氧化位和还原位在空间上的分离，避免还原产物被氧化（或氧化产物被还原），还可利用外加偏压辅助光生电荷的分离，可以在阴极进行质子还原制氢，也可进行 CO_2 还原制备燃料或进行其他加氢反应制备化学品[2]。光电催化暗合了自然光合作用光反应系统的 Z 机制，但并未完全涉及自然光合作用的暗反应。

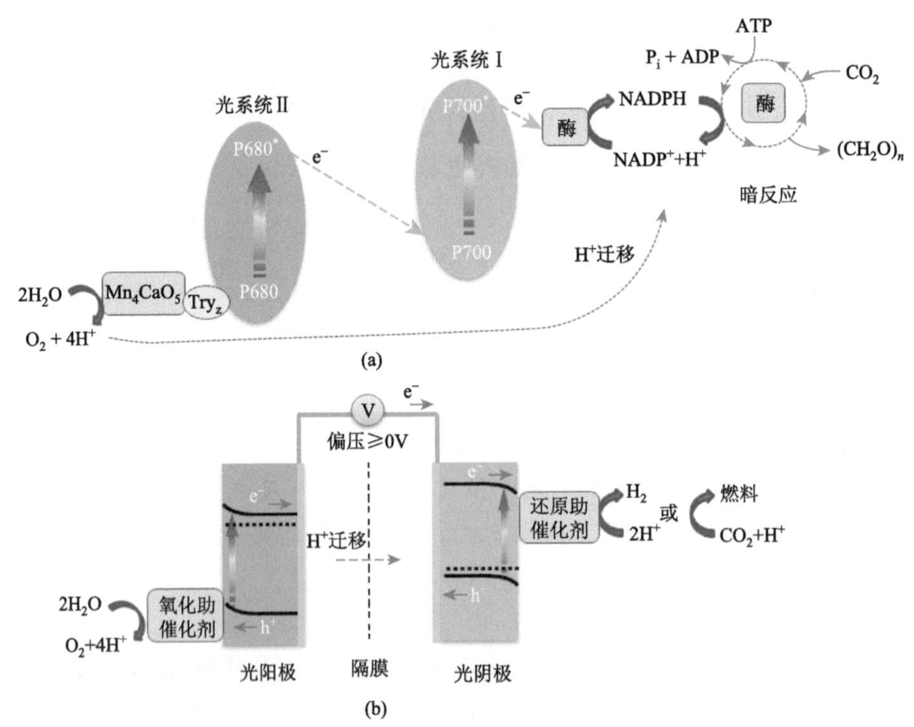

图 4.2 （a）自然光合作用 Z 机制电荷传输示意图；（b）双光电极光电催化体系电荷传输示意图

光电催化研究的是光照条件下光电极的电化学性质，即光生载流子参与的光电极-溶液界面的电化学反应过程，因此，光电催化体系可以视为光催化和电催化的耦合体系。在纳米粒子光催化分解水过程中，光生空穴和电子分别到达表面氧化活性位和表面还原活性位，分别参与水的氧化和还原反应。简而言之，若将该光催化纳米粒子体系“一切为二”，将氧化助催化剂/捕光材料颗粒和还原助催化剂分开并用导线相连，则氧化助催化剂/捕光材料构成光阳极，而还原助催化剂构成阴极（对电极），因此，纳米粒子光催化体系本质上也可看作纳米电极构成的光电催化体系。

光电催化体系具有独特的优势：①在光催化体系中，电荷分离和传输均发生在纳米粒子吸光体内部，驱动力为光催化剂的内建电场，而光电催化体系中电荷分离不仅发生在电极材料内部，还要通过外电路传输，并且可利用外加偏压来促进电荷分离；②某些在热力学上不足以分解水的光催化材料在外加偏压辅助下可以实现光电催化分解水；③光电催化体系中氧化反应活性位和还原反应活性位在空间上彼此分离，阴极生成的氢气和阳极生成的氧气可通过离子膜等隔膜分开，避免氧化和还原产物混合，可抑制逆反应。

4.2　半导体-溶液界面双电层和能级分布

光电催化体系的界面反应过程发生在电极-溶液界面上，因此，半导体-溶液界面的物理化学性质对于其表面的光电催化反应尤为重要。

双电层模型

1807 年，俄国科学家 F. F. Reuss 将两根玻璃管插入潮湿的黏土里，向玻璃管中加水，并放入电极，通电后发现黏土颗粒向正极移动，这种颗粒在电场中做定向移动的现象称为电泳。1852 年和 1859 年，德国物理化学家 G. H. Wiedemann 和 G. H. Quincke 分别发现将液体压过多孔陶瓷片时，在流动方向上会产生电势差，即“流动电势”。1878 年，德国物理学家 F. E. Dorn 发现液体中的粒子发生沉降时也会产生上述现象，称之为“沉降电势”。总之，当固相与液相之间发生相对运动时产生电运动的现象统称为“电动现象”。历经 70 年的历程，人们才逐渐认识到电极与溶液相界面最终形成双电层结构。

为了描述双电层的结构，1879 年，H. Helmholtz 提出平板电容器双电层模型，正负离子整齐地排列于界面两侧，如同平板电容器中的电荷分布，两层之间的距离约等于离子半径，电势在双电层内呈直线下降（插图 4.2）。后来，科学家对双电层模型进行了修正，提出了 Gouy-Chapman 扩散双电层模型：反离子既受到静电力的吸引，又进行着自身热运动，当两者达到平衡时，反离子呈扩散状态分布在溶液中。1924 年，双电层模型被进一步修正，双电层被分为牢固吸附于固体表面的 Stern 紧密层和外扩散层，紧密层内的电荷分布与 Helmholtz 平板电容器模型相似，电势（φ）从 φ_0 直线下降到 φ_2；Stern 层外的电荷分布与 Gouy-Chapman 扩散双电层模型相似，电势从 φ_2 呈指数形式下降到 φ_s。1947 年，科学家将紧密层分为内 Helmholtz 平面（IHP）和外 Helmholtz 平面（OHP）。其中，IHP 由未水化的离子组成，紧紧吸附在电极表面，又称为“特性吸附离子层的中心面”；OHP 由一部分水化离子组成。该模型称为 Grahame 离子特性吸附模型，实用性较强，至今仍是比较完善的模型之一。

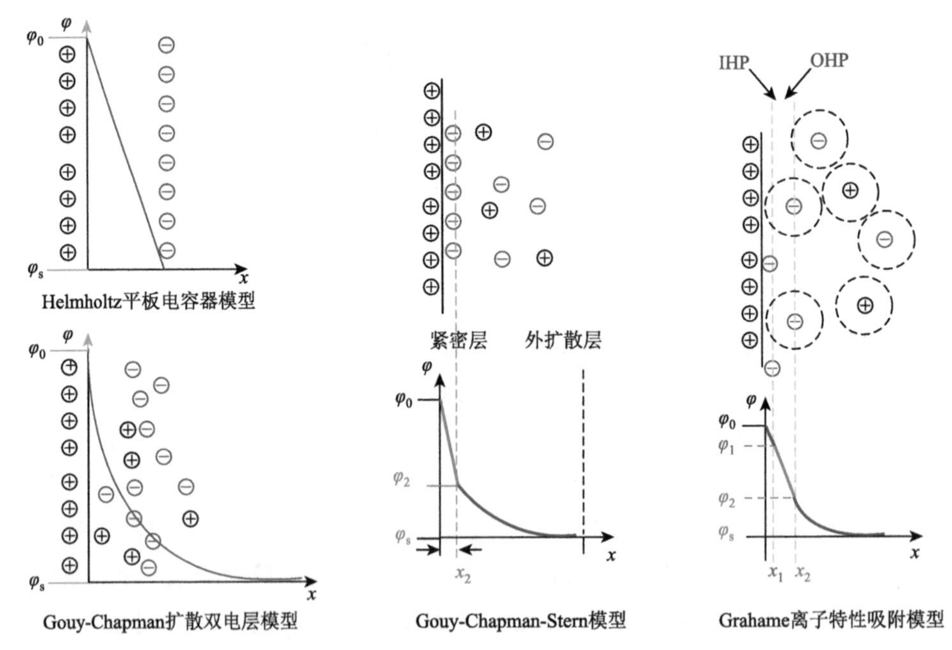

插图 4.2　不同双电层模型界面电荷和电势分布图

半导体-溶液界面与金属-溶液界面非常类似，因此首先介绍金属-溶液界面。当金属电极与溶液两相接触时，两者电化学势的差别引起荷电粒子（电子、离子）在相界面的重新分布，在两相界面上形成荷电粒子数目相等、符号相反的双电层（double layer）并产生强的界面电场（高达 10^8 V/cm）。这个过程最初（即金属和溶液接触的一瞬间）是非等当量离子的交换，结果两相都获得了符号相反的剩余电荷，这种剩余电荷不同程度地集中在界面两侧，形成双电层。需要注意的是，双电层结构并不能决定平衡电极电位值，因为平衡电极电位（即热力学标准氧化还原电位）是由相应电化学反应的自由能变化决定的。然而，双电层结构在电极过程动力学中起着重要作用。

与金属-溶液界面类似，半导体-溶液界面也会形成界面双电层。当半导体和电解质溶液接触时，由于两者的费米能级（E_F）不同（或两相中可动载流子的电位不同），因而发生界面间的电荷转移，直至两者 E_F 相等。例如，若 n 型半导体的初始 E_F 高于溶液中的氧化还原电对的氧化还原能级（E_{redox}），半导体中的电子将转移到溶液中，于是半导体表面内侧形成带正电的空间电荷层（space charge layer），电极表面建立起一个阻止电子进一步向溶液侧转移的势垒，使能带边缘向上弯曲。同样地，若 p 型半导体的 E_F 比溶液中的 E_{redox} 低，半导体中的空穴将向溶液转移，在表面内侧形成带负电的空间电荷层，使能带边缘向下弯曲。空间电荷层厚度（W_{SC}）范围为 0.1～1 μm，W_{SC}^2 与材料介电常数 ε、施加的电位 E 及材料的掺杂浓度 N_d 相关，其关系如式（4.1）所示：

$$W_{SC}^2 = 2\varepsilon\varepsilon_0(E-E_{fb})/e_0N_d \tag{4.1}$$

式中，e_0 为基本电量（电子电荷）；ε_0 为真空介电常数；E_{fb} 为平带电位。

开路条件下，达到平衡时，n 型半导体表面的电子浓度 $C_{n,s}$ 及 p 型半导体表面空穴浓度 $C_{p,s}$ 与体相电子浓度 $C_{n,b}$ 和体相空穴浓度 $C_{p,b}$ 有关，且与半导体表面和体相的电势差（即空间电荷层电势降，$\Delta\varphi_{SC}$）有关，如式（4.2）所示：

$$C_{n,s}(\text{或 } C_{p,s}) = C_{n,b}(\text{或 } C_{p,b})\exp(-e_0\Delta\varphi_{SC}/kT) \tag{4.2}$$

式中，k 为玻尔兹曼常量。

n 型半导体电极的空间电荷层及能带弯曲如图 4.3 所示。对半导体电极施加偏压时，空间电荷层中的载流子浓度将发生变化，能带弯曲状况也随

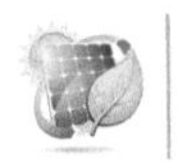

之变化。当施加电位为 E_{fb} 时，空间电荷层厚度为 0，此时不存在能带弯曲，即体相与半导体表面的电势相等。当 n 型半导体的电位很负时，表明电源向半导体注入大量额外电子，使表面的电子浓度超过体相的电子浓度，此时的空间电荷层为“富集或积累层”（enriched or accumulation layer），表面能带向下弯曲。反之，若 n 型半导体的电位不是很负甚至略微偏正时，空间电荷层的多数载流子（电子）浓度比体相中的小，而少数载流子本来就很贫乏，因此此时的空间电荷层为“耗尽层”（depletion layer），能带向上弯曲。耗尽层中的空间电荷为离子化施主的不可动电荷。当 n 型半导体电位很正时，外电源不仅“抽走”了导带中的电子，而且还“抽走”了价带中的部分电子，即向电极表面注入空穴，半导体表面的空穴多于电子，相当于表面的导电类型由 n 型变成了 p 型，即形成“反型层”（inversion layer），此时表面能带仍向上弯曲，但比耗尽层弯曲程度更显著。因为 n 型半导体和溶液接触时通常是表面能带向上弯曲，在实际的光电催化研究中，将 n 型半导体作为光阳极，有利于光生空穴向表面的移动和电子向体相的移动；若将 n 型半导体作为光阴极，则需要反其道而行之，施加很负的电位，使其形成富集层，造成大量电能的消耗[3, 4]。类似地，p 型半导体电极的电位由负向正移动时，将依次出现反型层、耗尽层和富集层的情况。

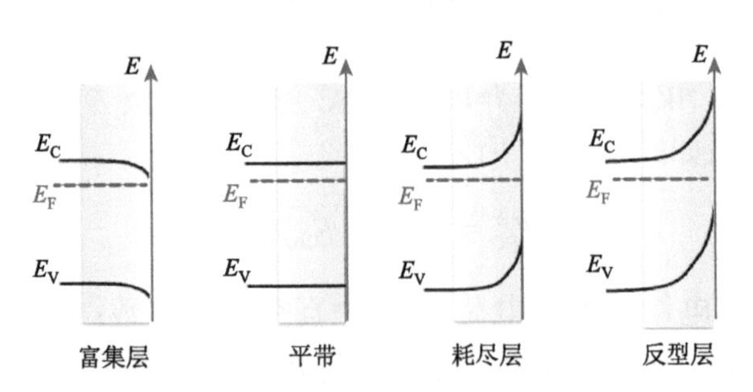

图 4.3　n 型半导体电极的空间电荷层及能带弯曲示意图

E_C：导带能级；E_V：价带能级；E_F：费米能级

平衡条件下 n 型半导体-溶液界面双电层模型和电势（φ）分布曲线如图 4.4 所示。n 型半导体空间电荷层（Ⅰ区）主要含有正电荷（主要是离子化施主）。在溶液一侧则主要含有负电荷，构成 Helmholtz 紧密层（Ⅱ区，厚度 3～5 Å）和 Gouy 扩散层（Ⅲ区）。空间电荷区中过剩电荷的分布类似于稀溶液中的离子分布规律，空间电荷的浓度是随距离变化的，相应的空

间电荷区的电势 φ 是距离 x 的函数，从电极到溶液是不断下滑的一条单调曲线。Helmholtz 层中包含捕获态电子、吸附离子、溶剂分子等，它分为内 Helmholtz 平面（IHP）和外 Helmholtz 平面（OHP）。IHP 包含特异性吸附的阴离子（路易斯酸位吸附的 OH^-）和少量阳离子（路易斯碱位吸附的 H^+）；OHP 是离电极最近但仍属于溶液中的离子（由于静电力等次级键作用，吸附在电极表面）所在的位置。当电解质浓度较高时，Gouy 扩散层的厚度通常可以忽略。半导体空间电荷层、Helmholtz 紧密层和 Gouy 扩散层共同构成了半导体-溶液双电层界面。整个双电层界面的电势降由空间电荷层的电势降（$\Delta\varphi_{SC}$）、Helmholtz 紧密层电势降（$\Delta\varphi_H$）和 Gouy 扩散层电势降（$\Delta\varphi_G$）三部分贡献，三个区域可视为三个依次串联的电容器[3, 5, 6]。

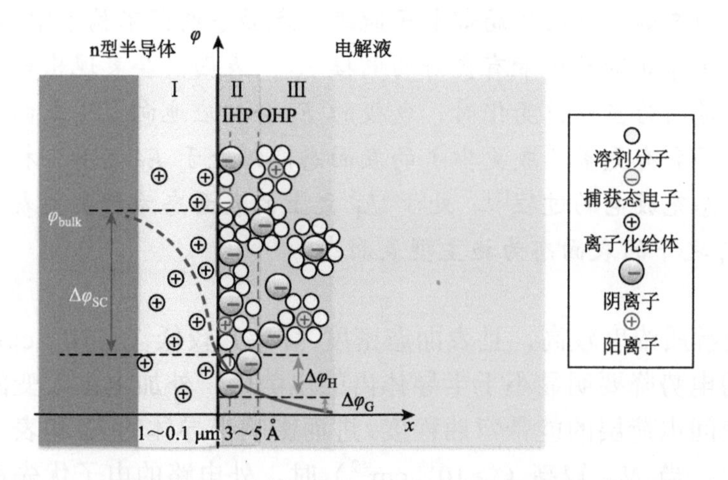

图 4.4　平衡条件下 n 型半导体-溶液界面双电层模型和电势分布曲线

表　面　态

表面态（surface state）主要由晶格缺陷和表面吸附物种导致，形成一种位于半导体表面而能级处于禁带之中的附加电子能级，可作为复合中心或者电荷转移的媒介，对电极-溶液界面造成较大影响。表面态分为本征和非本征表面态两类。本征表面态是晶体中原子的周期性排列在表面突然中断，使晶体中的周期性势场在表面突然中断而形成的定域电子能级。一般情况下，本征表面态密度在 10^{11}～10^{13} cm^{-2} 之间。共价型固体表面形成不饱和“悬挂键”，称为 Schockley 态；离

子晶体表面的晶格离子形成 Tamm 态（插图 4.3）。非本征表面态包括表面晶格缺陷、表面吸附位点、路易斯酸/碱位置，与表面处理方式有关。

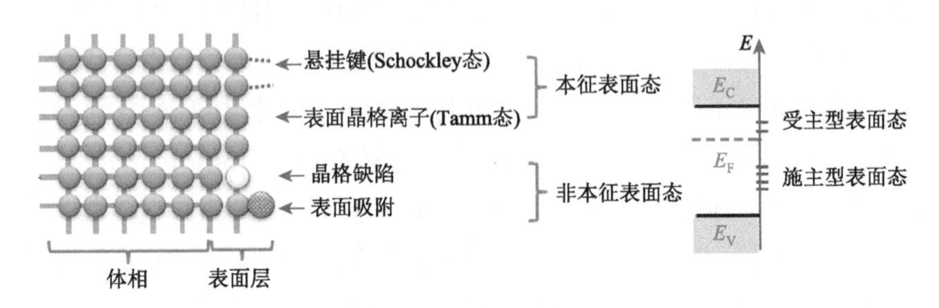

插图 4.3　不同表面态形成原理及电子能级位置图

表面态是指表面的局部电子能级，表面态电荷不属于空间电荷。当与半导体导带或价带有良好的电接触时，表面态会表现出电容的性质，这是因为当电位变化时，电极的 E_F 会相应地向上（或向下）移动，从而会有更多（或更少）的表面态能级处于 E_F 之下，相应地发生表面态充放电的过程[5]。处于 E_F 之上的表面态为受主型表面态，处于 E_F 之下的表面态为施主型表面态。

当电解质浓度较高，且表面态密度（N_{SS}）较低（$<10^{12}$ cm^{-2}）时，溶液中的电势降要明显小于半导体内的电势降，外加电位改变的主要是半导体空间电荷层的能带弯曲程度，进而影响半导体的 E_F 和表面电荷密度。然而，当 N_{SS} 较高（$>10^{13}$ cm^{-2}）时，外电路的电子优先占据表面态的能级，即形成所谓的“费米能级钉扎”[7]，此时表面能带弯曲程度几乎不受外加电位和半导体掺杂浓度的影响，$\Delta\varphi_H$ 变成主导。这可以理解为大量的表面态能级产生高密度的表面电荷，屏蔽了外界对空间电荷层的影响。当表面态密度非常高时，半导体电极界面性质接近金属电极的性质。

Mott-Schottky 公式

对于半导体-溶液界面，若忽略 Gouy 扩散层电容（C_G）、Helmholtz

紧密层电容（C_H）和表面态电容（C_{SS}），则测得的双电层电容近似为空间电荷层电容（C_{SC}），根据空间电荷层的电荷分布函数，可得出电容（C）和外加电位（E）的关系，即 Mott-Schottky 公式[8]：

$$1/C^2 = (2/e_0\varepsilon\varepsilon_0 N_d)(E - E_{fb} - kT/e_0)$$

式中，e_0 为基本电量；ε 为材料的介电常数；ε_0 为真空介电常数；N_d 为半导体掺杂浓度；E 为外加电位；k 为玻尔兹曼常量；T 为温度。将 $1/C^2$ 相对于 E 作图，得到的关系曲线称为 Mott-Schottky（MS）曲线。在一定 E 范围内，MS 曲线呈直线，由直线的截距可以得到 E_{fb} 的值，由直线的斜率可以得出 N_d。注意：电极电位的测量值是相对于参比电极的，通常要将 E_{fb} 换算成相对于可逆氢电极（RHE）的电位值。对于 p 型半导体，斜率为负值；对于 n 型半导体，斜率为正值（插图 4.4）。

Mott-Schottky 公式适用条件为：处于耗尽层电位区间、表面态浓度足够低、电解质浓度较大。对一个 n 型半导体电极施加很正的电位时，表面形成反型层，会显示 p 型半导体性质，MS 曲线呈现负的斜率。而当电位不是很正或很负时，$1/C^2$ 与 E 的关系违背 Mott-Schottky 公式，电容在一定电位范围内相对稳定，这通常是受表面态影响的缘故。通过对曲线进行一次微分处理，能够“捕捉”到这些表面态的能级分布。在实际测定中，在耗尽层区域也并非总能得到理想的 MS 曲线，这通常是由于表面态较多或者深能级施主发生离子化。

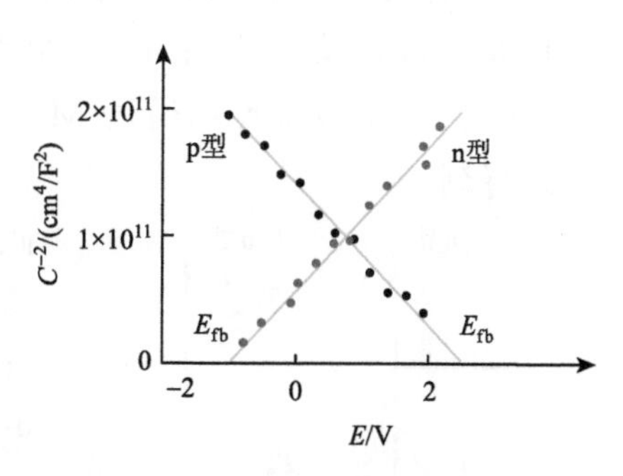

插图 4.4　n 型或 p 型半导体 MS 曲线示意图（坐标数值仅限于示意）

电极表面能带弯曲程度随着外加电位变化而变化，半导体电极双电层电容与电极电位的关系在一定电位范围内符合 Mott-Schottky 公式，它可以确定半导体的 p/n 型、导带或价带位置、平带电位及半导体的掺杂浓度（n 型半导体的离子化施主浓度或者 p 型半导体的给体浓度）。需要注意的是，固体物理中通常选用真空电子能级作为能级零点，而在电化学中通常用可逆氢电极（RHE）电位或者一定 pH 条件下的标准氢电极（SHE）电位作为电位的标度。理论研究表明，0 V 电位（相对于 RHE）以真空能级为标度时为 + 4.5 eV。

平带电位及其测量方法

半导体与溶液接触前且表面绝对干净时处于平带状态，即电极表面至体相不发生能带弯曲、不存在空间电荷区。与溶液接触后，能带发生弯曲，可通过改变外加电位改变能带弯曲的程度，能带被拉平时对应的外加电位即为平带电位（E_{fb}）。平带状态时对应的费米能级位置可称为平带能级（E'_{fb}，单位 eV，数值和 E_{fb} 相等）。对于 n 型半导体，E'_{fb} 接近但略低于导带能级 E_C（通常相差 0.1～0.2 eV，掺杂浓度越大，该差值越小）；而 p 型半导体的 E'_{fb} 接近但略高于价带能级 E_V（插图 4.5）。E_{fb} 可以通过 Mott-Schottky 测试并根据 Mott-Schottky 公式得到。

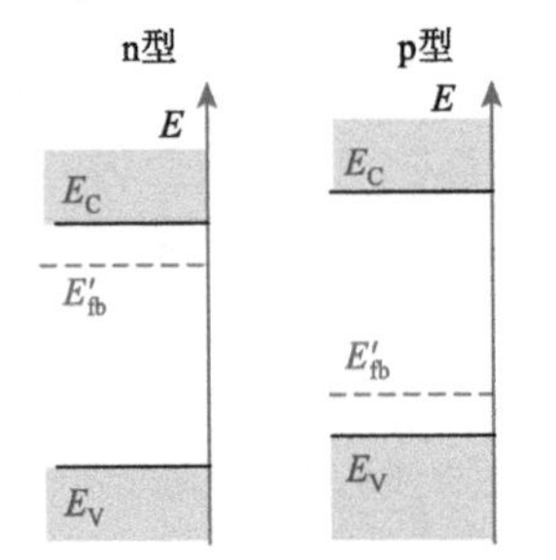

插图 4.5　n 型或 p 型半导体平带电位能级位置图

此外，测量 E_{fb} 还可采用光电化学法（本章 4.3 节 Schottky 位垒模型光电流理论将进行详细介绍）和光谱电化学法。在光谱电化学方法中，对半导体电极施加不同的偏压，测量其在固定波长下吸光度的变化，当吸光度开始上升时对应的电位即 E_{fb}。若材料的带隙确定，确定 E'_{fb} 后，则可以得到 E_C 和 E_V 两者的位置。

在暗态且开路条件下，以 n 型半导体-溶液界面为例，如图 4.5（a）所示，半导体和溶液接触后最终达到平衡状态，此时半导体（假设 N_{SS} 较低）的 E_F 和溶液中的 E_{redox} 相等，形成向上弯曲的表面能带和内建电场，将此时半导体的 E_F（即等于 E_{redox}）与半导体的表面导带能级（E_C）之间的差定义为势垒高度（$E_{barrier}$），即式（4.3）：

$$E_{barrier} = |E_C - E_{redox}| \tag{4.3}$$

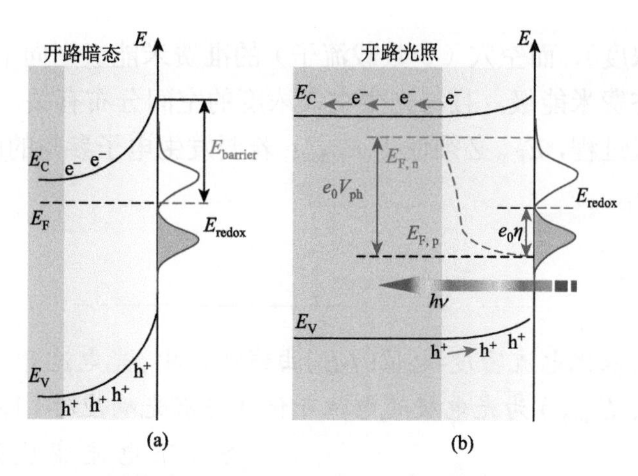

图 4.5　（a）n 型半导体-溶液界面在开路暗态平衡条件下的能级分布；（b）n 型半导体-溶液界面在开路并持续光照条件下的能级分布

光照条件下，半导体被激发产生大量的电子和空穴，能带弯曲程度降低。为了描述这种非平衡态下的能带结构，引入了“准费米能级”（quasi Fermi level）的概念[9]。开路条件下，持续光照时半导体中包含热激发和光激发产生的载流子，电子-空穴对的产生与复合将处于动态平衡，发生费米能级分裂，在半导体中建立起准稳态的载流子浓度分布，分别用各自的准费米能级表示。“准”字的意思是载流子的热弛豫过程很快，持续光照下，电子和空穴的聚集可达到一个准热力学平衡状态，真正的平衡只能在暗态条件下达到。电子和空穴的准费米能级（$E_{F,n}$和 $E_{F,p}$）分别定义为

$$E_{F,n} = E_C + kT\ln[(C_{n,0} + \Delta C_n)/N_C] \tag{4.4}$$

$$E_{F,p} = E_V - kT\ln[(C_{p,0} + \Delta C_p)/N_V] \tag{4.5}$$

式中，E_C 和 E_V 分别为导带和价带能级；N_C 和 N_V 分别为导带底和价带顶的有效能态密度；$C_{n,0}$ 和 $C_{p,0}$ 分别为暗态平衡条件下的电子和空穴浓度；ΔC_n 和ΔC_p 分别为稳态光照相对于暗态平衡条件下的电子和空穴浓度的变化量。

对于 n 型半导体，电子为多数载流子，$C_{n,0} \gg C_{p,0}$，且 $C_{n,0} \gg \Delta C_n$，因此 $C_{n,0} + \Delta C_n \approx C_{n,0}$，电子的准费米能级近似“水平”且与暗态平衡条件下半导体的费米能级位置接近（注意，对于某个确定的 n 型半导体来说，$E_{F,n}-E_C$ 和暗态开路平衡条件下 E_F-E_C 的值相近，主要取决于半导体的

体相掺杂浓度），而空穴（少数载流子）的准费米能级则向下移动，较大地偏离平衡态费米能级，且与光生空穴浓度的空间分布有关。若要发生空穴参与的阳极过程，$E_{F,p}$ 必须低于 E_{redox}；若要发生电子参与的阴极过程，$E_{F,n}$ 必须高于 E_{redox}。

开启电位

光电催化电流密度-电位(j-E)曲线测试中，光电流开启电位(onset potential，E_{onset})为光电极随电位变化开始有光响应时(即光照和暗态条件下电流密度开始有差别时)对应的电位，也称为起始电位(插图 4.6)。例如，对于光阳极，当施加的电位增加到一定值时，水氧化光电流开始产生，该电位即为开启电位。测量光电催化分解水开启电位时，一定要保证电解质溶液中没有牺牲试剂等杂质。

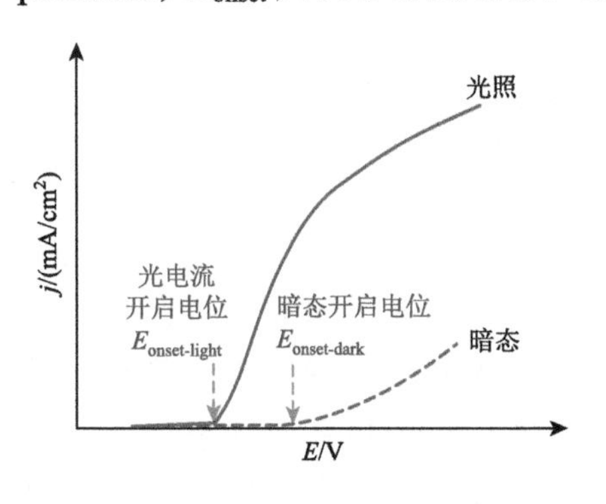

插图 4.6　电流密度-电位曲线和开启电位的测试

如图 4.5（b）所示，以 n 型半导体-溶液界面为例，光照条件下费米能级分裂，将产生一个光生电压（V_{ph}），它的最大值（$V_{ph\text{-}max}$）与 $E_{barrier}$ 相关。当发生费米能级钉扎时，$\Delta\varphi_H$ 较大，导致 V_{ph} 减小。通常，V_{ph} 的值小于半导体的带隙，尽管材料的导带价带能级横跨水的氧化还原电位，部分光生电压用来克服表面反应过电位 η，只有当 V_{ph} 大于 1.23 V 时，无外加偏压光电催化分解水才可能发生。实验上，光电极的 V_{ph} 可以通过比较光照和暗态条件下开路电位（即流过工作电极的电流为零时，工作电极相对于参比电极的电位，用 E_{oc} 表示）的变化而估算［式（4.6)］，也可通过光电流开启电位（$E_{onset\text{-}light}$）和暗态条件下电流的开启电位（$E_{onset\text{-}dark}$）之间的偏移量来估算［式（4.7)］。p 型半导体也是如此[10, 11]。

$$V_{ph} = |E_{oc\text{-}dark} - E_{oc\text{-}light}| \tag{4.6}$$

$$V_{ph} = |E_{onset\text{-}dark} - E_{onset\text{-}light}| \tag{4.7}$$

4.3　半导体–溶液界面电荷传递及光电流理论简介

电极反应是一种特殊的异相氧化还原反应，氧化和还原反应分区、成对进行，反应在强界面电场中发生。电极反应中电子通过费米能级进出，且费米能级可通过电位的变化实现连续可调。半导体与金属之间存在着两个最显著的差别：①载流子浓度悬殊；②半导体中有电子和空穴两种载流子。金属中高的电子浓度使金属-溶液界面上存在非常强的电场，外加电位的变化全部体现为$\Delta\varphi_H$ 的变化，即电极电位的变化可以改变反应活化能的能垒，从而影响电极反应的速率常数。然而，在半导体电极-溶液界面上，场强则相对较低，外加极化电位的影响主要表现在改变电极上参加反应的表面电子或空穴的浓度[12]。

半导体电化学中最具影响力的电荷传递理论为 Gerischer 理论[13]，该理论认为，当电极和反应物发生弱相互作用时（即界面两侧的量子状态实际上保持不变时），反应速率由反应物种与电极接触并找到能量相等的能态的概率所决定。电荷转移的净速率为阳极过程分电流（即电子从溶液还原态能级转移到电极的未占能级上）和阴极过程分电流（即电子从电极的已占能级转移到溶液中的氧化态能级上）的加和。由于半导体费米能级处于禁带中，能进行电荷交换的只有导带底和价带顶附近很窄的能级上的电子。换言之，半导体中能参与电荷交换的电子数量相对金属电极少很多，因此半导体电极的交换电流一般比金属电极的小得多。

平衡电位下，半导体-溶液界面发生电荷转移的条件为：氧化态电子能级（D_{Ox}）与半导体表面导带底附近能级相等（导带上发生 $Ox + e^- \rightleftharpoons Red$，式中 Ox 和 Red 分别代表氧化态物种和还原态物种）；还原态电子能级（D_{Red}）与半导体表面价带顶附近能级相等（价带上发生 $Red + h^+ \rightleftharpoons Ox$）。导带和价带电荷转移电流密度的大小取决于电极-溶液界面两侧能级的交叠程度。若半导体的带隙很宽，E_{redox} 远离导带和价带位置，则电荷转移不易发生。对于本征半导体来说，导带和价带电荷转移的速率相等，而 n 型和 p 型半导体则分别以电子和空穴的转移为主。因此，半导体能级位置和带隙对电极反应有重要影响。另外，上述半导体可能出现的导带、价带上的电荷转移反应，均包括了阴极过程分电流（电极的电子被溶液中物种捕获）和阳极过程分电流（溶液中物种向电极注入电子）两种相反的过程。

图 4.6 为金属、n 型半导体、p 型半导体电极-溶液界面在平衡电位和非平衡电位（极化）条件下的界面能级和电子转移情况。在极化条件下，能带弯曲发生变化，费米能级和电荷转移方向也随电极电位的移动而变化。当电解质浓度较大时，外加电压主要施加在空间电荷层，对溶液一侧的紧密层影响不大。电位正移时，费米能级向下移动（n 型半导体表面能带向上弯曲加剧），加速氧化反应，反之加速还原反应。

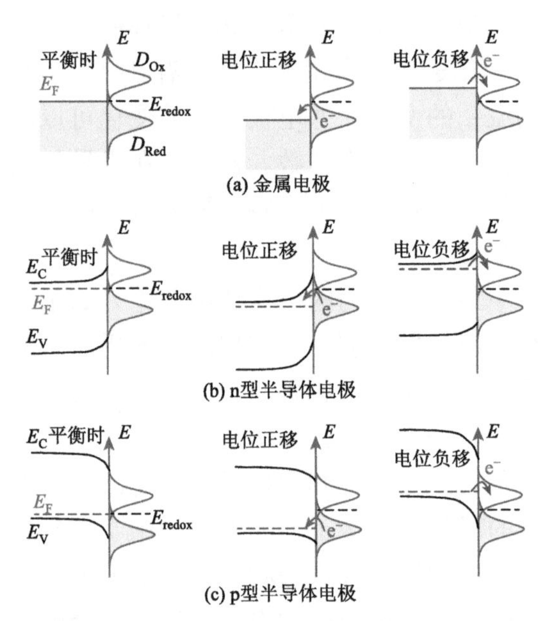

图 4.6　平衡电位和极化条件下金属或半导体电极-溶液界面能级和电子转移情况

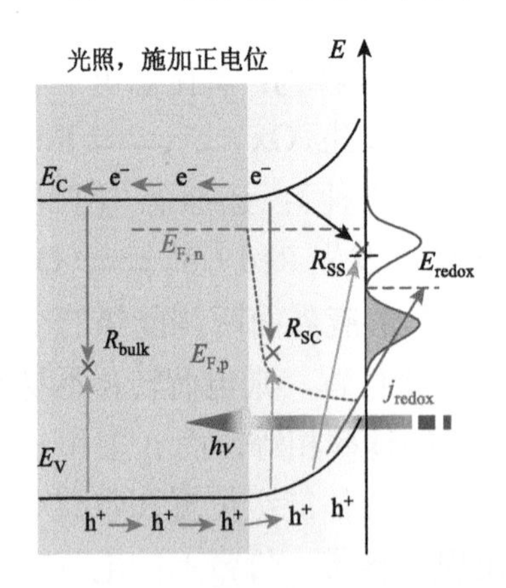

图 4.7　n 型半导体在持续光照并施加正电位下可能发生的电荷复合和转移过程

图 4.7 所示为典型的 n 型半导体在光照并施加正向电位条件下的电荷转移和电荷复合过程。相比图 4.5 所示的开路光照条件的能带结构，施加正电位使能带弯曲更显著，更有利于载流子分离，准费米能级也随之正移。当光电极与另外一个电极构成回路时，价带中的光生空穴迁移至半导体电极表面，从溶液中捕获电子，使还原态物种发生氧化反应；同时，光生电子经外电路迁移至辅助电极，转移给

氧化态物种；光生电子在外电路的流动形成光电流。除了空穴向溶液转移的氧化电流（j_{redox}）外，还会发生多种复合过程，包括体相复合（R_{bulk}）、空间电荷层复合（R_{SC}）和表面态电荷复合（R_{SS}），另外，少量载流子还可直接以热电子形式隧穿过界面[14]。

光电催化体系光电流的大小受到诸多因素影响，为了从原理和理论角度更好地理解和预测这些影响因素以指导光电催化实验研究，科学家通过半导体物理并结合数学推导，得到光电流理论模型——Schottky 位垒模型[15]和 Helmholtz 位垒模型[16]。Schottky 位垒模型主要根据两个假设：①半导体-溶液界面不存在表面态；②光电流的大小由半导体光生载流子的传输速度所控制，这个假设在接近极限电流的条件下可以满足。对于 n 型材料，可由式（4.8）推算出光电流密度 j_{ph}[15, 17, 18]。

$$j_{ph} = e_0\Phi\left(1-\frac{\exp[-\alpha x_0(\Delta\varphi_{SC})^{1/2}]}{1+\alpha L_p}\right) \tag{4.8}$$

式中，e_0 为基本电量（电子电荷）；Φ 为入射光通量；α 为吸光系数；x_0 为与介电常数和掺杂浓度相关的常数；L_p 为空穴扩散长度［$L_p = (\mu kT\tau/e_0)^{1/2}$，其中，$\mu$ 为空穴迁移率，τ 为空穴平均寿命，k 为玻尔兹曼常量］；$\Delta\varphi_{SC}$ 为空间电荷层的电势降。

可见，影响光电流输出的因素包括：入射光功率密度、材料吸光性质、介电常数、掺杂浓度、载流子迁移率和寿命以及空间电荷层的电势分布情况。首先，光电流随着$\Delta\varphi_{SC}$ 的增大而增大，当$\Delta\varphi_{SC}$ 达到最大时，j_{ph} 达到饱和电流值。其次，光电流还受入射光波长（不同波长下 α 不同）和材料缺陷（影响 L_p）的影响。若 $\alpha L_p \ll 1$，在 $\alpha x_0(\Delta\varphi_{SC})^{1/2} \ll 1$ 的电位范围内，经数学近似可得到$\Delta\varphi_{SC} = E-E_{fb} \approx (j_{ph}/e_0\Phi\alpha x_0)^2$，因此 j_{ph}^2 与电位 E 呈线性关系，电位轴的截距为平带电位 E_{fb}，这就是利用光电流测定平带电位的依据。另外，$\alpha = A(h\nu - E_g)^n/h\nu$ 代入之后，可得出$(j_{ph}h\nu)^{2/n}$ 与 $h\nu$ 呈线性关系，即 Tauc 公式，在 $h\nu$ 轴上可以得出带隙 E_g 的值。这些进一步证明 Schottky 位垒模型在某些情况下的可适用性。

Helmholtz 位垒模型适用于高密度表面态的情况，此时半导体电极电位的变化不是位于空间电荷层中，而是位于 Helmholtz 紧密层中。该理论认为，光电流由电子转移速率常数 k_{ct}、表面复合速率常数 k_{sr} 和体相复合速率常数 k_{br} 共同决定。若 $k_{ct} \ll (k_{sr} + k_{br})$，电荷转移成为速控步骤。当

$k_{ct} \gg (k_{sr} + k_{br})$时，光电流不再是由电荷转移步骤控制，而是由半导体内载流子的传输控制。值得强调的是，这类光电流理论受诸多假设因素限制，虽然并不能完全预测实验结果，但有助于我们从理论角度理解光电流影响因素。实际研究中，材料掺杂、表面助催化剂等均可能影响表面态、电荷转移速率常数、空间电荷层及 Helmholtz 紧密层电势降等因素，进而导致光电流变化。

4.4 光电催化分解水体系的分类

根据半导体材料的类型及体系中各个部分的组合模式，光电催化分解水体系可大致分为下述几类，包括单一光阳极体系、单一光阴极体系、光阳极-光阴极体系、光电-光伏耦合体系和光伏-电催化耦合体系等。下面对这些光电催化体系分别进行介绍。

4.4.1 单一光阳极体系

该体系由单一光阳极和无光响应的对电极组成［图 4.8（a)］。光阳极通常由 n 型半导体构成，是吸光的主体。当 n 型半导体与电解质溶液接触时，n 型半导体的能带向上弯曲，这种能带弯曲使得光生空穴向电极-溶液界面迁移，参与水氧化反应产生氧气。通常选择带隙大于 1.23 eV 且价带正于 E（O_2/H_2O）的材料作为光阳极，但这不是必要条件，若不满足则需要施加较大的外加偏压辅助。满足这一热力学要求的光阳极材料很多，如金属氧化物（TiO_2、Fe_2O_3、$BiVO_4$、WO_3、ZnO）、过渡金属氮（氧）化物（TaON、Ta_3N_5、$LaTiO_2N$、$BaTaO_2N$）和 n-Si 等[3, 19-21]。

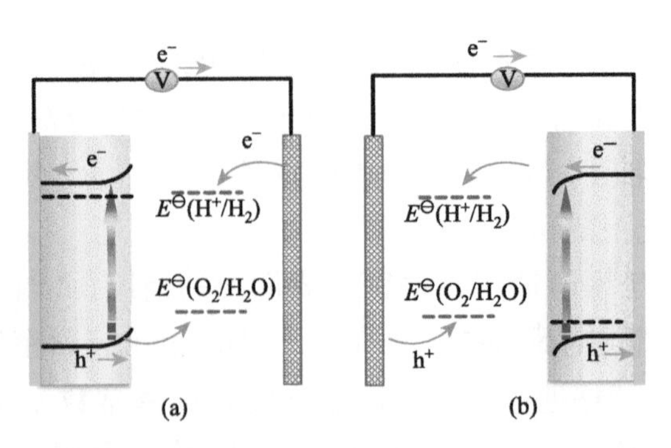

图 4.8 单一光阳极（a）和单一光阴极（b）体系及能带结构示意图

4.4.2 单一光阴极体系

该体系由光阴极和无光响应的对电极组成［图 4.8（b）］。光阴极通常由 p 型半导体构成，是吸光的主体。当 p 型半导体与电解质溶液接触时，p 型半导体的能带向下弯曲。与 n 型半导体相反，这种弯曲使得光生电子向电极-溶液界面迁移，进行水的还原反应。通常选择带隙大于 1.23 eV 且导带边位置负于 E（H^+/H_2）的材料作为光阴极，但这不是必要条件，若不满足则需要施加较大的外加偏压辅助。常用的光阴极材料有 p-Si、InP、GaP、$CuIn_xGa_ySe_2$、Cu_2O 等[22, 23]。

4.4.3 光阳极-光阴极体系

通常来说，单一光阳极或光阴极受其带隙及能带结构的限制，在无外加偏压的条件下难以实现水的全分解反应。构建光阳极-光阴极双光电极体系是实现无偏压光电催化分解水的一种途径。如图 4.2（b）所示，体系中光阳极和光阴极中的多数载流子用于表面反应。两个光电极的费米能级之差决定了两者之间的光生电压的理论最大值。若光生电压大于水分解反应所需理论电压和过电位，则体系可实现无偏压全分解水反应。此外，在这种体系中，太阳光可首先透过宽带隙半导体，然后入射到窄带隙半导体，这种叠层设计有利于实现对光的互补吸收，进而提高对太阳光的利用效率。

4.4.4 光电-光伏耦合体系

光电-光伏耦合体系是将光伏电池耦合到光电催化体系，通过欧姆接触导电层将光伏组件和光电极连接，由光伏电池为光电催化体系提供额外电压以辅助驱动光电催化反应。该类体系可分为光阳极-光伏耦合体系［图 4.9（a）］和光阴极-光伏耦合体系［图 4.9（b）］。通过将光电极和光伏电池以叠层结构方式耦合可实现对光的互补吸收，从而提高体系对光的吸收效率。这类体系最早由 J. A. Turner 等报道[24]，后来 T. G. Deutsch 课题组构建的 GaInAs 电池和 p-$GaInP_2$ 光阴极耦合体系获得高达 16%的太阳能到氢能转化效率[25]。

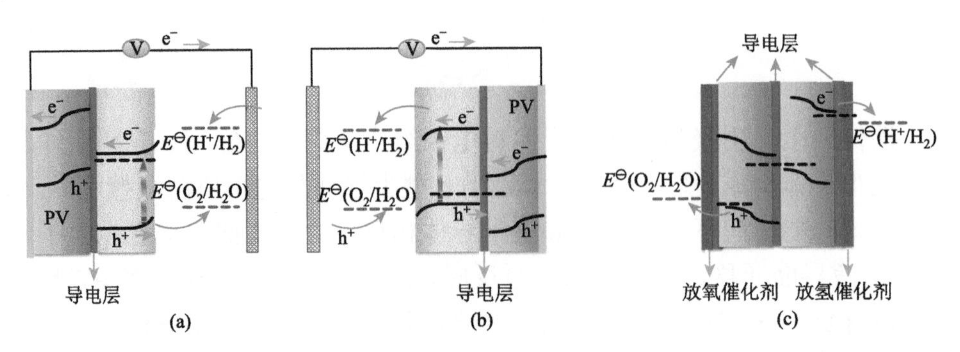

图 4.9　光阳极-光伏耦合体系（a）、光阴极-光伏耦合体系（b）、光伏-电催化耦合体系（c）的能级示意图

除了上述四类光电催化体系，光伏-电催化耦合体系是利用光伏电池发电来驱动水的电催化分解反应。该耦合体系所发生反应不涉及半导体-溶液界面，因此本质上不属于光电催化反应。但该体系电解水所需能量来自太阳能发电过程，因此仍可看作是太阳能到化学能转化的过程。通常情况下，该体系中的光伏电池可置于电解质溶液外。此外，经过表面保护及催化剂修饰的光伏电池也可直接放入电解质溶液进行电解水反应［图 4.9（c）］。关于光伏-电催化耦合体系已有研究报道，例如，通过将叠层 Si 太阳电池和 Co 或 Ni 基电催化剂耦合，可以获得 16%的太阳能到氢能转化效率[26]。

4.5　光电催化测试条件及参数

光电催化测试可采用三电极和两电极体系两种模式。三电极体系主要由工作电极、参比电极和对电极三个电极组成［图 4.10（a）］。以光电极为工作电极，以饱和甘汞电极、Ag/AgCl 电极等为参比电极，以铂电极或碳电极为对电极。三电极体系中，工作电极、电解质溶液、对电极构成电流回路。由于参比电极具有固定的电极电位，所以工作电极的电极电位（也称为电位或电势）可以准确控制，但工作电极和对电极之间的偏压（即电极电位之差）不可控制；换言之，三电极体系是为测定工作电极性质而建立的，不是构成光电催化体系的必要条件。两电极体系［图 4.10（b）］是以对电极为参比电极，和工作电极、电解质溶液构成回路。在该体系中，工作电极实际的电极电位不能确定，只能控制工作电极和对电极之间的电压（即电解工业中的“槽压”）。两电极体系研究的是整个回路（包括工作电极、对电极、电阻等）的性能，是工业实际应用中常采用的方式。光电

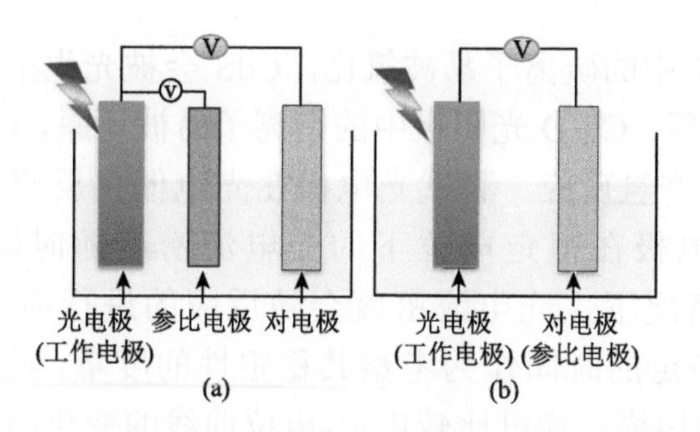

图 4.10　三电极（a）和两电极（b）光电催化体系结构示意图

催化测试所用的电解液通常是高纯度惰性电解质或缓冲溶液。所用反应器有两种，一种反应器阴阳极间没有隔膜，另外一种阴阳极间采用隔膜分隔。隔膜可允许质子（或者氢氧根离子）通过，从而构成光电催化反应回路；同时，隔膜可分离分解水产生的氢气和氧气，从而有效抑制逆反应。

电流-电位测试、开路电位-时间测试、电流-时间测试，是表征光电极性能的重要方法，可提供光电流密度(j)、开启电位(E_{onset})、开路电位(E_{oc})、光电极稳定性等重要参数的信息。光电流密度是最直观地反映光电极性能的参数。对于光阳极上发生的光电催化水氧化反应，一般以 1.23 V（相对于 RHE）下的光电流密度为比较的指标；对于光阴极上发生的光电催化产氢反应，一般以 0 V（相对于 RHE）电位下的光电流密度作为比较的指标。光电流开启电位是光电极开始有光电流响应时对应的电位，它主要受到光生电压 V_{ph} 和表面反应过电位 η 两个因素的影响。对于光阳极，开启电位越负，越有利于获得更高的效率；对于光阴极，开启电位越正，越有利于获得更高的效率。开启电位与电极表面性质有非常密切的关系。例如，对于光阳极，如果在其表面修饰有利于水氧化的助催化剂，其开启电位通常将往负电位方向偏移。开路电位可通过三电极体系开路电位-时间曲线测试获得，该测试通过测量光电极在开路条件下相对于标准参比电极如甘汞或氯化银电极的电位而获得。理想条件下，相对于同样的参比电极，光照条件下测得的开路电位和光电流开启电位应当吻合。

光电稳定性也是衡量光电催化体系性能的重要指标。由于光电极产生的空穴/电子具有氧化/还原能力，若电极材料本身比溶液中的反应产物更容易发生氧化还原反应，光生空穴/电子就会氧化/还原电极材料本身，导致半导体材料发生光腐蚀现象。例如，当采用 CdS 光阳极进行水氧化反应时，由于 CdS 中的硫离子易被氧化，CdS 会被光生空穴氧化而不发生水氧化反应；同理，Cu_2O 光阴极中的铜离子易被还原，Cu_2O 会被光生电子还原而不发生产氢反应。测试光电极在光电催化反应中的稳定性，通常通过考察光电极在恒定电位下的光电流密度随时间变化的趋势进行。绝大多数情况下，光电流密度会随反应的进行而降低，可采用光电极保持相对稳定的时间作为考察其稳定性的度量。此外，也可对光电极进行多次线性扫描，通过比较电流-电位曲线的变化趋势来考察光电极的稳定性。

4.6 光电催化分解水主要效率指标

太阳能转换效率是衡量光电催化分解水过程的主要参数，是反映光电催化分解水体系性能的重要参数。目前，光电催化分解水体系效率主要有四种表示方式，包括：①太阳能到氢能转化效率（STH）；②外加偏压下光电转换效率（applied bias photon-to-current efficiency，ABPE）；③入射光子到电流转换效率（incident photon-to-current efficiency，IPCE），即外量子效率（EQE）；④吸收光子到电流转换效率（absorbed photon-to-current efficiency，APCE），即内量子效率（IQE）[27]。其中，STH 可直接用于比较不同光电催化体系分解水性能，可称为基准效率。其他三种效率可看作分析诊断效率，可提供影响光电极反应效率因素的信息。值得注意的是，获得高的 EQE、IQE 或 ABPE 并不代表一定能获得高的 STH。下面对这四种效率分别进行介绍。

4.6.1 太阳能到氢能转化效率

STH 是输入的太阳能转化为氢能的效率，是衡量光电催化分解水效率最直接的指标。标准的 STH 测量必须满足三个条件：①使用 AM 1.5G 太阳光谱；②测试要在两电极体系零偏压条件下进行，即工作电极和对电极之间不施加任何电压，同时两者间也不应存在化学偏压，即两者必须处于相同 pH 溶液中，否则相当于施加了额外的化学偏压（59 mV/pH）；③测试溶液中无牺牲性试剂，反应必须是 H_2∶O_2 摩尔比为 2∶1 的全分解水反应。

测量 STH 通常采用两种方法。第一种方法是直接测量反应过程中单位时间内氢气产生量，对应输出的氢能为单位时间内氢气产生量乘以水的标准生成吉布斯自由能。单位时间内输入太阳能的能量是入射太阳光的功率密度乘以光电极的照射面积，两者的比值即为 STH［式（4.9）］。第二种方法是测量电流密度、生成氢气的法拉第效率，并用两者和水的标准热力学分解电位（1.23 V）的乘积计算氢能的产生速率，然后除以输入太阳光的功率密度［式（4.10）］[27]。如果测试 STH 时使用牺牲试剂电子供体和（或）受体，对应的反应将不是水的完全分解反应，而是牺牲试剂的氧化或还原反应，上述计算方法将不再适用[27]。

$$\mathrm{STH} = \left[\frac{r_{\mathrm{H_2}} \cdot \Delta G^{\ominus}}{I_0 \cdot A}\right]_{\mathrm{AM\ 1.5G}} \tag{4.9}$$

$$\mathrm{STH} = \left[\frac{|j_{\mathrm{ph}}| \cdot E^{\ominus} \cdot \eta_{\mathrm{F}}}{I_0}\right]_{\mathrm{AM\ 1.5G}} \tag{4.10}$$

式中，$r_{\mathrm{H_2}}$ 为单位时间内氢气产生量（mmol/s）；A 为光电极的照射面积（cm^2）；$\Delta G^{\ominus}$ 为水的标准生成吉布斯自由能（237 kJ/mol）；I_0 为入射光功率密度（100 mW/cm^2）；j_{ph} 为光电流密度（mA/cm^2）；η_F 为生成氢气的法拉第效率；$E^{\ominus}$ 为水的标准热力学分解电位（1.23 V）。

光电催化分解水体系的理论最高 STH（STH_{max}）可根据半导体吸光材料的带隙进行估算，是半导体材料在不同波长范围可吸收太阳能占整个太阳光谱能量的比例。STH_{max} 的具体计算方法如下：假设所有入射光子被吸收并全部转化为光电流，根据 AM 1.5G 标准太阳光谱不同波长光子的功率密度分布[power flux，$mW/(cm^2 \cdot nm)$]和不同波长单个光子能量 hc/λ，计算出不同波长对应的光电流密度分布[j flux，$mA/(cm^2 \cdot nm)$]。若材料带边吸收波长为 $\lambda(E_g)$，假设波长小于 $\lambda(E_g)$的入射光子 100%被吸收，然后按照公式 $\int_0^{\lambda(E_g)} (j\ \mathrm{flux}) \mathrm{d}\lambda$ 积分（300 nm 以下的光子可以忽略），计算带边吸收波长为 $\lambda(E_g)$时在 AM 1.5G 太阳光照下的理论最大光电流密度 j_{max}（mA/cm^2）。假设该材料可以实现零偏压光电催化分解水，则可以计算出 STH_{max}。图 4.11 为 AM 1.5G 标准太阳光谱不同波长光子的功率密度分布和计算得到的不同带隙波长对应的 STH_{max} 及 j_{max}。表 4.1 列出了一些常见的光阳极材料的

带边吸收波长、STH_{max}及j_{max}数值。从表 4.1 可以看出，窄带隙半导体材料可以吸收较多的光，具有更高的理论 STH。但是考虑到分解水反应的标准电位及所需过电位，通常认为最有潜力进行光电催化分解水的材料的带隙应在 1.5～2.5 eV 之间。此外，由于半导体材料的吸光度难以达到100%，并且吸收的光子不能全部转化为光电流，光电催化反应实际获得的 STH 值一般低于理论最大值。

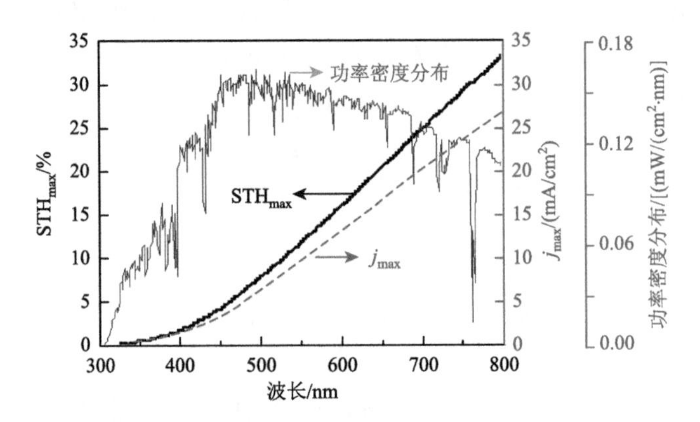

图 4.11　不同吸收带边光电极 AM 1.5G 太阳光照下的理论最大 STH 和光电流密度以及不同波长光子的功率密度分布

表 4.1　一些半导体材料带边吸收波长、理论最大光电流密度 j_{max} 和 STH_{max}

材料	$\lambda(E_g)$/nm	j_{max}/(mA/cm^2)	STH_{max}/%
TiO_2	410	1.1	1.3
WO_3	443	3.1	3.8
TaON	496	6.2	7.6
$BiVO_4$	518	7.5	9.2
Fe_2O_3	604	12.9	16.0
Ta_3N_5	598	13.4	16.5

4.6.2　外加偏压下光电转换效率

外加偏压下光电转换效率（ABPE）表示在一定外加偏压条件下，输入的太阳能转化为氢能的比例，它可作为材料开发中的诊断性指标。半导体光电极在光生电荷产生、传输和表面催化反应过程中发生了严重的电荷复合过程，且有些电极材料的能级在热力学上不满足分解水的条件，所以

实际的光电催化体系通常要在工作电极和对电极之间施加偏压，此时输入的太阳能转化为氢能的比例通常用 ABPE 表示，计算时要扣除电能的贡献[式（4.11）][27]。

$$\mathrm{ABPE}=\left[\frac{|j_{\mathrm{ph}}|\cdot(E^{\ominus}-|V_{\mathrm{b}}|)\cdot\eta_{\mathrm{F}}}{I_0}\right]_{\mathrm{AM\ 1.5G}} \tag{4.11}$$

式中，V_b 为外加偏压（V）；$E^{\ominus}$ 为水的标准热力学分解电位（1.23 V）；j_{ph} 为在外加偏压 V_b 下获得的光电流密度（mA/cm^2）；I_0 为入射光功率密度（100 mW/cm^2）；η_F 为生成氢气的法拉第效率。

与 STH 的测试类似，测试 ABPE 时需要注意以下几个问题：①光电催化反应中不应使用牺牲给体或受体；②光电极和对电极间不能存在化学偏压，两者处于相同 pH 的电解质溶液中；③式（4.11）仅适用于施加偏压不超过水的热力学分解电压（1.23 V）的情况；④ABPE 测试要求在两电极体系中进行，施加的偏压 V_b 是工作电极相对于对电极的电压。必须强调的是，由于存在光电极光腐蚀等副反应，很多光阳极产氧或光阴极产氢的法拉第效率低于 100%。

实际上，由于三电极体系中工作电极的电位不受对电极的影响，便于控制，很多光电催化研究采用三电极体系，并通常按照式（4.12）和式（4.13）分别计算三电极体系中光阳极或光阴极的光电转换效率（$\eta_{光阳极}$ 和 $\eta_{光阴极}$），以方便地估算 ABPE[3]。值得注意的是，由于三电极体系测试未考虑对电极上的极化损失、膜电阻、溶液电阻等影响因素，所测得的 $\eta_{光阳极}$ 和 $\eta_{光阴极}$ 通常略高于 ABPE。

$$\eta_{光阳极}=\left[\frac{|j_{\mathrm{ph}}|\cdot(E^{\ominus}-|E|)\cdot\eta_{\mathrm{F(O_2)}}}{I_0}\right]_{\mathrm{AM\ 1.5G}} \tag{4.12}$$

$$\eta_{光阴极}=\left[\frac{|j_{\mathrm{ph}}|\cdot|E|\cdot\eta_{\mathrm{F(H_2)}}}{I_0}\right]_{\mathrm{AM\ 1.5G}} \tag{4.13}$$

式中，$E^{\ominus}$ 为水的标准热力学分解电位（1.23 V）；E 为工作电极相对于 RHE 的电位（V）；j_{ph} 为电位 E 条件下获得的光电流密度（mA/cm^2）；I_0 为入射光功率密度（100 mW/cm^2）；η_F 为产氢或产氧的法拉第效率。式（4.12）仅适用于光阳极 $E \leqslant 1.23$ V 的情况，式（4.13）适用于光阴极 $E \geqslant 0$ V 的情况。

4.6.3 外量子效率

IPCE 描述的是特定波长入射光子产生的电子数与入射光子数的比例。测量一定电位（两电极或三电极体系）不同波长单色光下产生的光电流密度（光照条件和暗态条件下的稳态电流密度之差），计算光电流密度（转换为单位面积电子产生速率）相对于入射光子通量（可由光源功率计算获得）的比值［式（4.14）］[27]。

$$\mathrm{IPCE}=\mathrm{EQE}=\frac{\text{产生的电子数}}{\text{入射光子数}}=\frac{|j_{\mathrm{ph}}|\cdot C}{I(\lambda)\cdot\lambda} \tag{4.14}$$

式中，C 为普朗克常量和光速常数的乘积（1239.8 eV·nm）；λ 为单色光波长（nm）；I（λ）为波长为 λ 的单色光的功率密度（mW/cm^2）；j_{ph} 为光电流密度（mA/cm^2）。

IPCE 和光电催化反应中三个基本过程的效率相关［式（4.15）］，包括光吸收效率 η_{e^-/h^+}（即每个入射光子被吸收产生电子-空穴对的效率）、固液界面电荷传输效率（$\eta_{\mathrm{transport}}$）和界面电荷迁移效率（$\eta_{\mathrm{interface}}$）[27]。在光伏器件中，半导体产生的光生电荷将通过半导体-金属界面转移到金属上，由于半导体与金属之间形成的是欧姆接触，因此 $\eta_{\mathrm{interface}}$ 接近或等于 1。但在光电催化体系中，水分解反应的界面电荷转移动力学通常比较缓慢，即电子和空穴的界面迁移效率（$\eta_{\mathrm{interface}}$）通常小于 1。

$$\mathrm{IPCE}=\mathrm{EQE}=\eta_{e^-/h^+}\cdot\eta_{\mathrm{transport}}\cdot\eta_{\mathrm{interface}} \tag{4.15}$$

$$\eta_{e^-/h^+}=1-I/I_0=1-10^{-A} \tag{4.16}$$

材料的光吸收效率 η_{e^-/h^+} 服从朗伯-比尔定律，可通过紫外-可见吸收光谱测试确定，如式（4.16）所示，I 为出射光功率密度，I_0 为入射光功率密度，A 为吸光度。IPCE 的内涵为“每个入射光子能产生的电子数目”。例如，采用相同数目的 400 nm 和 600 nm 的光子照射同一个或不同光电极，虽然 400 nm 的光子能量更大，如果两种波长照射下产生的电子数目相同，两个波长照射下的 IPCE 就相同。此外，IPCE 和 STH 的不同之处如下：①IPCE 是输出电子数与输入光子数的比值，STH 是以功率为标准（功率输出/功率输入）；②STH 测量时必须使用 AM 1.5G 光源，而 IPCE 测量时可根据材料的吸光性质选择具有相应输出波段的光源，只需确定各入射波长下的光子数即可；③在进行 IPCE 测量时可施加偏压，而 STH 测量时要在零

偏压下进行（相对于对电极的偏压为 0 V）。两电极体系零偏压条件下，假设光电极的法拉第效率为 100%，通过把不同波长光照下获得的 IPCE 数据和 AM 1.5G 太阳光谱整合，可推算 STH。一定偏压下，把不同波长光照下的 IPCE 值和 AM 1.5G 太阳光谱整合，可推算光电流密度 j_{ph} 和 ABPE 的值［式（4.17）和式（4.18）］。

$$j_{ph} = e_0 \int_0^{\lambda(E_g)} \mathrm{IPCE}(\lambda) \cdot N(\lambda) \mathrm{d}\lambda \tag{4.17}$$

$$\mathrm{ABPE} = \frac{e_0 (E^{\ominus} - |V_b|)}{I_0} \int_0^{\lambda(E_g)} \mathrm{IPCE}(\lambda) \cdot N(\lambda) \mathrm{d}\lambda = \frac{j_{ph}(E^{\ominus} - |V_b|)}{I_0} \tag{4.18}$$

式中，e_0 为基本电量（C）；$E^{\ominus}$ 为水的标准热力学分解电位（1.23 V）；V_b 为工作电极的外加偏压（V）；$\lambda(E_g)$为半导体带边吸收波长（nm）；$\mathrm{IPCE}(\lambda)$为波长 λ 单色光的外量子效率；$N(\lambda)$为单位时间单位面积入射的波长 λ 的单色光子的数目（$\mathrm{cm^{-2} \cdot s^{-1}}$）；$I_0$ 为 AM 1.5G 入射光功率密度（100 $\mathrm{mW/cm^2}$）；j_{ph} 为光电流密度（$\mathrm{mA/cm^2}$）。

4.6.4 内量子效率

采用 STH、ABPE、IPCE 等指标表示光电催化器件效率时，假定入射光全部被光电催化体系吸收。但实际上由于光子散射、透射等现象的普遍存在，光电催化体系吸收的光子数要少于入射光子数。因此，为了获得材料的本征效率，计算效率时应排除这部分损失光子的影响，即只考虑光电催化体系吸收的光子所对应的效率，这就是内量子效率（IQE），又称吸收光子到电流转换效率（APCE），它描述的是特定波长的入射光子产生的电子数与所吸收光子数的比例。IQE 可用来综合衡量光子吸收厚度和载流子有效传输距离对光电催化器件效率的影响，对于薄膜电极厚度和结构形貌的选择及优化具有重要指导作用。

$$\mathrm{IQE} = \mathrm{APCE} = \frac{\text{产生的电子数}}{\text{吸收光子数}} = \frac{\mathrm{IPCE}}{\eta_{e^-/h^+}} = \eta_{\text{transport}} \cdot \eta_{\text{interface}} \tag{4.19}$$

如果光电催化器件 IPCE 值较低且 η_{e^-/h^+} 值较高，则 IQE 效率偏低，原因在于载流子传输受阻或界面动力学反应过程缓慢（或两者兼有），造成大量电荷复合，即 $\eta_{\text{transport}}$ 和 $\eta_{\text{interface}}$ 较低。结合 IPCE 和 η_{e^-/h^+}［式（4.15）和式（4.16）］可得出 APCE［式（4.20）］。

$$\mathrm{IQE}(\lambda)=\mathrm{APCE}(\lambda)=\frac{|j_{\mathrm{ph}}|\cdot C}{I(\lambda)\cdot\lambda\cdot(1-10^{-A})} \tag{4.20}$$

式中，j_{ph}为光电流密度（mA/cm^2）；C为普朗克常量和光速常数的乘积（1239.8 eV·nm）；λ为单色光波长（nm）；$I(\lambda)$为波长为λ的单色光的功率密度（mW/cm^2）；A为吸光度。

4.7 提升光电催化性能的常用策略

4.7.1 增加光吸收

光吸收是光电催化过程的第一步，要提升光电催化性能，必须保证光电极良好的光吸收性能。提高光电极光吸收的策略通常有能级调控、形貌调控、敏化等。

元素掺杂可以调控半导体的带隙。很多氧化物半导体的价带是由能级较深的O 2p轨道构成，通过氮掺杂，可以使O 2p与N 2p轨道发生杂化，使半导体的价带位置升高，带隙变窄，从而将吸光范围拓展到可见光区。其他非金属离子（如C、S、P等）也具有能量相对较高的轨道，用这些原子取代氧化物中的部分氧原子，也有利于拓展吸光范围，例如，S和I的掺杂可提高WO_3光阳极的可见光吸收范围和增强光电响应[28]；不过掺杂同时会诱导新的缺陷态的生成，导致电子-空穴复合中心的数量增多，从而使光电催化性能减弱。

特殊的光电极形貌，如纳米线/管/棒阵列等结构，可以减少光的反射，增加光的吸收。例如，在Si光电极研究中，通过刻蚀等手段制备出具有纳米线阵列或多孔质构的形貌，具有高比表面积和长径比的结构，会有利于高效光吸收和缩短载流子迁移距离[29]。此外，染料敏化、表面等离子体共振效应、叠层结构设计也是提高光吸收的常用策略。

4.7.2 促进光生电荷分离和传输

载流子到达光电极表面进行反应前必须克服多种复合过程才能进行有效的分离和传输。因此，电荷分离效率（η_{sep}）是影响光电极光电催化效率的关键因素。高效的电荷分离需要足够大的驱动力。在近表界面处的耗尽层内存在内建电场，到达该区域的光生电荷能够在电场的作用下被高效地

分离，电荷发生复合的概率很低。空间电荷层厚度（W_{SC}）与材料的介电常数 ε、掺杂浓度 N_d 以及能带弯曲程度有关［如式（4.1）所示］，厚度通常为 0.1～1 μm，远低于大多数波长的入射光深度［L，取决于材料的吸光系数，$L = 1/\alpha$，L 的物理意义为入射光强度衰减至其入射强度的 1/e（e 为自然常数）时所到达的深度，与入射光波长相关］。在超出空间电荷层的区域，光生电荷在浓度梯度的作用下进行扩散运动，并不断参与复合过程。光生电荷复合之前所能够运动的平均距离称作扩散长度 L_n，与载流子寿命 τ 及迁移率 μ 相关。光生电荷在 L_n 范围内若能到达空间电荷区，便可在电场作用下发生高效分离。可见，只有在（$W_{SC} + L_n$）范围内的光生电荷才能发生有效分离，超出这个区域的光生电荷大多数发生复合（图 4.12）。

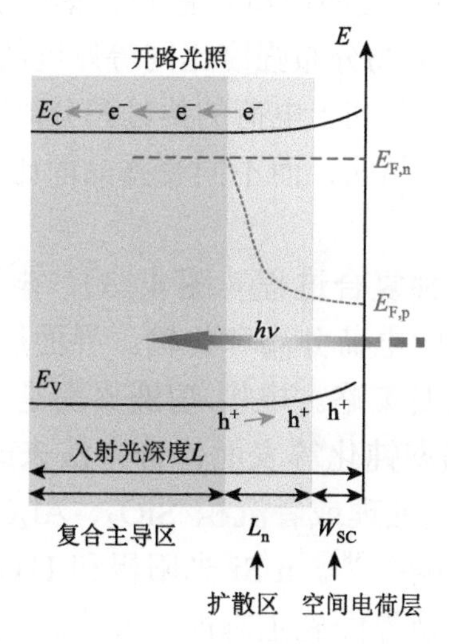

图 4.12　n 型半导体光照条件下入射光深度、空间电荷层、扩散区示意图

外加偏压相当于直接引入一个电荷分离传输的驱动力或者直接向半导体的费米能级注入大量的空穴或电子，可以促进电荷分离。但是外加偏压并非越大越好，过大的外加偏压意味着更多电能的消耗。时间分辨光谱研究显示，在光电催化过程中，光阳极氧化水的动力学受外加偏压方向和大小的影响，这是因为外加偏压可有效抑制光阳极的光生电荷超快复合过程，从而提高用于水氧化的空穴数量[30]。因此，在光电极设计过程中，必须充分考虑以上因素，以实现光生电荷的高效分离。通常可通过掺杂、

构建局部电场、控制形貌、界面修饰等促进电荷分离。

元素掺杂除了影响光吸收外，还可在半导体内部诱导形成掺杂能级或晶格结构畸变，形成局部偶极电场或能级梯度，以促进电荷分离。通过掺杂量的调节可以调控催化剂表面的能带弯曲及电极表面费米能级位置，这将影响表面电荷分离过程。此外，元素掺杂还能显著提高材料内部载流子浓度和电荷迁移率[31, 32]。材料中的氧空位也可以理解为对材料的一种掺杂，可作为电子给体提升材料的导电性和电荷传输性能，也可作为反应物吸附位及反应活性位，但是氧空位也会成为电子-空穴复合中心。构建复合电极的结构，形成异质结或异相结电场也能促进电荷的分离[33]。

电极的形貌不仅可以影响电极吸光性能，对一些半导体材料的电极内部电荷的分离也有明显影响。具有特殊形貌的电极具有诸多优势，例如，一维纳米线/棒/管等具有优良的电荷传输和收集性能[34]。文献报道，纳米螺旋柱状结构的 WO_3 的电场分布强度比同等厚度的薄膜结构、纳米颗粒堆积结构、纳米棒结构大，有利于电荷的传输和分离[34]。另外，不同形貌的电极可能有着特殊的暴露晶面，而不同暴露晶面比例对电荷分离也会有显著的影响[35]。

光电极界面存在多种复合过程（图 4.13），电极-基底界面、电极-溶液界面的性质可显著影响电荷分离和传输。界面层修饰是减少界面复合、提高电荷分离效率的重要策略。电极-溶液界面是光电催化反应的场所，可通过表面掺杂、缺陷态钝化等表面修饰方法来改变电极的表面性质。例如，Fe_2O_3 电极表面酸处理或者沉积 SiO_2、Al_2O_3、TiO_2 等钝化层可显著减少表面态的负面影响[36-38]。n-Si 光阳极和 ITO 之间引入 TiO_x 可精细调控界面缺陷态能级，使界面施主态能级减少，提高 n-Si 光阳极的光生电荷的分离和传输效率[39]。此外，可通过引入界面修饰层，迅速将空穴从半导体抽取，并将其快速传输到水氧化反应中心进行产氧反应，提高光电催化活性和稳定性。例如，Ta_3N_5 光阳极表面修饰水合氧化铁和高效的水氧化催化剂后，半导体光生空穴可迅速从 Ta_3N_5 转移到水合氧化铁上并在水氧化催化剂上反应，从而显著抑制 Ta_3N_5 光腐蚀过程[40]。另外，对大多数光阳极而言，电极-基底界面处通常存在缺陷较多、电荷传输电阻较大的问题。调节基底界面材料的种类可改善半导体与基底间的电荷传输，从而提高光电催化效率[41, 42]。

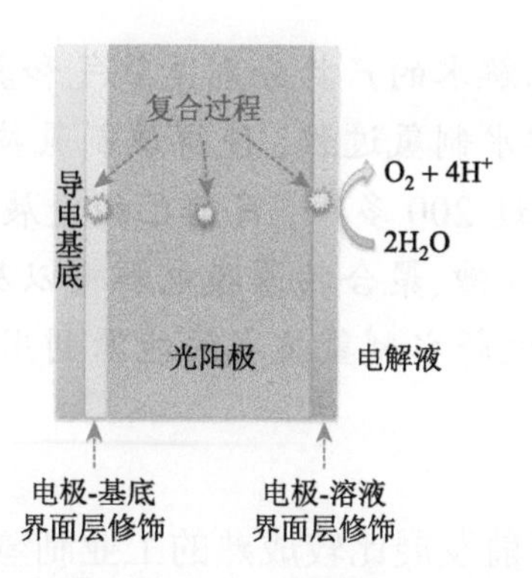

图 4.13　光阳极存在的几类界面和复合过程示意图

4.7.3　促进表面催化反应

水的分解反应为热力学爬坡反应，产氢反应涉及两质子和两电子过程，而产氧反应涉及四电子和四质子过程，产氢、产氧中间物种的形成过程都需要克服反应动力学能垒。光电极产生的电子或空穴传输到电极表面后，若不能快速被表面反应捕获和消耗，则会造成积累和复合。为了降低表面反应过电位，促进光生电荷向表面反应的注入，通常需要在光电极表面负载助催化剂，以提高光电催化分解水反应速率[19, 43, 44]。

4.8　光电催化相关电解水原理和催化剂简介

光电极上的产氢、产氧助催化剂基本都是良好的电催化剂，并且助催化剂在催化表面反应过程中的作用和单纯电催化分解水催化剂的作用机制非常相似，因此下面将对电催化分解水的技术和原理进行介绍，并对电化学反应动力学、产氢产氧反应机理、产氢电催化剂、产氧电催化剂及其在光电催化分解水方面的应用进行介绍。

电催化分解水制氢技术发展简史

1789 年，A. P. Troostwijk（1752—1837 年，阿姆斯特丹的一名商人）和他的好朋友 J. R. Deiman（1743—1808 年，一名医生）首次观察到水分子在电能的作用下发生分解现象[45]，开启了电催化分解水研究的历史。1800 年伏打电池面世后，被用作电解水的电源，随后研究者进一步证明电解水的产物分别是氧气和氢气。1869 年，直流电源装置被用于电解水制氢过程，使得该制氢技术方便可行，发展前景逐步得到认同。经过 200 多年，目前已经发展了 3 种不同种类的电解槽，分别是碱性电解槽、聚合物薄膜电解槽以及固体氧化物电解槽。如何降低成本、提高电解水制氢技术的能源利用效率仍是当前的研究方向。

电催化分解水是目前发展比较成熟的工业制氢技术之一，具有设备简单、所得氢气纯度高等优点。电解水系统中电解槽由阴极、阳极、电解质溶液和隔膜等部分组成。两电极连接直流电进行水分解反应，阴极室和阳极室间采用隔膜分隔，以便于气体分离。电解水的反应式如下：

全反应：$2H_2O \longrightarrow 2H_2 + O_2$，$E^{\ominus} = 1.23\ V$（标准状态条件下） （4.21a）

在酸性介质条件下半反应为

阴极反应：$$2H^+ + 2e^- \longrightarrow H_2 \tag{4.21b}$$

阳极反应：$$2H_2O - 4e^- \longrightarrow 4H^+ + O_2 \tag{4.21c}$$

在碱性介质条件下半反应为

阴极反应：$$2H_2O + 2e^- \longrightarrow 2OH^- + H_2 \tag{4.21d}$$

阳极反应：$$4OH^- - 4e^- \longrightarrow 2H_2O + O_2 \tag{4.21e}$$

阴极或阳极半反应的电极电位与 pH 相关，但无论是在酸性介质还是碱性介质条件下，电催化分解水的总反应式是不变的，水的理论分解电压是一个与电解液介质 pH 无关的常量。但在实际操作过程中，在电解槽两端需要施加更高的电压才能将水分解，工业上一般需要 1.8～2.6 V，该电压主要用来克服电解槽带来的各种电阻电压降以及阴极反应和阳极反应的过电位。水分解实际需要的电压值 E 可以表示为

$$E = 1.23\ V + iR + \eta_c + \eta_a \tag{4.22}$$

式中，i 为电解槽两端电极通过的电流；R 为电解槽的总电阻；iR 代表电阻电压降；η_c 为阴极产氢过电位；η_a 为阳极产氧过电位。为了降低电解水过程的电能消耗，一方面可以通过合理设计、优化电解槽结构降低系统电阻和电压降，另一方面可通过开发高效稳定的产氢、产氧电催化剂材料降低电极反应过电位。

Pourbaix 图

20 世纪 40 年代，比利时化学家 M. Pourbaix（1904—1998 年）率先提出金属-水系的 E-pH 图（Pourbaix 图）。Pourbaix 图也称为电位-pH 图，根据能斯特方程计算，纵轴为电位 E（相对于 SHE），横轴是 pH。Pourbaix 图可以显示不同 E 和 pH 条件下水溶液体系中的物相可能稳定或平衡存在的区域和范围。Pourbaix 图不同区域之间的线代表两侧物种之间平衡存在的条件。Pourbaix 图使抽象的热力学原理图像化、直观化，在矿物地质学、冶金、腐蚀电化学及电催化分解水研究中应用广泛。值得注意的是，Pourbaix 图并未考虑反应速率和动力学因素。

水的 Pourbaix 图可以清楚地显示阴极或阳极半反应的电极电位随 pH 变化的关系（插图 4.7）。随着 pH 增加，水的氧化还原电位按照 −59.2 mV/pH 的斜率逐渐减小。假设不存在过电位，线Ⅰ上方将发生产氧反应，线Ⅱ下方将发生产氢反应，而中间区域不能发生水的分解反应。

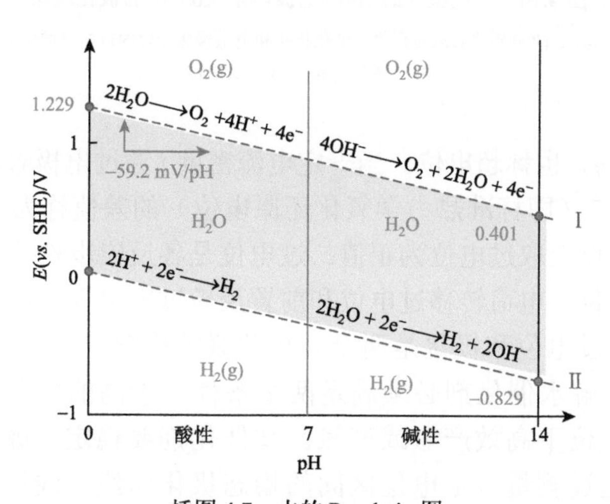

插图 4.7　水的 Pourbaix 图

4.8.1　电极反应动力学简介

当电极上有电流通过时，电极电位偏离了没有净电流通过时的电位，这在电化学中统称为极化。根据极化产生的原因不同，可将其分为三类：①活化极化，②浓差极化，③电阻极化。活化极化又称为电化学极化，即当电流通过电极时，在阴、阳极分别发生了由若干步骤（如吸附、电极反应、脱附等）组成的还原反应和氧化反应。如果这些反应步骤中某一步阻力较大，则会改变电极上的带电程度（电子的相对富集或贫乏），从而使电极电位偏离平衡值。在三电极体系中，极化主要发生在工作电极和参比电极界面处；在两电极体系中，极化发生在工作电极和对电极与溶液的界面处，如图 4.14 所示。

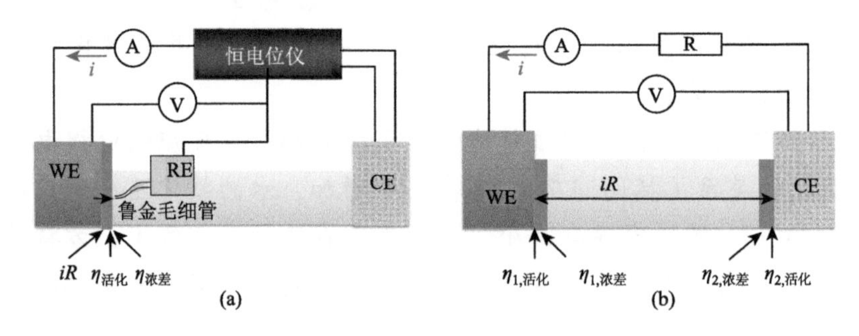

图 4.14　三电极（a）和两电极体系（b）中的极化现象

η：过电位；$\eta_{浓差}$、$\eta_{活化}$、iR 分别代表浓差极化、活化极化和电阻极化导致的过电位增加量；WE：工作电极；RE：参比电极；CE：对电极

过电位（η）也称超电位。当一定电流密度 j 通过电极时，电极电位 E 和平衡电位 $E^{\ominus}$（即标准热力学氧化还原电位）的差值称为该电流密度下的过电位，习惯上取过电位为正值。过电位是各反应步骤过电位的总和，包括传质过电位、电荷转移过电位和前置反应过电位等，是表征电极极化程度的参数。过电位和极化是两个互相关联的概念。

优异的电解水催化剂必须满足两个条件：①高的电催化反应活性，即能在低过电位下高效产氢或产氧；②催化剂要稳定、廉价。催化剂活性通常是通过测量一定电位区间的稳态极化曲线（线性扫描或者循环伏安曲线）进行衡量。催化剂稳定性可通过在某一电流或电位下催化反应稳定进行的时间来进行评价。电解水反应包括物质扩散、电极-溶液界面电子转移、电子转移前置或后续的化学反应、吸附、脱附等一系列过程。催化剂最终的活性由慢过程（速控步骤）决定。衡量电

催化剂活性的主要参数有特定电流密度下的过电位、Tafel 斜率和交换电流密度（j_0）。

极化曲线与过电位的测定

过电位（η）通常由极化曲线测得（插图 4.8）。测试 η 时，电流必须为法拉第电流，而非双电层充电电流。实验室研究中，为了便于比较，经常选择 10 mA/cm^2 对应的电位 E(10 mA/cm^2)与标准热力学电位 $E^\ominus$ 的差值作为评价电催化剂催化性能的指标，即 $\eta(10\ \text{mA/cm}^2) = E(10\ \text{mA/cm}^2) - E^\ominus$。

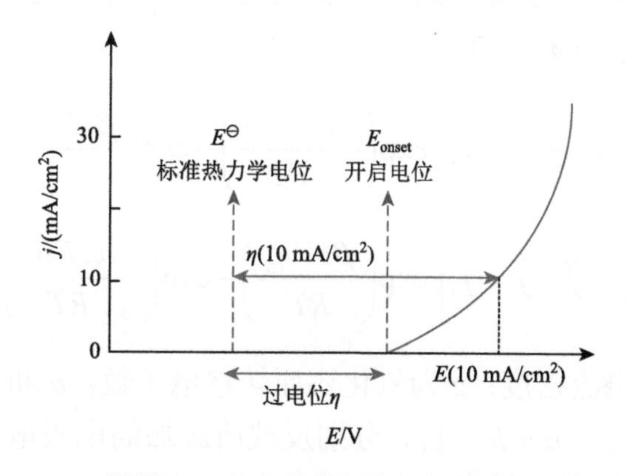

插图 4.8　极化曲线与过电位的测定

极化曲线测定时应尽可能接近稳态体系（被研究体系的极化电流、电极电位、电极表面状态等基本不随时间延长而改变）。通常采用慢速线性扫描法（慢速扫描可以使体系接近稳态），记录电流密度-电位（j-E）曲线。另外，也可以采用恒电位法和恒电流法。恒电位法是将工作电极电位依次恒定在不同的数值上，然后测量对应于各电位下的电流。恒电流法是控制工作电极上的电流密度，将其依次恒定在不同的数值下，同时测定相应的稳定电位值（通常要求 1～3min 内电位无大的变化）。

1905 年，J. Tafel 提出一个经验公式[46]，即在产氢反应过程中，过电位 η 与电流密度 j 之间符合 $\eta = a + b\ \lg|j|$ 的半对数关系，其中 a 和 b 为依赖于

电催化材料的参数。后来，J. A. V. Butler 和 M. Volmer 根据基元反应的过渡态理论，假设电子传递为速控步骤且为反应的第一步，且浓度不受前置反应的制约，将一个电极反应（$Ox + ze^- \rightleftharpoons Red$）分为正向（阴极反应）和逆向（阳极反应）两个分过程，且两者的速率常数和电极电位有关，符合 Arrhenius 方程。设 $\eta = |E - E^{\ominus}|$（其中 $E^{\ominus}$ 为平衡电极电位，阳极过电位 $\eta_a = E - E^{\ominus} > 0$，阴极过电位 $\eta_c = E^{\ominus} - E > 0$），可以推导出正向和逆向两个分过程的电流密度（$\vec{j}$ 和 $\overleftarrow{j}$）的值。设 j 为外电路可测量的净电流密度（j_a 为净氧化反应电流密度，j_c 为净还原反应电流密度，并习惯规定当净过程为氧化过程时，$j = j_a = \overleftarrow{j} - \vec{j} > 0$；当净过程为还原过程时，$j = j_c = \vec{j} - \overleftarrow{j} > 0$），进而得到电极反应动力学的基本方程 Butler-Volmer（布-伏）方程［式（4.23）］：

$$j_c = \vec{j} - \overleftarrow{j} = j_0\left[\exp\left(-\frac{\alpha zF\eta_c}{RT}\right) - \exp\left(\frac{\beta zF\eta_c}{RT}\right)\right] \tag{4.23a}$$

$$j_a = \overleftarrow{j} - \vec{j} = j_0\left[\exp\left(\frac{\beta zF\eta_a}{RT}\right) - \exp\left(-\frac{\alpha zF\eta_a}{RT}\right)\right] \tag{4.23b}$$

式中，j_0 为交换电流密度；z 为氧化还原转移电子数；α 和 β 分别为正向和逆向反应对称因子（$\alpha + \beta = 1$），分别反映所施加的电极电位对正向反应和逆向反应活化能的影响程度。

图 4.15 为不同情况下的过电位-电流密度关系曲线。当 η 较低（通常要求 $|\eta| \ll |10/z|$ mV）时，反应处于近似可逆的状态，Butler-Volmer 方程可近似为 $j = \frac{zF}{RT} j_0 \eta$，即 j 和 η 之间近似符合线性关系，满足欧姆定律；当 η 较高（通常要求 $|\eta| \gg |10/z|$ mV）时，反应平衡态遭到明显破坏，通过数学近似，即可得到 Tafel 公式［式（4.24a）］。

$$\eta = \frac{2.303RT}{\beta zF}\lg j_0 - \frac{2.303RT}{\beta zF}\lg|j| = a + b\lg|j| \tag{4.24a}$$

$$a = \frac{2.303RT}{\beta zF}\lg j_0 \tag{4.24b}$$

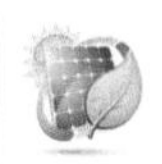

$$b = -\frac{2.303RT}{\beta zF} \tag{4.24c}$$

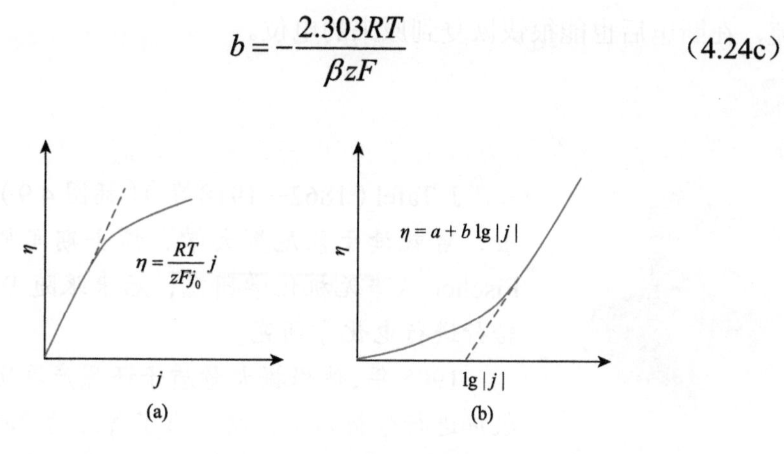

图 4.15 低过电位（a）、高过电位（b）情况下的过电位-电流密度关系曲线

可见，Tafel 公式是 Butler-Volmer 方程在高 η 且非传质控制条件下的特殊简化情况，该公式仅在电荷转移为速控步骤时成立，一般认为适用于偏离平衡电位 50 mV 以上的电位区。Tafel 曲线可由电流密度-电位曲线转化而来；截距 a［式（4.24b）］为电流密度 j 为 1（单位为 A/m^2 或指定单位）时所需要的 η（单位 V），a 与交换电流密度 j_0 有关；Tafel 斜率 b［式（4.24c）］代表 j 每提高一个数量级相对应的 η 的变化，b 可用于判断催化过程的反应机理。

在温度和反应物浓度一定的条件下，交换电流密度 j_0 为平衡电位下（即反应按可逆方式进行）的电极反应速率，外电路不可直接测量。在平衡电位时，正向反应速率 $\vec{j}$ 和逆向反应速率 $\overleftarrow{j}$ 相等，总反应速率 $j = 0$，若传质足够快，电极表面反应物浓度和体相浓度一致，可以得出 j_0［式（4.25）］：

$$j_0 = \vec{j} = \overleftarrow{j} = zF\vec{k}_{eq}c_{Ox} = zF\overleftarrow{k}_{eq}c_{Red} \tag{4.25}$$

式中，c_{Ox} 和 c_{Red} 分别为氧化态和还原态物种的浓度；$\vec{k}_{eq}$ 和 $\overleftarrow{k}_{eq}$ 分别为平衡电位下正向和逆向反应速率常数，与电极电位有关。根据 Arrhenius 方程，$\vec{k}_{eq}$ 和 $\overleftarrow{k}_{eq}$ 与活化能直接相关，因此，j_0 的大小反映了平衡状态下电极反应活化能的大小。j_0 越大，则活化能越低，即较小过电位条件下就可达到较大的电流密度。j_0 还反映电极反应的可逆性，其数值越大，电极反应越可逆。电化学极化程度主要由净电流密度与 j_0 的相对大小决定。例如，参比电极的净电流很小，但 j_0 较大，因此极化较小，即使短时间流过稍大的电流，在断电后也能很快恢复到原来的电位。

电化学家 Tafel 小传及 Tafel 方程

插图 4.9　Julius Tafel

J. Tafel（1862—1918 年）（插图 4.9）出生于瑞士，曾就读于慕尼黑大学，博士期间师从 H. E. Fischer 从事无机化学研究，后来跟随 W. Ostwald 转行进行电化学研究。

1905 年，他根据大量质子还原产氢反应动力学数据进行分析归纳，总结出了著名的 Tafel 经验方程（$\eta = a + b\ \lg|j|$，其中 a 和 b 为依赖于电催化材料的常数，该方程用来表示氢过电位与电流密度的定量关系）。后来，Butler-Volmer 方程赋予了 Tafel 经验方程的物理含义。Tafel 公式仅在电荷转移为速控步骤时成立。Tafel 方程的提出到物理本质的认识是一个由现象到本质不断深化的过程。此外，Tafel 还发现了多种烷基化乙酰乙酸乙酯生成碳氢化合物的电化学合成重排反应（Tafel 重排）。

4.8.2　电催化产氢反应机理

经过一个多世纪的研究，科学家通过分析大量电极材料的电化学产氢反应（HER，hydrogen evolution reaction）数据，对 HER 的机理和动力学形成了较为系统的认识，提出如下两步法反应机理［式（4.26)］。

第一步：电化学方法形成吸附氢原子的过程（Volmer 反应），主要是电化学过程

$$HA + M + e^- \longrightarrow M—H* + A^- \qquad (4.26a)$$

第二步：第二个质子的电化学还原和 H_2 分子形成过程（Heyrovsky 反应），此步为电化学伴随化学过程，也称电化学脱附步骤

$$M—H* + HA + e^- \longrightarrow M + H_2 + A^- \qquad (4.26b)$$

或两个吸附氢原子结合生成 H_2 的反应过程（Tafel 反应），也称复合脱附步骤

$$M—H* + M—H* \longrightarrow 2M + H_2 \qquad (4.26c)$$

式中，A^-的含义取决于电解液的酸碱性。在酸性溶液中 A^-代表 H_2O，在碱性溶液中则代表 OH^-，M 代表电极表面，H*代表吸附在电极表面的 H 原子。

按照第二步反应的不同，产氢反应机理可分为 Tafel-Volmer 机理和 Heyrovsky-Volmer 机理。HER 反应机理及速控步骤取决于催化剂材料对氢原子的吸附强度。在实际研究中，可通过 Tafel 斜率 b 来判断反应机理，并获得相关动力学数据。一般认为，当 b 大于 120 mV/Δ时（即电流提高一个数量级相应的电位变化为 120 mV，其中Δ代表 decade），速控步骤为 Volmer 反应，即电化学吸附氢原子的形成为慢过程；当 b 为 40 mV/Δ时，速控步骤为 Heyrovsky 反应，即第二个质子的电化学吸附；当 b 为 30 mV/Δ时，速控步骤为 Tafel 反应，即两个氢原子的复合脱附[47]。

HER 的第一步为溶液中的质子在电催化剂表面进行电化学过程，生成吸附氢原子的反应。生成的吸附氢原子作为反应中间体进行下一步反应。因此，电催化剂的 HER 活性和电极表面与氢原子之间的相互作用非常重要。20 世纪 50 年代，科学家发现氢原子与金属之间相互作用可影响质子电化学过程活化能，高活性产氢催化剂要有适宜的氢吸附自由能。催化剂表面氢吸附自由能太大或者太小均不利于 HER 反应的发生。虽然该理论提供了一种衡量催化材料 HER 性能的判据，但材料的氢吸附自由能很难通过某一物理参数来表示。后来 J. K. Norskøv 等采用 DFT（密度泛函理论）计算获得了氢在不同金属表面的吸附能，得到交换电流密度 j_0 与吸附能之间的火山型曲线（图 4.16）[48]，后来该曲线被广泛用于电催化 HER 研究中[49]，但该曲线的使用与催化剂表面的覆盖度等因素有一定关系，并且应当注意实验和理论计算酸碱条件的差别。

4.8.3　产氢电催化剂

Pt 族金属位于图 4.16 火山型曲线顶端附近，是性能优异的产氢催化剂，其中 Pt 的性能最好，但因价格昂贵，限制其大规模应用。因此在保证其催化活性的前提下大幅降低其用量非常重要。文献中通过优化催化剂的纳米结构，用具有大表面积的微纳结构代替块体材料可提高 Pt 的催化活性和利用率。也有人将 Pt 族金属与其他金属合金化，调变其电子结构，提高其反应位点的本征催化活性，从而达到降低其用量的目的。高通量 DFT 计算研究发现，Pt-Bi 合金的氢吸附自由能接近于 Pt，实验中在相同过电位下 Pt-Bi 合金具有高于 Pt 50%的电流密度[50]。

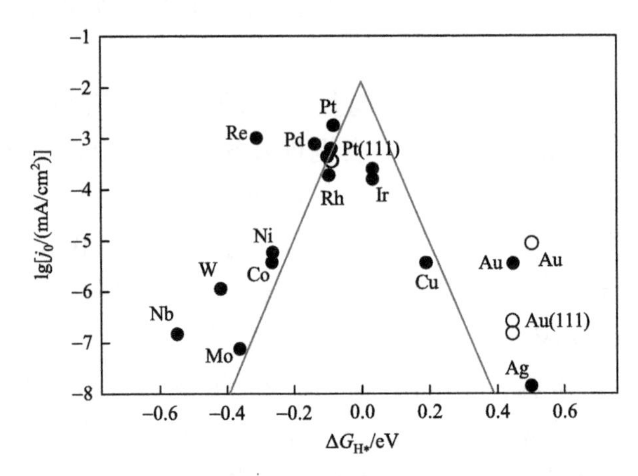

图 4.16　氢吸附自由能 ΔG_{H*} 和交换电流密度间的关系图[48]

实心点：多晶表面测试结果；空心点：单晶表面测试结果

此外，发展高效、廉价的非贵金属产氢催化剂替代贵金属催化剂可降低催化剂的成本，是当前该领域的重要研究方向。对于非贵金属产氢催化剂，首先要具有适宜的氢吸附自由能，以保证其本征活性；然后可通过电子结构调变、纳米工程、结构工程等策略优化催化材料的表面积、活性位、导电性等性质以提高其表观活性。目前，已有多种高性能的非贵金属产氢电催化剂被开发出来。金属 Ni 就是一种高活性的非贵金属产氢催化剂，将其与其他金属形成合金（Ni-Mo、Ni-Co、Ni-Mo-Cd、Ni-Mo-Fe）可调变其电子结构，进而大幅提升产氢性能[51]。一些过渡金属化合物，包括过渡金属硫化物、磷化物、氮化物、碳化物等，也展现了优异的电催化产氢性能[49]。例如，具有层状结构的 MoS_2 被广泛研究，该催化剂的边界位是产氢反应的活性位，因此，通过提高边界位的数量、比表面积、导电性等可有效提升其产氢性能。

4.8.4　电催化产氧反应机理

水氧化产氧反应（OER）涉及四电子、四质子的参与，催化剂表面生成的中间产物更为复杂，反应机理也更为复杂。基于大量的实验分析，人们对 OER 机理已经有了一个宏观的认识。对于大多数的产氧催化剂而言，水的氧化机制为吸附态演变机制，涉及多个吸附态物种的转变。通常认

为，金属氧化物催化剂的 OER 机理大多分四个步骤[14]，如式（4.27）～式（4.30）所示。

第一步：H_2O［中性或酸性条件，式（4.27a）］或 OH^-［碱性条件，式（4.27b）］吸附在表面活性位点（*OH），发生放电反应，同时氧化一个表面活性位点（相应的 Tafel 斜率 $b = 120\ mV/\Delta$）。

$$\text{中性或酸性：}\quad *OH + H_2O \longrightarrow [HO*OH] + H^+ + e^- \tag{4.27a}$$

$$\text{碱性：}\quad *OH + OH^- \longrightarrow [HO*OH] + e^- \tag{4.27b}$$

第二步：中间产物[HO*OH]迅速生成一个相对稳定的 HO*OH 表面物种［式（4.28），$b = 60\ mV/\Delta$］。

$$[HO*OH] \longrightarrow HO*OH \tag{4.28}$$

第三步：表面 HO*OH 物种被进一步氧化［式（4.29），$b = 40\ mV/\Delta$］。

$$HO*OH \longrightarrow O*OH + e^- + H^+ \tag{4.29}$$

第四步：一个氧分子从表面上两个被高度氧化的活性位点上释放出来［式（4.30）］。

$$2O*OH \longrightarrow 2*OH + O_2 \tag{4.30}$$

除了上述机理，电催化水氧化反应还可能经历一种亲核进攻机理[52, 53]，如式（4.31）～式（4.34）所示。

第一步：H_2O 分子在金属活性位点∗吸附解离，形成∗OH：

$$H_2O + * \longrightarrow *OH + H^+ + e^- \tag{4.31}$$

第二步：∗OH 被氧化为∗O：

$$*OH \longrightarrow *O + H^+ + e^- \tag{4.32}$$

第三步：水分子亲核进攻∗O 形成*OOH：

$$H_2O + *O \longrightarrow *OOH + H^+ + e^- \tag{4.33}$$

第四步：∗OOH 被氧化并释放出氧气，活性位*被释放出来：

$$*OOH \longrightarrow * + O_2 + H^+ + e^- \tag{4.34}$$

上述机理并不能区分产氧中间物种的氧是来自氧化物晶格还是水物种。近年来，利用先进的催化剂结构和光谱表征技术，研究者发现钙钛矿型氧化物和双金属氢氧化物可以通过另一种机制——晶格氧氧化机理，实现产氧过程，该机理涉及直接的 O—O 偶合，可能提供更高的反应活性[54]。

由于难以观测水氧化过程的中间产物，目前对 OER 机理的认识尚不统一。但是，电极和表面含氧物种相互作用的强度无疑是影响水氧化性能的关键因素。另外，产氧反应通常在较正的电位下进行，此时催化剂表面的氧原子可能直接参与反应，而且电催化产氧过程中通常伴随着催化剂组成元素在不同价态之间的转变。P. Rasiyah 等认为氧气的产生伴随着一系列金属氧化物的氧化还原状态的转变，并提出在接近产氧的可逆电位附近进行上述转变的催化剂可以获得最高的产氧活性。他们提出在金属氧化物的低价态/高价态的氧化还原电位与产氧所需最小电位之间存在一种线性关系[55]。S. Trasatti 则提出催化剂的活性与氧化物表面形成的“金属-氧键（M—O）”的强弱有关，将特定电流密度下多种金属氧化物的产氧过电位与金属低价态/高价态之间转变的焓变作图，可得到一条火山型曲线（图 4.17）[56]。在曲线峰顶左侧，随着氧化物与中间物种相互作用力增强，催化剂产氧的过电位降低；而在峰顶右侧，由于氧化物易被氧化，在氧化物表面易覆盖一层吸附的中间物种，导致产氧过电位升高。J. Rossmeisl 等利用 DFT 理论计算，也得到了产氧反应活性与多种氧簇在表面活性位结合能关系的火山型曲线[52, 57]。水氧化反应的很多 DFT 理论研究采用的是酸性条件的反应过程，仅有少数是采用碱性条件的反应过程，因此，将理论和实验结果进行对比分析时要注意酸碱条件的差别。

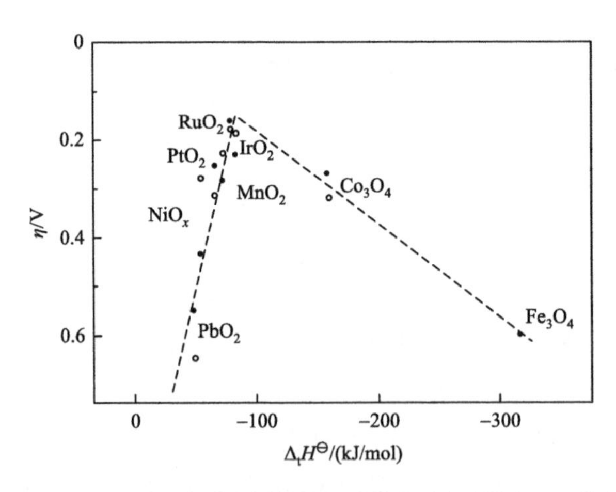

图4.17　水氧化反应过电位η与催化剂中金属低价态/高价态转变的焓变$\Delta_t H^{\ominus}$之间的火山型曲线[56]

实心点：酸性条件下；空心点：碱性条件下

4.8.5　产氧电催化剂

早在 20 世纪 60 年代人们就研究了单组分贵金属产氧电催化剂。在酸

性条件下，单组分贵金属催化产氧的过电位大小为：Ru＜Ir＜Pd＜Rh＜Pt。在产氧反应过程中，催化剂不再保持金属形态，其表面在高的阳极电位下被氧化成贵金属氧化物。不同贵金属催化剂的稳定性趋势与其活性趋势相反，其中 Pt 最稳定，而 Ru 最不稳定。贵金属氧化物催化剂中，金红石相的 RuO_2 活性最高，其产氧活性与其表面化学和物理性质，如局域电子结构、结晶化程度、表面粗糙度和孔隙度等紧密相关。但 RuO_2 最大的缺点是其在酸性条件下不稳定，在较高的阳极电位下（＞1.4 V），表面 RuO_2 被氧化形成具有较高溶解度的 RuO_4，导致严重的腐蚀。贵金属氧化物 IrO_2 的产氧过电位仅略高于 RuO_2，在酸性条件下稳定电位可达 2.0 V，因此被广泛用作水氧化的电催化剂[14]。为替代贵金属，以过渡金属（Fe、Co、Ni、Mn）为主的非贵金属产氧电催化剂被广泛研究。常见的有过渡金属氧化物、氢氧化物及羟基氧化物，如 NiO_x、CoO_x、NiOOH、CoOOH、MnO_x 等[14]。这些催化剂在酸性条件下大多不稳定，但可在碱性条件下稳定存在。此外，以过渡金属磷化物、硫化物、氮化物、碳化物等为代表的催化剂在碱性条件下也显示良好的产氧活性[44]。

4.8.6　光电催化分解水反应机理研究进展

为了提高光电催化分解水的效率，不仅要发展新材料和新技术，还需要研究光电催化分解水载流子动力学及催化反应机理。在自然光合作用中，水氧化中心催化剂为 Mn_4CaO_5，在光合作用过程中，Mn 离子被空穴氧化为高价态，高价态 Mn 分步将水氧化。类似地，在光电催化分解水中，水氧化活性中心也会经历多个价态变化。例如，CoO_x 等助催化剂从 $Co^{(II,III)}$氧化为 $Co^{(IV)}$—O 等中间体[58]；在裸露的 Fe_2O_3 光阳极表面，有文献报道观测到 $Fe^{(III)}$—OH 物种，进而转变为 $Fe^{(IV)}$═O 物种[59]。这些高价态金属中心最终将水氧化。另外，Fe_2O_3 光阳极表面水氧化反应在弱碱性（7＜pH＜10）条件下反应级数为 1，为 H_2O 分子亲核进攻—Fe═O 键形成 O—O 键机理；利用动态现场原位（operando）傅里叶变换红外光谱（FTIR）观测到表面过氧物种通过氢键和邻近的羟基相连。随着 pH 增加（pH＞13），表面水氧化反应变为二级反应，即相邻的两个捕获态空穴—Fe═O 偶合进而释放出氧气[60]。但是，这些机理目前尚不明确，仍有待进一步研究。

4.9 光电极制备和界面修饰方法

光阳极的制备是进行光电催化实验研究的第一步，而其制备和界面修饰方法会直接影响电极的光电催化性能。下面将分别介绍制备光电极的物理、化学方法及电极界面修饰方法。

4.9.1 物理方法制备光电极

制备光电极的物理方法通常有两种路线：一是将预先合成好的半导体粉体材料利用物理方法组装到导电基底上；二是采用物理手段将半导体前驱层组装到导电基底上，经后续热处理等将前驱体转化为目标材料。常用的制备光电极的物理方法有铺展法、电泳沉积、颗粒转移、物理气相沉积等。

铺展法是将预先合成的催化剂粉末分散在溶剂中，然后采用滴涂（dip coating）、旋涂（spin coating）、刮涂（doctor blading）等方法将催化剂铺展覆盖到基底上并干燥、焙烧以除去溶剂。电泳沉积（electrophoretic deposition）是将两片导电基底相对放置于催化剂悬浊液中，并在两者之间施加电压，利用电场的作用使表面带电的催化剂颗粒迁移并沉积到导电基底上形成薄膜。但这类方法制备的光电极颗粒和导电基底间接触很差，颗粒间接触也不佳，界面电阻很大，严重制约光生电荷的传输和光电催化性能。为此，K. Domen等发明了一种颗粒转移（particle transfer）方法：首先将催化剂粉末均匀铺展在平滑的基底上，然后利用磁控溅射等方法沉积一层“金属接触层”，接着在接触层上溅射一层金属导电层，最后将金属电极片和光催化剂层与基底剥离，并通过超声等方法将与“金属接触层”接触较差的光催化剂颗粒去除。这种方法的特点是半导体材料和导电基底间接触优异，光生电荷的传输效率较高，但是催化剂载量有限、制备操作复杂、成本较高。

物理气相沉积包括真空蒸镀法、溅射镀膜法、电弧等离子体镀膜法、分子束外延法等。最近出现的脉冲激光沉积（pulsed laser deposition，PLD）也是一种制备光电极的方法。这类方法是采用物理的方法在真空条件下将材料源（固体或液体）气化成气态原子、分子或部分电离成离子，并利用低压气体或等离子体的沉积过程制备具有光电催化功能的薄膜。调节反应条件参数（如沉积功率、温度、气氛、时间、压强）可精细调控薄膜的沉

积速度、厚度、晶粒尺寸、结晶度和微观形貌。该类方法的优点是半导体材料和导电基底接触优良、薄膜致密、机械强度高、操作可重复性好，可用于制备较大面积的电极。缺点是需要特殊的大型真空设备，成本相对较高。

4.9.2　化学方法制备光电极

常用的制备光电极的化学方法包括溶胶-凝胶（sol-gel）、金属有机物热分解（metal-organic decomposition，MOD）、水热/溶剂热（hydrothermal/solvothermal）法、化学浴沉积（chemical bath deposition，CBD）、电化学沉积（electrodeposition）、化学气相沉积（chemical vapor deposition，CVD）、原子层沉积（atomic layer deposition）和喷雾热解（spray pyrolysis）等方法。

溶胶-凝胶法是利用金属盐溶液的溶质与溶剂产生水解或醇解反应形成溶胶，然后采用旋涂等方法将前驱胶体均匀涂在导电基底上，溶胶膜经凝胶及干燥处理后得到干凝胶膜，最后在一定的温度下烧结得到薄膜光电极。金属有机物热分解法的思路同溶胶-凝胶法基本类似，唯一区别在于采用的是金属有机物溶液而不是溶胶颗粒进行薄膜的制备。

水热/溶剂热法是一种在水或其他溶剂的热反应环境中将纳米材料沉积于导电基底表面从而制备光电极的方法。首先，将导电基底放入含有前驱体的溶液中，经水热/溶剂热反应生长一层致密的薄膜，最后进一步焙烧处理以提高光电极的结晶程度。化学浴沉积法的原理和步骤同水热/溶剂热法类似，但化学浴沉积法可在较低的反应温度（＜100℃）和常压环境下实现材料的沉积。

电化学沉积法是对工作电极施加电压，使前驱体溶液中的金属或金属化合物离子在工作电极表面发生氧化或还原反应，进而形成薄膜沉积到导电基底上。电沉积有直流、交流、脉冲、复合电沉积等。另外，为了得到具有特殊纳米结构的电极，通常需要在电沉积溶液中加入合适的表面活性剂。

化学气相沉积法是一种直接以气体为原料，将其导入反应室，使之在气态下发生化学反应，最后在导电基底上凝聚成薄膜的方法。调变反应原料、反应气压、气体流速、导电基底温度等条件，可控制纳米颗粒薄膜的成核生长过程。化学气相沉积法可分为常压和低压化学气相沉积、等离子体辅助气相沉积等。

原子层沉积是近年来新兴的一种先进材料制备技术。它基于表面有序、自饱和的化学吸附反应机理，利用交替的自限性表面化学反应逐层地生长目标材料，可以精准控制原子级厚度，具有沉积均匀、目标及过程可控的显著特点。原子层沉积可以在复杂的三维结构上实现均匀的保形性薄膜沉积，也可进行前驱体交替沉积，非常适合用于薄膜电极材料制备和表面修饰改性。

喷雾热解法也属于气相法的范畴，但该法以液相溶液作为前驱体，兼具气相法和液相法的诸多特点。该方法是首先将前驱体溶液雾化，然后使雾化液随载气进入高温反应炉并在瞬间完成溶剂挥发，溶质沉淀于导电基底形成固体颗粒，最后经过干燥、热分解、烧结等形成薄膜光电极。

4.9.3 界面修饰方法

当把界面修饰层，如助催化剂等，担载于半导体表界面时，要综合考虑多方面的影响。首先，界面层通常会强烈地吸收或反射太阳能，极大地影响半导体材料对太阳能的吸收。因此，如果光从助催化剂一侧入射，在界面修饰过程中要综合考虑光吸收和催化性能这两个方面，以获得最优担载量。其次，将表面修饰层担载于光电极的方法存在着诸多限制，例如，在高温处理条件下半导体材料和表面修饰层容易发生变化。这些限制导致了许多电催化剂和界面材料不能直接被用于光电催化体系中。为了避免对光电极吸光材料的破坏，表面修饰通常在较温和的条件下进行，常用的方法有浸渍法、（光助）电沉积法、磁控溅射法、原子层沉积法等。

浸渍法已经被广泛用于光催化剂的助催化剂担载。为了控制表面上引入助催化剂的量，多采用饱和吸附的方法，即将光电极浸入含有助催化剂前驱体的饱和溶液中吸附一段时间后取出，在不同气氛下进行热处理得到产氢或产氧助催化剂。也可将含有前驱体的饱和溶液或胶体滴涂或旋涂在电极表面，然后在不同气氛下进行热处理。这类方法操作简单，但助催化剂分布的均匀性不易控制，而且需要热处理，对光电极材料的热稳定性有较高要求。

电沉积法是以光电极作为工作电极，在含有助催化剂前驱体的溶液中进行电沉积从而实现助催化剂担载的技术。电沉积法操作方便，且可控性比较好。此外，在电沉积法担载助催化剂的过程中，对光电极加以光照，即为光助电沉积法。由于光电极可以提供光生电压，目标助催化剂将更易

于担载，并且更容易沉积于光照区域的活性位，即具有区域选择性，而电沉积通常无选择性。

另外一些真空薄膜沉积技术，如磁控溅射和原子层沉积法，由于具有薄膜厚度可控、沉积均匀、损坏性小等优势，近年来广泛用于电极界面修饰。磁控溅射制备的界面层薄膜具有牢固、致密的优点。原子层沉积则能在原子层次控制薄膜厚度，而且沉积的薄膜更加均匀。但这些方法由于需要精密的真空设备、高纯度靶材及前驱体，制备成本较高。

4.10　光电催化转化平台

光电催化分解水制氢反应体系是光合成的一个基本平台，可以进行其他多种人工光合成反应（图 4.18），例如，光电催化二氧化碳还原制备碳氢燃料、氮还原合成氨等。因此光电催化转化平台是太阳能转化利用的一种多用途平台。近年来，太阳能光电催化二氧化碳还原研究备受关注。该反应和水分解反应在本质上耦合，其中阳极发生水氧化反应，并为阴极发生二氧化碳还原反应提供所需的质子和电子。由于氧化还原反应在空间上是隔离的，所以可以避免二氧化碳还原产物在阳极上发生氧化反应。相比水分解反应，光电催化二氧化碳还原更具有挑战性。这是因为惰性分子二氧化碳活化困难，属于多质子和多电子反应过程，且水相中二氧化碳溶解度低，产氢竞争反应严重，二氧化碳还原产物选择

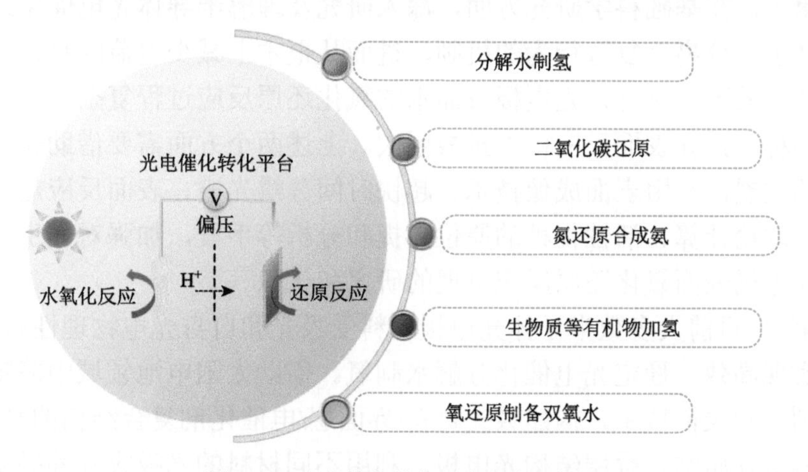

图 4.18　光电催化转化平台反应和技术

性低。目前，光电催化二氧化碳还原的研究仍处于探索阶段，开发高效的光电极体系和二氧化碳活化和还原的催化剂是关键。另外，光电催化氮气还原合成氨反应也是一个重要的研究方向，可以利用水氧化反应释放的电子和质子进行氮气的还原，实现人工光合成固氮过程，该过程二氧化碳排放几乎为零。当然，无论是光电催化二氧化碳还原或是固氮合成氨，均需要学习和模拟自然光合作用中的酶催化等生物过程原理，利用仿生的策略进行催化剂研发和体系的设计是道法自然的途径。

利用光电催化转化平台还可进行氧还原制备过氧化氢、生物质等有机物加氢生产高附加值化学品，也可进行污染物降解等。这些研究都具有很大的发展潜力。另外，光电催化还可助力电池技术，利用光电催化氧还原反应构建光助氢氧燃料电池或通过光电催化转化氧化还原电对构建光充电液流电池[61]。

4.11 展　望

光电催化领域涉及材料、电催化、半导体物理等多个学科。其中，材料是基础，电催化表面反应是核心。虽然经过多年的发展光电催化研究已取得诸多进展，但是受吸光效率低、反应动力学慢及光生电荷复合严重等诸多因素的影响，太阳能利用效率仍然偏低。今后光电催化研究可从以下几个方面开展。

第一，在基础科学研究方面，深入研究及理解半导体光电催化过程中电荷产生、分离、复合行为的机制，进而从根本上减少电荷的复合，提高光电转换效率。另外，光电极表面水的氧化还原反应过程复杂，鉴别反应中间物种、探究表面反应机理挑战巨大。上述两个方面需要借助表面科学研究的发展，利用表面成像技术、超快时间分辨光谱、表面反应热力学和动力学理论计算、活性物种的原位捕捉和分析等手段，加强对光生电荷行为和光电极表面氧化还原反应机理的研究和认识。

第二，目前大多数半导体光电极材料受吸光和自身光电物理性质限制，难以实现高效、稳定光电催化分解水制氧。借助太阳电池领域中薄膜的设计、制备和表征技术，构建吸光材料/界面层/电催化剂复合结构的光电极，或者构筑异质结、叠层结构光电极，利用不同材料的光吸收互补提高光吸收效率，并利用不同材料间的结与界面结构促进电荷分离。

第三，光电催化涉及诸多基础和技术问题，如光的捕获和收集、光电催化反应器和系统装置的优化、反应条件的兼容性及工艺参数的优化等。光电催化体系的规模化放大和集成也会面临诸多挑战。目前较为成熟的太阳电池和电解水技术，将为解决这些光电催化的技术问题提供支撑。

光电催化分解水可实现太阳能到氢能的转化，可解决太阳能的储存问题并满足移动能源的需求。光电催化科学和技术的突破将推动太阳能转化利用领域的发展，有望改变世界能源格局，但同时面临巨大的挑战，需要不断探索。在不远的将来，大规模光电催化人工光合成工厂将实现高效的氢气等太阳燃料的规模化生产，源源不断地为人类的生产生活提供能源动力。

参考文献

[1] Fujishima A，Honda K. Electrochemical photolysis of water on semicondutor at a semiconductor electrode. Nature，1972，238：37-38.

[2] Bard A J. photoeletrochemisty. Science，1980，207（11）：139-144.

[3] Li Z S，Luo W J，Zhang M L，et al. Photoelectrochemical cells for solar hydrogen production：current state of promising photoelectrodes，methods to improve their properties，and outlook. Energy & Environmental Science，2013，6（2）：347-370.

[4] Krishnan R. Encyclopedia of Electrochemistry. New York：Wiley-VCH，2007.

[5] Morrison S R. Electrochemistry at Semiconductor and Oxidized Metal Electrodes. New York：Plenum Press，1980.

[6] Krol R V D，Grätzel M. Photoelectrochemical Hydrogen Production. New York：Springer，2012.

[7] Bard A J，Bocarsly A B，Fan R F，et al. The concept of Fermi level pinning at semiconductor-liquid junctions-consequences for energy-conversion efficiency and selection of useful solution redox couples in solar devices. Journal of the American Chemical Society，1980，102：3671-3677.

[8] Albery W J，O' Shea G J，Smith A L. Interpretation and use of Mott-Schottky plots at the semiconductor/electrolyte interface. Journal of the Chemical Society-Faraday Transactions，1996，92（20）：4083-4085.

[9] Archer M D，Nozik A J. Nanostructed and Photoelectrochemical Systems for Solar Photon Conversion. London：Imperial College Press，2008.

[10] Yang X G，Du C，Liu R，et al. Balancing photovoltage generation and charge-transfer enhancement for catalyst-decorated photoelectrochemical water splitting：a case study of the hematite/MnO_x combination. Journal of Catalysis，2013，304：86-91.

[11] Ding C M，Wang Z L，Shi J Y，et al. Substrate-electrode interface engineering by an electron-transport layer in hematite photoanode. ACS Applied Materials & Interfaces，2016，8（11）：7086-7091.

[12] Memming R. Semiconductor Electrochemistry. New York：Wiley-VCH，2001.

[13] Gerischer H. Über den ablauf von redoxreaktionen an metallen und an halbleitern. Zeitschrift Für Physikalische

Chemie，1960，26（3/4）：223-247.

[14] Walter M G，Warren E L，McKone J R，et al. Solar water splitting cells. Chemical Reviews，2010，110（11）：6446-6473.

[15] Butler M A. Photoelectrolysis and physical properties of the semiconducting electrode WO_2. Journal of Appllied Physics，1977，48：1914-1920.

[16] Uosaki K，Kita H. Mechanistic study of photoelectrochemical reactions at a p-gap electrode. Journal of the Electrochemical Society，1981，128（10）：2153-2158.

[17] Khan S U M，Bockris J O. A model for electron-transfer at the illuminated p-type semiconductor solution interface. The Journal of Physical Chemistry，1984，88（12）：2504-2515.

[18] Garrett C G B，Brattain W H. Physical theory of semiconductor surfaces. Physical Review，1955，99（2）：376-387.

[19] Ding C M，Shi J Y，Wang Z L，et al. Photoelectrocatalytic water splitting: significance of cocatalysts，electrolyte，and interfaces. ACS Catalysis，2016，7（1）：675-688.

[20] Seo J，Nishiyama H，Yamada T，et al. Visible-light-responsive photoanodes for highly active，stable water oxidation. Angewandte Chemie International Edition，2018，57（28）：8396-8415.

[21] Kim J H，Hansora D，Sharma P，et al. Toward practical solar hydrogen production：an artificial photosynthetic leaf-to-farm challenge. Chemical Society Reviews，2019，48（7）：1908-1971.

[22] Pan L，Kim J H，Mayer M T，et al. Boosting the performance of Cu_2O photocathodes for unassisted solar water splitting devices. Nature Catalysis，2018，1（6）：412-420.

[23] Hellstern T R，Benck J D，Kibsgaard J，et al. Engineering cobalt phosphide（CoP）thin film catalysts for enhanced hydrogen evolution activity on silicon photocathodes. Advanced Energy Materials，2016，6（4）：1501758.

[24] Khaselev O，Turner J A. A monolithic photovoltaic-photoelectrochemical device for hydrogen production via water splitting. Science，1998，280（5362）：425-427.

[25] Young J L，Steiner M A，Döscher H，et al. Direct solar-to-hydrogen conversion via inverted metamorphic multi-junction semiconductor architectures. Nature Energy，2017，2（4）：17028.

[26] Winkler M T，Cox C R，Nocera D G，et al. Modeling integrated photovoltaic-electrochemical devices using steady-state equivalent circuit. Proceedings of the National Academy of Sciences of the United States of America，2013，11（12）：E1076-E1082.

[27] Chen Z B，Jaramillo T F，Deutsch T G，et al. Accelerating materials development for photoelectrochemical hydrogen production: standards for methods，definitions，and reporting protocols. Journal of Materials Research，2010，25（1）：3-16.

[28] Rettie A J E，Klavetter K C，Lin J F，et al. Improved visible light harvesting of WO_3 by incorporation of sulfur or iodine：a tale of two impurities. Chemistry of Materials，2014，26（4）：1670-1677.

[29] Warren E L，Atwater H A，Lewis N S. Silicon microwire arrays for solar energy-conversion applications. The Journal of Physical Chemistry C，2014，118（2）：747-759.

[30] Pendlebury S R，Wang X，Le Formal F，et al. Ultrafast charge carrier recombination and trapping in hematite photoanodes under applied bias. Journal of the American Chemical Society，2014，136（28）：9854-9857.

[31] Parmar K P S，Kang H J，Bist A，et al. Photocatalytic and photoelectrochemical water oxidation over metal-doped monoclinic $BiVO_4$ photoanodes. ChemSusChem，2012，5（10）：1926-1934.

[32] Zandi O，Klahr B M，Hamann T W. Highly photoactive Ti-doped α-Fe_2O_3 thin film electrodes: resurrection of the dead layer. Energy & Environmental Science，2013，6（2）：634-642.

[33] Hong S J，Lee S，Jang J S，et al. Heterojunction $BiVO_4/WO_3$ electrodes for enhanced photoactivity of water oxidation. Energy & Environmental Science，2011，4（5）：1781-1787.

[34] Shi X J，Choi Y，Zhang K，et al. Efficient photoelectrochemical hydrogen production from bismuth vanadate-decorated tungsten trioxide helix nanostructures. Nature Communications，2014，5：4775.

[35] Li D，Liu Y，Shi W W，et al. Crystallographic-orientation-dependent charge separation of $BiVO_4$ for solar water oxidation. ACS Energy Letters，2019，4（4）：825-831.

[36] Spray R L，McDonald K J，Choi K S. Enhancing photoresponse of nanoparticulate alpha-Fe_2O_3 electrodes by surface composition tuning. The Journal of Physical Chemistry C，2011，115（8）：3497-3506.

[37] Le Formal F，Tetreault N，Cornuz M，et al. Passivating surface states on water splitting hematite photoanodes with alumina overlayers. Chemical Science，2011，2（4）：737-743.

[38] Ahn H J，Yoon K Y，Kwak M J，et al. A titanium-doped SiO_x passivation layer for greatly enhanced performance of a hematite-based photoelectrochemical system. Angewandte Chemie International Edition，2016，55（34）：9922-9926.

[39] Yao T T，Chen R T，Li J J，et al. Manipulating the interfacial energetics of n-type silicon photoanode for efficient water oxidation. Journal of the American Chemical Society，2016，138（41）：13664-13672.

[40] Liu G J，Shi J Y，Zhang F X，et al. A tantalum nitride photoanode modified with a hole-storage layer for highly stable solar water splitting. Angewandte Chemie International Edition，2014，53（28）：7295-7299.

[41] Steier L，Herraiz-Cardona I，Gimenez S，et al. Understanding the role of underlayers and overlayers in thin film hematite photoanodes. Advanced Functional Materials，2014，24（48）：7681-7688.

[42] Hisatomi T，Dotan H，Stefik M，et al. Enhancement in the performance of ultrathin hematite photoanode for water splitting by an oxide underlayer. Advanced Materials，2012，24（20）：2699-2702.

[43] Yang J H，Wang D E，Han H X，et al. Roles of cocatalysts in photocatalysis and photoelectrocatalysis. Accounts of Chemical Research，2013，46（8）：1900-1909.

[44] Ye S，Ding C M，Liu M Y，et al. Water oxidation catalysts for artificial photosynthesis. Advanced Materials，2019：e1902069.

[45] Levie R D. The electrolysis of water. Journal of Electroanalytical Chemistry，1999，476：92-93.

[46] Bard A J，Faulkner L R. Electrochemical Methods：Fundamentals and Applications. New York：John Wiley & Sons，2001.

[47] Gileadi E. Electrode Kinetics for Chemists Chemical Engineers and Materials Scientists. New York：VCH Publisher，1993.

[48] Nørskov J K，Bligaard T，Logadottir A，et al. Trends in the exchange current for hydrogen evolution. Journal of the Electrochemical Society，2005，152（3）：J23-J26.

[49] Zeng M，Li Y G. Recent advances in heterogeneous electrocatalysts for the hydrogen evolution reaction. Journal of Material Chemistry，2015，3（29）：14942-14962.

[50] Greeley J，Jaramillo T F，Bonde J，et al. Computational high-throughput screening of electrocatalytic materials for hydrogen evolution. Nature Materials，2006，5（11）：909-913.

[51] Raj I A，Vasu K I. Transition metal-based hydrogen electrodes in alkaline-solution：electrocatalysis on nickel based binary alloy coatings. Journal of Applied Electrochemistry，1990，20（1）：32-38.

[52] Man I C，Su H Y，Calle-Vallejo F，et al. Universality in oxygen evolution electrocatalysis on oxide surfaces. ChemCatChem，2011，3（7）：1159-1165.

[53] Guan J Q，Duan Z Y，Zhang F X，et al. Water oxidation on a mononuclear manganese heterogeneous catalyst.

Nature Catalysis，2018，1：870-877.

[54] Huang Z F，Song J，Du Y，et al. Chemical and structural origin of lattice oxygen oxidation in Co-Zn oxyhydroxide oxygen evolution electrocatalysts. Nature Energy，2019，4（4）：329-338.

[55] Rasiyah P，Tseung A C C. The role of the lower metal-oxide higher metal-oxide couple in oxygen evolution reactions. Journal of the Electrochemical Society，1984，131（4）：803-808.

[56] Trasatti S. Electrocatalysis in the anodic evolution of oxygen and chlorine. Electrochimica Acta，1984，29（11）：1503-1512.

[57] Rossmeisl J，Qu Z W，Zhu H，et al. Electrolysis of water on oxide surfaces. Journal of Electroanalytical Chemistry，2007，607（1/2）：83-89.

[58] Ullman A M，Brodsky C N，Li N，et al. Probing edge site reactivity of oxidic cobalt water oxidation catalysts. Journal of the American Chemical Society，2016，138（12）：4229-4236.

[59] Cummings C Y，Marken F，Peter L M，et al. New insights into water splitting at mesoporous alpha-Fe_2O_3 films：a study by modulated transmittance and impedance spectroscopies. Journal of the American Chemical Society，2012，134（2）：1228-1234.

[60] Zhang Y C，Zhang H N，Liu A A，et al. Rate-limitting O—O bond formation pathways for water oxidation on hematite photoanode. Journal of the American Chemical Society，2018，140（9）：3264-3269.

[61] Liao S C，Zong X，Seger B，et al. Integrating a dual-silicon photoelectrochemical cell into a redox flow battery for unassisted photocharging. Nature Communications，2016，7：11474.

第5章

太阳能转化之太阳电池

导读

太阳电池是利用光电转化的物理过程，将太阳能转化为电能的发电装置。在光照下，太阳电池产生的光生电子和空穴分离后形成光生电流，向外电路供电。目前已经商业化的太阳电池有硅太阳电池和化合物薄膜太阳电池，正在研发的包括染料敏化太阳电池、有机太阳电池和钙钛矿太阳电池等。理解太阳电池的工作原理，研发新型的光电材料，是发展高效廉价太阳电池的基础。太阳电池为人类发展提供可持续和绿色的电力能源。太阳电池原理及其应用示例如图5.1所示。

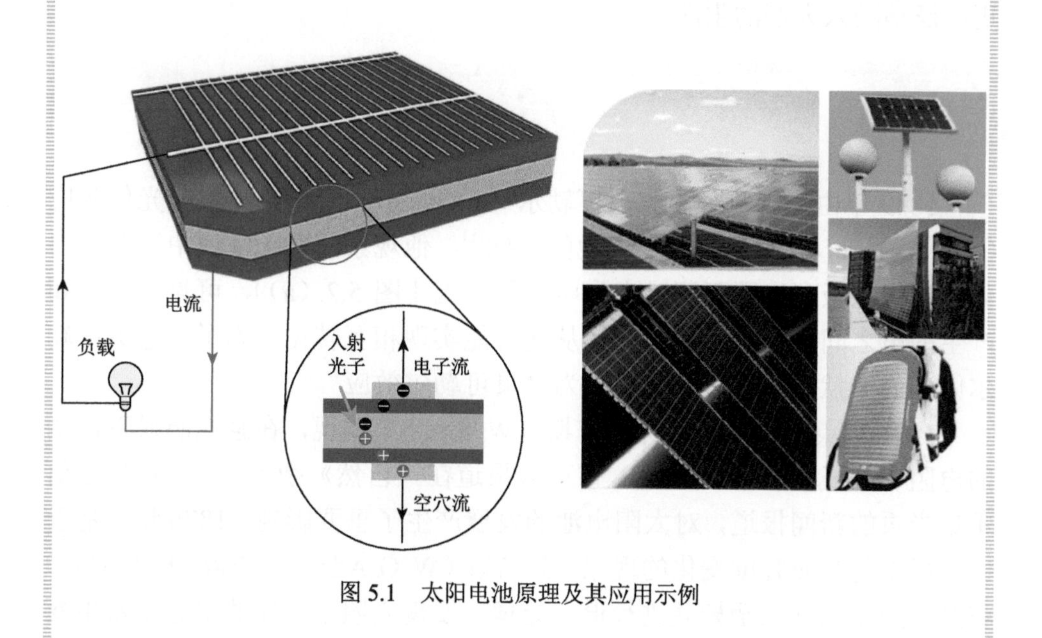

图5.1　太阳电池原理及其应用示例

5.1 太阳电池历史与现状

与传统意义的电池不同，太阳电池不是一种储能装置，而是一种基于光伏效应的发电装置，可直接将太阳能转化为电能。

随着太阳电池技术不断发展，其光电转换效率不断提升，制造成本显著降低。与30年前相比，太阳电池的光电转换效率已经翻番，其制造成本数量级下降。由太阳电池组成的光伏地面电站的规模迅速增加，截至2018年底，全球光伏装机总量已达到500GW（吉瓦），并以每年100 GW新增装机容量的速度增长，这使得太阳电池大规模供电成为可能。太阳电池行业拥有巨大的发展潜力，据预测，到2030年全球光伏累计装机量有望达10 TW（太瓦），到2050年将进一步增加至30～70 TW。鉴于太阳能的资源丰富性、分布广泛性和可预测性等特点，预计太阳能将成为未来全球能源系统的重要组成部分，成为改变全球能源格局的关键力量。太阳电池应用广泛，在太空探索中发挥了不可替代的作用，如太空飞行器直接从太阳获得能量，其寿命不再受制于搭载电源的容量。随着薄膜太阳电池技术的持续发展，轻质、柔性的太阳电池将出现在服装、电子设备和交通工具上，更广泛地融入人们的生活。

5.1.1 太阳电池发展历史

1. 起源

1839年由法国物理学家贝可勒尔（A. E. Becquerel）提出的光伏效应（photovoltaic effect）是太阳电池的基础[1]，他观察到电化学池中涂有银卤化物的铂电极在光照下可以产生电压和电流［图5.2（a)］，可见入射光和产生的电之间存在着某种关联，从而可能实现相互转化。为了纪念贝可勒尔做出的贡献，光伏效应又被称为“贝可勒尔效应”。

1873年英国电气工程师史密斯（W. Smith）发现，在强光照射下，硒的电阻率降低了15%～50%，该现象报道在《自然》杂志中[2]。正是这篇不足半页的新闻报道，对太阳电池的发展产生了重要影响。1876年，基于硒电导率随光照强度变化的现象，亚当斯（W. G. Adams）和戴（R. E. Day）将烧热的铂丝插入硒棒并进行退火处理，发现光照下硒棒的电导率发生变化，外电路中产生了电流和电压[3]，如图5.2（b）所示。这是人类第一次

在全固态装置中观察到光伏效应，具有十分重要的意义。亚当斯和戴意识到，可以基于这种现象制作一种新型的发电装置，这个想法为现代太阳电池的诞生奠定了基础。

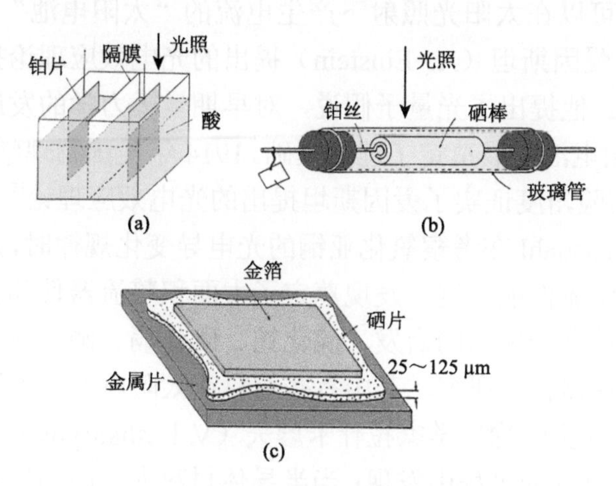

图 5.2　早期光伏发电装置的设计

(a) 贝可勒尔电池（1839 年）；(b) 铂-硒基电池（1876 年）；(c) 硒基电池（1883 年）

1883 年，美国发明家弗里斯（C. Fritts）使用金属片将熔融状态的硒压成薄片，硒冷却后黏附在金属表面，再将金箔作为顶电极压在硒表面，得到一种新型的光电转化器件[4]，如图 5.2（c）所示。尽管器件价格昂贵且光电转换效率低（＜1%），并不适合作为发电装置使用，但这是第一块真正意义的太阳电池。弗里斯也是第一个预测太阳电池具有广阔发展前景的人，他相信未来人类可以直接将太阳光能转化为可方便使用的电能。

2. 光电效应的原理探索

硒的光电导变化现象引起了人们对光电转化器件的兴趣，但由于缺少对光和光电材料间相互作用的深入认识，在此后的五十余年中，太阳电池技术进展缓慢。然而，这一时期人们在另一领域的研究与太阳电池技术的发展不谋而合，且这项研究的成果为认识光伏效应的原理奠定了基础。

1887 年，德国物理学家赫兹（H. R. Hertz）尝试用实验证明麦克斯韦提出的电磁波理论，在实验中他发现带电物体在紫外光照射下更易失去所携带的电荷。由于无法提出合理的理论解释，这些实验结果并没有引起科学家甚至是赫兹本人足够的重视。庆幸的是俄国物理学家斯托列托夫

（A. Stoletov）对赫兹报道的现象进行了系统的研究。斯托列托夫使用定量方法研究光生载流子，发现了入射光强与光电流之间的关系，后来被称为“光电第一定律”或“斯托列托夫定律”。基于这些发现，斯托列托夫制作出了可以在太阳光照射下产生电流的“太阳电池”[5, 6]。

1905 年，爱因斯坦（A. Einstein）提出的光电效应理论揭示了光电转化现象的本质。他提出了光量子假说，对早期量子力学的发展产生了重要影响，也为太阳电池发展奠定了理论基础。1914 年美国物理学家密立根（R. Millikan）从实验角度证实了爱因斯坦提出的光电效应理论[7]。

1933 年 Grondahl 在考察氧化亚铜的光电导变化规律时，发现铜表面的氧化亚铜具有整流性能，这一发现奠定了大面积整流器件和太阳电池器件的结构基础。受这一现象的启发，硫化铊、硒化镉、硒、氧化亚铜等材料被用于光电转化器件的研究，其中有些材料在太阳电池中沿用至今。

1941 年苏联实验物理学家拉什卡廖夫（V. Lashkaryov）在研究氧化亚铜/硫化银整流器件的过程中发现：当半导体材料夹在阻挡层和金属电极之间时，正负电荷会在阻挡层的两侧聚集[8]。用今天的语言来描述这一现象，即他发现了 pn 结的整流现象。经过严谨的计算，拉什卡耶夫提出了载流子在能带弯曲半导体中的扩散效应是产生电荷分离现象的原因，这篇论文被认为是 pn 结领域的基石。

3. 太阳电池雏形

进入 20 世纪 40 年代，太阳电池技术发展迅速。1940 年，美国贝尔实验室的奥尔（R. S. Ohl）在硅（Si）上发现了光伏效应，其在 1941 年申请的专利中介绍了这种器件。奥尔使用如图 5.3 所示的坩埚制备晶体硅，由于不同杂质元素在晶体硅中扩散速率存在差异，坩埚中央的晶体硅为 n 型掺杂，边缘区域的晶体硅为 p 型掺杂，而当切下的硅片同时包含这两种晶体硅时，便会观察到较明显的光伏效应。

随后贝尔实验室的查宾（D. M. Chapin）、富勒（C. S. Fuller）和皮尔森（G. L. Pearson）从降低反射、减少复合、减小串联电阻三个方面改进器件，提升硅太阳电池效率，得到了世界上第一块有使用价值的晶体硅太阳电池，其光电转换效率达到 6%。1950 年贝尔实验室开始大量生产这种太阳电池以供卫星和其他航天器使用。

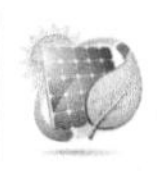

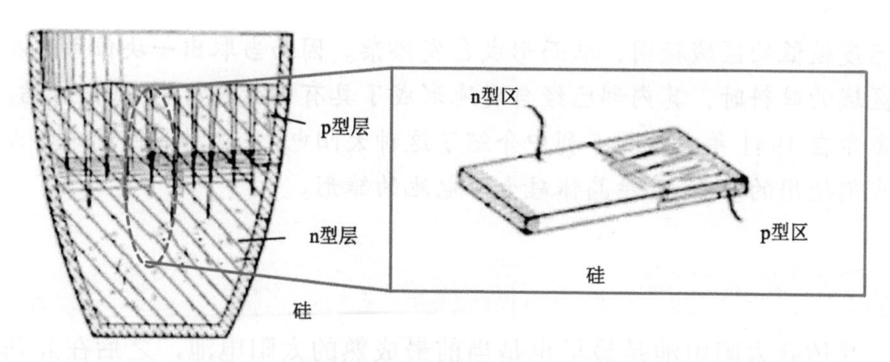

图 5.3　奥尔在 1941 年专利中公开的晶体硅制备方法和太阳电池结构示意图

第一块晶体硅太阳电池诞生

在 1940 年 3 月的一个下午，美国贝尔实验室的奥尔（R. S. Ohl），向大家请教他观察到的新现象，而这个现象令大家感到震惊。

奥尔手中的装置看上去十分简陋：一块黑色的柱状物体，其两侧通过导线与一个电压表相连（插图 5.1）。当奥尔打开手中的手电筒照射这个黑色物体时，电压表迅速显示出示数，竟然接近 0.5 V！这个电压值显著高于当时人们见过的任何一种太阳电池材料的值。当时主流的两种光电转化材料（氧化亚铜和硒）在这种光照条件下仅能产生很小的电压。为何这个装置可以获得如此高的光电压？这个问题令奥尔感到困惑。

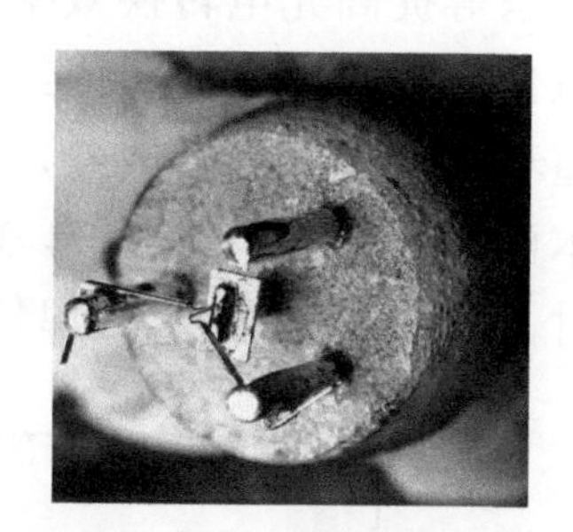

插图 5.1　第一块晶体硅太阳电池

当时人们已经意识到：减少半导体中杂质的含量是提升器件性能的重要途径。于是奥尔设计了一种熔炼高纯度硅材料的新方法，使用石英坩埚高温熔炼硅材料并使用氦气作为熔炼装置的保护气体。奥尔取出坩埚中不同位置的硅料用于太阳电池的研究，他发现这种方法制备的硅锭核心具有最高的纯度，但靠近坩埚边缘部分的硅料纯度较低，在这两个区域相邻的位置所取硅料制备的太阳电池具有最高的光电压。

那么为什么用这部分硅料制备的太阳电池具有更好的性能呢？后来人们知道，这是因为在硅锭冷却的过程中，杂质元素会自发地流向温度较低的区域凝固，从而形成自发掺杂。因而当取出一块位于边界区域的硅料时，其内部已经自发地形成了具有电荷分离能力的pn结。奥尔在1941年申请的专利中介绍了这种太阳电池，这种器件就是今天我们使用的基于pn结晶体硅太阳电池的雏形。

5.1.2 太阳电池研究现状

晶体硅太阳电池是最早也是当前最成熟的太阳电池，之后在此基础上又逐渐发展出了硅薄膜太阳电池、化合物薄膜太阳电池、有机太阳电池、染料敏化太阳电池、钙钛矿太阳电池等。单晶硅太阳电池光电转换效率最高，技术也最为成熟，其高性能不仅需要高质量的单晶硅材料，还要求成熟的加工处理工艺。随着技术的发展，单晶硅太阳电池的光电转换效率不断提升，目前已经发展出表面织构化、局部/全面钝化、分区掺杂等提高光电转换效率的技术。经过数十年的发展，单晶硅太阳电池组件的光电转换效率已经接近25%，实验室小面积器件效率可达26.7%。随着生产技术逐渐成熟，单晶硅太阳电池的制造成本迅速下降，组件成本已经由2005年的约4美元/W降低至2018年底的约0.25美元/W。同时，随着封装技术、焊接材料及加工方法的改良，单晶硅太阳电池的

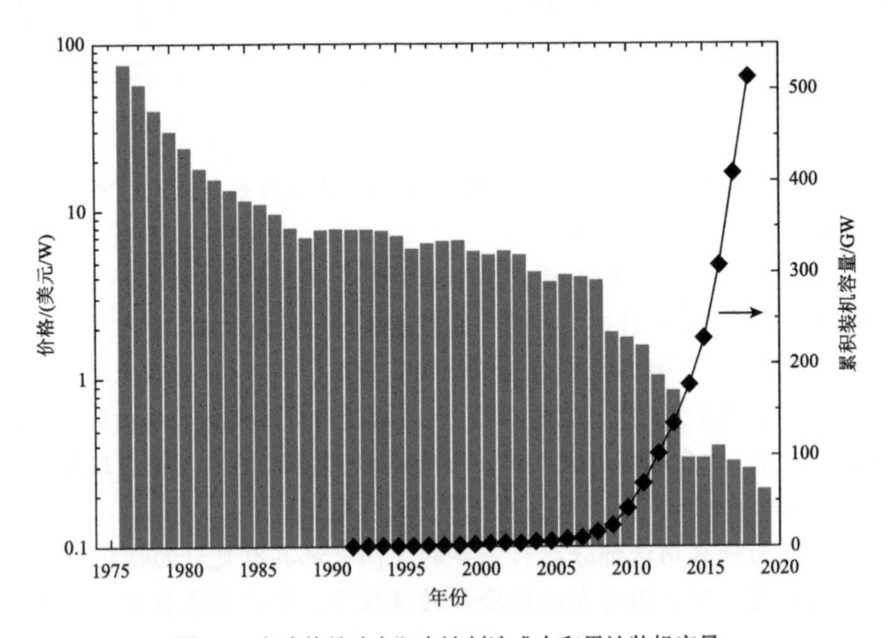

图5.4　全球单晶硅太阳电池制造成本和累计装机容量

使用寿命已经从 1991 年的 5～10 年提升至目前的 25 年。单晶硅太阳电池的技术进步使得太阳电池的度电成本降至约 0.1 美元/(kW·h)甚至更低，度电成本的降低使得太阳电池的大规模应用成为可能。如图 5.4 所示，自 2005 年起随着单晶硅太阳电池制造成本的迅速下降，太阳电池的装机容量迅速提升。截至 2019 年底，世界范围内太阳电池的累计装机容量约为 627 GW，约为全球能源消耗量的 1.3%。光伏器件成本降低带来了光伏电力成本的下降，使光伏电力价格竞争力日益凸显。随着单晶硅太阳电池技术的持续发展，太阳能发电成本有望继续降低至与传统化石能源相当甚至更低的水平。

伴随着晶体硅太阳电池技术的发展，多种光伏技术相继出现并取得了长足的进展，如砷化镓（GaAs）、铜铟镓硒（CIGS）、碲化镉（CdTe）、有机及钙钛矿光伏等，图 5.5 所示为多种太阳电池技术的光电转换效率发展趋势。其中砷化镓太阳电池是一种通过外延方法生长的单晶薄膜材料，具有极低的缺陷密度及可控的光学带隙，通过构建叠层器件可以达到很高的光电转换效率，这种太阳电池目前广泛应用于航空航天领域中。铜铟镓硒、碲化镉等为直接带隙半导体，使得太阳电池使用极薄层的半导体材料即可充分吸收太阳光，它们的最高效率可分别达到 23.4%和 22.1%，已可与晶体硅太阳电池媲美。与晶体硅电池不同，薄膜太阳电池通过真空镀膜等沉积方法制备，其自下而上的制备方式带来了新的特点，通过更换基底材料，薄膜太阳电池可以具有轻质、柔性的特点，具有广阔的应用领域，如弯曲的建筑表面、服装以及飞行器表面等。

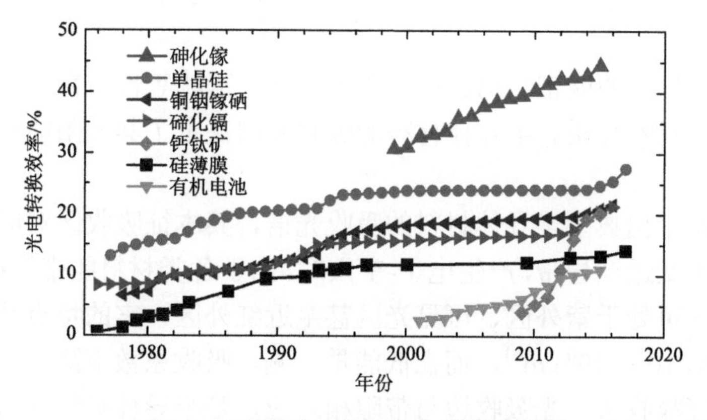

图 5.5　太阳电池光电转换效率发展趋势[9]

和无机材料一样，有机聚合物或有机小分子也可作为光伏材料，是太阳电池领域的重要研究方向。基于有机半导体材料的有机太阳电池可通过溶液法大规模制备，材料来源广、成本低，未来发展前景广阔。目前有机太阳电池的效率达到18%以上，其寿命还有待进一步提高。

钙钛矿太阳电池自2009年出现以来，效率快速提升，带来了太阳电池发展的新机遇和热潮，目前实验室的光电转换效率已经达到25.2%。随着钙钛矿太阳电池制造工艺的逐渐精进，1 cm^2 钙钛矿太阳电池创下了20.9%的光电转换效率纪录。若钙钛矿太阳电池的寿命和稳定性问题可以得到解决，新型太阳电池中钙钛矿有望获得应用，并在未来具有一定的发展空间。

5.2 太阳电池基础

简单地说，太阳电池的光电转化过程可以分为光子的吸收、光生载流子的产生、分离以及载流子的输运和收集。

能量大于等于半导体带隙的光子可以被半导体材料吸收，从而激发半导体的电子由价带跃迁到导带，在价带上产生空穴。在半导体结电场的作用下光生电子和空穴分别定向移动，形成光生电流，由此在结区两端建立一定的电位差，即光生电压。结区两侧的光生载流子由半导体分别输运至正负电极，当电极与外电路相连时，光生载流子即可在光生电压作用下做功，驱动负载工作。

5.2.1 载流子的产生

半导体材料的能带结构、缺陷能级、几何形状等性质直接影响并决定半导体的光吸收性质。半导体材料的吸收光谱决定了其太阳能利用的理论极限效率。

图5.6示出典型半导体材料的吸收光谱，其本征吸收区对应于价带电子吸收光子跃迁至导带，产生电子-空穴对。由于各类材料能带结构的差异，本征吸收区可处于紫外区、可见光区甚至近红外区，它的特点是吸收系数很高，可达 10^5～10^6 cm^{-1}，而在低能量一侧，吸收系数下降很快，形成半导体的本征吸收边。光吸收边与带隙相对应，是半导体吸收光谱最重要的特征。在吸收边附近，有时可以观察到与激子吸收相关的光谱的精细结构。

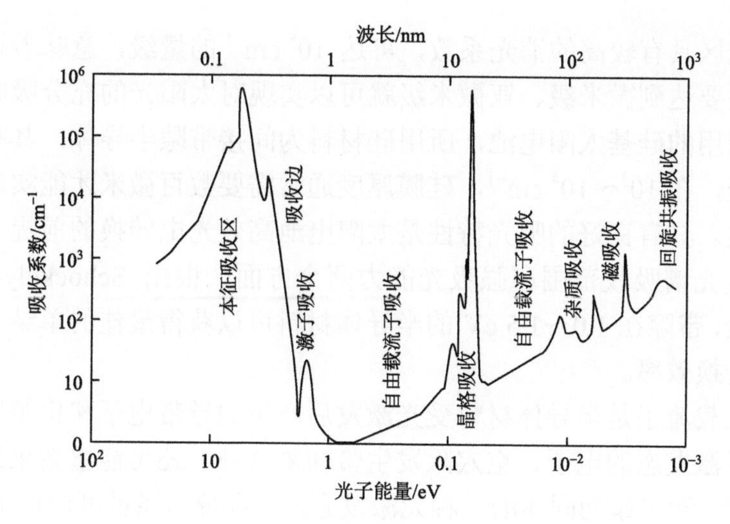

图 5.6　半导体吸收光谱性质

当波长超出半导体材料的本征吸收边后，吸收系数又开始缓慢上升，这是导带中电子的带内跃迁所引起的，被称为自由载流子吸收。对于金属，由于载流子浓度很高，自由载流子吸收甚至可以掩盖所有其他吸收光谱的特征。半导体材料的自由载流子吸收可以扩展到整个红外波段和微波波段，其吸收系数大小与载流子浓度有关[10]。

图 5.7 示出几种常见光伏材料的消光系数与波长的关系。直接带隙半导体化合物，如砷化镓（GaAs）、碲化镉（CdTe）、铜铟镓硒（CIGS）等，

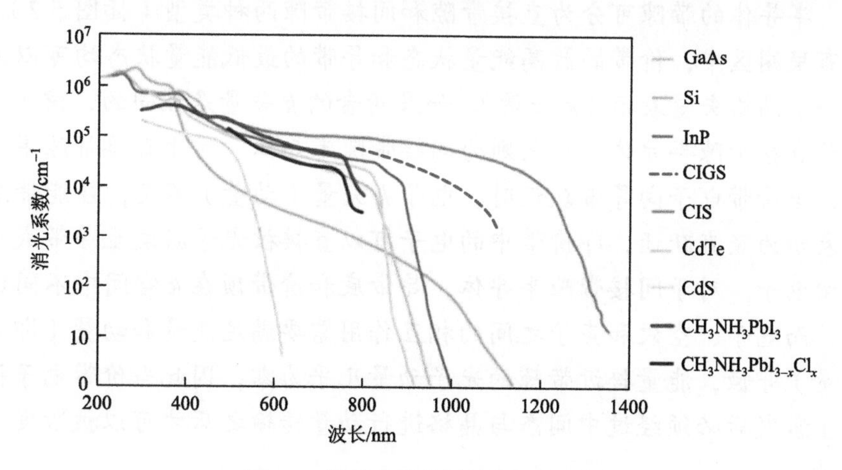

图 5.7　常见半导体材料的消光系数

在可见光区具有较高的消光系数，可达 10^5 cm^{-1} 的量级，意味着这些材料的厚度只要达到微米级、亚微米级就可以实现对太阳光的充分吸收。而目前广泛应用的硅基太阳电池，所用硅材料为间接带隙半导体，其吸收系数相对较低，在 10^3～10^4 cm^{-1}，硅膜厚度通常需要数百微米才能实现对光的充分吸收。具有良好的吸光特性是太阳电池高效光电转换的前提条件，其中包括宽光谱吸收范围和强吸光能力两个方面。根据 Schockely-Quessier 极限理论，带隙在 1.0～1.5 eV 的半导体材料可以获得最佳的单结太阳电池的光电转换效率。

光生载流子是半导体材料受光激发后产生的导带电子和价带空穴的统称。处于激发态的电子、空穴除发生带间复合外，还可能重新束缚在一起形成激子。激子作为固体的一种元激发态，其携带的能量可通过电子-空穴复合辐射释放出来。无机半导体吸光后通常产生半径较大、结合力较弱的瓦尼尔（Wannier）激子，可以直接分离产生自由的电子和空穴，而有机半导体吸光后产生的是半径较小、结合力较大的弗仑克尔（Frenkel）激子，往往不能直接分离，而是以电子-空穴对的形式存在，这些束缚对之间具有较大的库仑作用力，且由于有机材料的介电常数一般较小，这些激子的解离通常需要高于热振动的能量。

半导体的直接与间接带隙

半导体的带隙可分为直接带隙和间接带隙两种类型（插图 5.2）。在布里渊区中，价带的最高能量状态和导带的最低能量状态均可以通过一个晶格矢量表示（k 矢量）。如果两者的 k 矢量是相同的，该半导体为直接带隙半导体，反之则为间接带隙半导体。对于直接带隙半导体，当价带电子向导带跃迁时，电子 k 矢量（动量）不变，在能带图上表示为竖直跃迁，即价带中的电子可以直接被光子激发至导带成为自由电子。对于间接带隙半导体，导带底和价带顶在 k 空间中不同位置，而电子、空穴和声子之间的相互作用需要满足能量和动量（即 k 矢量）守恒，能量接近带隙的光子动量几乎为零，因此当价带电子被光子激发后必须经过中间态与晶格进行动量传输之后才可以被激发至导带。

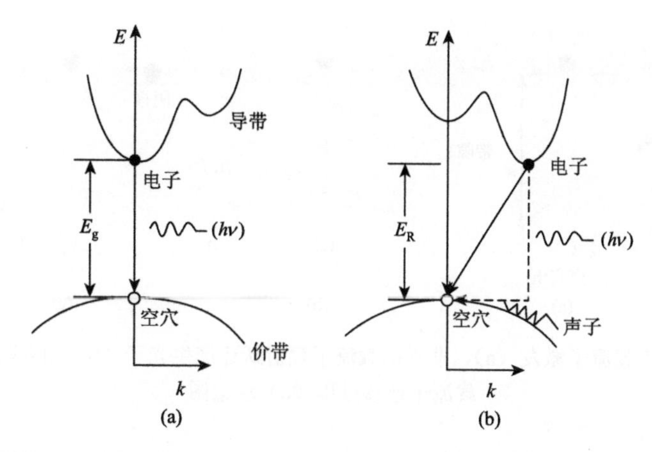

插图 5.2　直接带隙（a）与间接带隙（b）半导体的能带结构示意图

直接带隙半导体的消光系数远远大于间接带隙半导体。目前使用最广泛的光电转化材料晶体硅，是一种间接带隙半导体，其光吸收能力较弱，需要将其厚度增加到数百微米才能充分吸收太阳光（特别是长波部分）。相反，直接带隙半导体材料（如非晶硅、碲化镉、铜铟镓硒等）具有非常强的光吸收能力，仅需很薄的厚度（通常小于 1 μm）即可充分吸收入射的太阳光，因此基于这类材料的太阳电池被称为“薄膜太阳电池”。

5.2.2　载流子的分离

光生载流子的有效分离是太阳电池高效工作的重要步骤之一。半导体材料是太阳电池的基础，其光生载流子产生和迁移过程如图 5.8 所示，其中导带和价带之间的能量差称为该半导体的带隙（E_g）。在光照下，能量大于带隙的光子可以激发价带中的电子向导带跃迁，从而在半导体中产生自由的电子和空穴［图 5.8（a)］。受激发的半导体处于非平衡态，其中受激发产生的电子和空穴称为非平衡载流子。处于受激发状态下的半导体，非平衡载流子有通过复合恢复到平衡态的趋势。其复合途径主要有两种：一是辐射跃迁，即载流子复合过程中产生光子［图 5.8（b)］；二是非辐射跃迁，载流子的能量通过热的形式耗散在半导体中。只有在非平衡载流子复合之前将其有效分离、输运、并选择性地收集到电极上［图 5.8（c)］，才能够利用太阳电池实现高效的光电转化[11]。

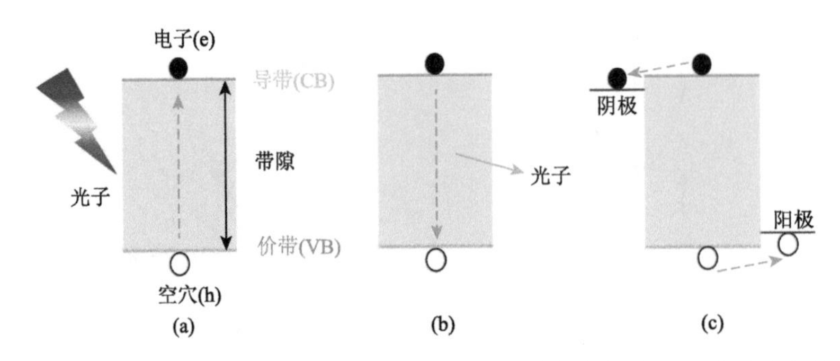

图 5.8 半导体中载流子激发（a）、非平衡载流子辐射跃迁产生光子（b）和太阳电池中有效的载流子迁移过程（c）示意图

光生载流子主要受结区电场、界面处势能差的驱动实现有效分离。电荷的有效分离决定了光生载流子的利用率，是实现太阳电池高效工作的重要步骤之一。在当前已发展的太阳电池中，用于驱动载流子分离的主要有 pn 结、异质结（包括平面异质结和本体异质结）、表界面电荷传输等。下面对其载流子分离过程及机理进行介绍。

1）pn 结

温度为绝对零度时固体能带中充满电子的最高能级称为费米能级（E_F）。半导体材料中的费米能级表示电子的填充水平，是电子填充态和非填充态的界限。通过对半导体的掺杂实现对半导体载流子浓度和类别控制，还可以调节半导体材料的费米能级。n 型半导体中费米能级靠近导带，其内部的电子浓度高，空穴浓度低，其中的电子称为多数载流子（多子），而空穴称为少数载流子（少子）。反之，p 型半导体中的费米能级靠近价带，其内部空穴浓度高，电子浓度低，空穴为多子，电子为少子。

pn 结是半导体微波器件以及光电器件的基本结构，也是双极型晶体管、可控硅整流器和场效应晶体管的核心组成部分，被广泛应用于整流、开关等器件之中。图 5.9 示意 pn 结形成过程，其中（a）为 p 型与 n 型半导体接触之前的能带结构图。在 p 型半导体中，空穴浓度远高于电子，但是空穴与负电荷（电离受主与电子）是严格平衡的；而 n 型半导体中电子浓度远高于空穴，电子与正电荷（电离施主与空穴）也是严格平衡的，因此单独的 p 型或 n 型半导体都呈电中性。当 p 型半导体和 n 型半导体接触形成 pn 结时，由于它们之间存在电荷的浓度梯度，空穴由 p 型层扩散至 n 型层，电子由 n 型层扩散至 p 型层。对于 p 型层，空穴扩散离开后留下了

不可移动的带电的电离受主，n 型层则由于电子的离开留下带电的电离施主，因此在 p 型层界面形成负电荷区，而 n 型层界面形成正电荷区，从而形成一个由 n 型层指向 p 型层的电场，即内建电场 E，相应区域通常被称为空间电荷区，如图 5.9（b）中间部分所示。

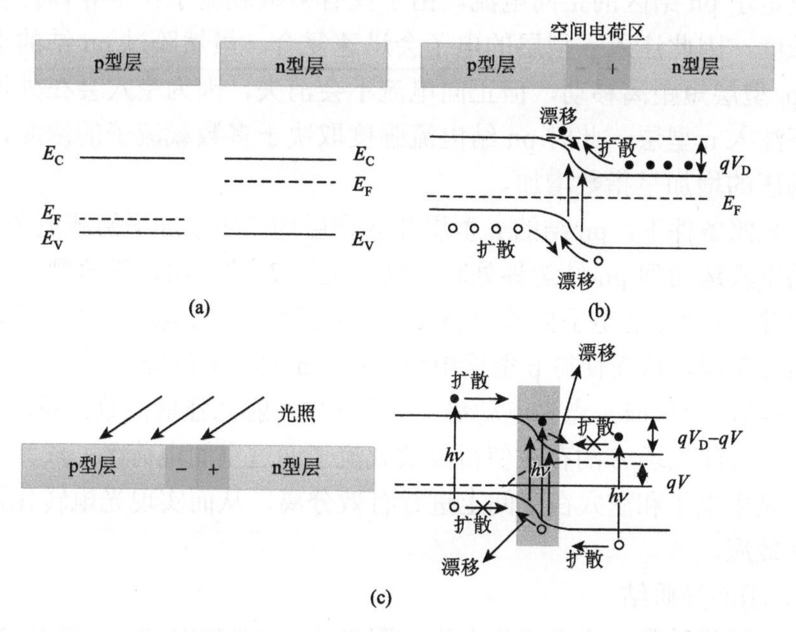

图 5.9　p 型、n 型半导体（a）以及 pn 结暗态下（b）和光照下（c）的能带结构示意图

载流子在内建电场的作用下发生电子流向 n 型层、空穴流向 p 型层的定向漂移，漂移方向与扩散方向相反，最终阻止了载流子的进一步扩散。当结区载流子的扩散运动和漂移运动达到平衡时，扩散电流和漂移电流大小相等、方向相反，结区没有净电荷流过，此时的 pn 结处于热平衡状态。热平衡状态下的 pn 结，由于空间电荷区的电位变化导致该区域的能带发生弯曲，弯曲程度对应于势垒区高度 qV_D，其中 q 为电子电量，V_D 为暗态下势垒能级差。

在暗态条件下，如果外加电压为零，pn 结处于热平衡状态，n 型半导体费米能级和 p 型半导体费米能级相等，电中性区没有少数载流子扩散电流，空间电荷区没有净复合。如果外加电压大于零（即外加正向电压情况），会导致 pn 结费米能级分裂，多数载流子通过空间电荷区发生扩散，电子从 n 型层进入 p 型层，空穴从 p 型层进入 n 型层，发生多数载流子注入，降低了耗尽区宽度和内建电场 E，pn 结电压降低。随着正向电压的增加，耗尽区最终变得足够薄导致电场 E 不足以抑制多数载流子的扩散运动，从而降低了 pn 结电阻。注入 p 型层的电子扩散到附近的电中性区，电中性区的少数载流子浓度增加，此时电中性区少数载流子的扩散决定了 pn 结区的正向电流。由于仅有多数载流子在半导体拥有宏观扩散长度，因此注入 p 型层的电子会迅速复合，虽然跨过 pn 结的电子仅能在 p 型层短距离移动，但正向电流不会消失，因为空穴会在外加偏压作用下注入 n 型层。此时 pn 结电流强度取决于多数载流子的浓度，并随正向偏压的增加呈指数增加。

在光照条件下，pn 结的 n 型层和 p 型层均产生了非平衡载流子。n 型层内的空穴运动到 pn 结边界处时，受到电场 E 的作用，迅速漂移至 p 型层；同时，p 型层的电子扩散至 pn 结边界处时，受到电场 E 的作用，迅速漂移至 n 型层，从而使得 p 型层电位升高、n 型层电位降低［图 5.9（c）］，于是 pn 结两端形成了光生电动势 V，其值与入射光强呈指数关系。在上述过程中，内建电场 E 的存在使得少数载流子通过空间电荷区，成为多数载流子，光生电子和空穴在空间上进行有效分离，从而实现光电转化过程，即光伏效应。

2）平面异质结

平面异质结常见于多元化合物太阳电池，如 CdS/CdTe、CdS/CuZnSnS、CdS/CIGS 太阳电池，采用 n 型半导体 CdS 与 p 型化合物半导体形成异质 pn 结，如图 5.10（a）所示。其载流子分离机制与硅基太阳电池的 pn 结相

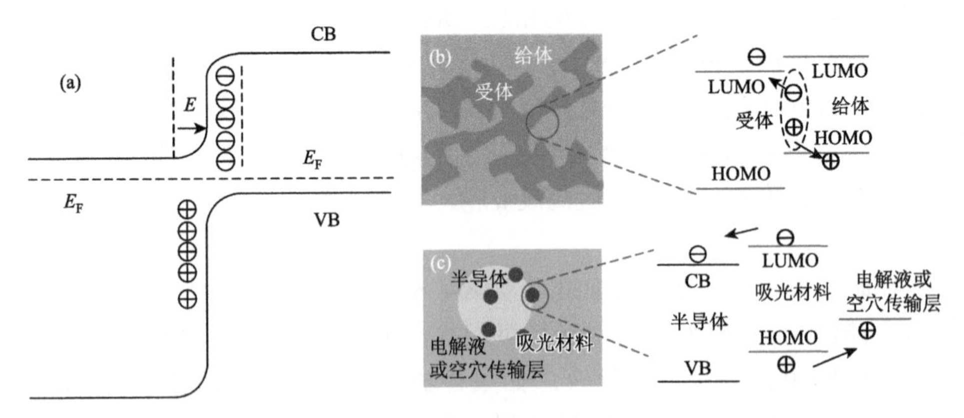

图 5.10　平面异质结（a）、本体异质结（b）和表界面电荷传输（c）中载流子分离示意图

同，通过载流子的扩散在 n 型和 p 型半导体界面处形成内建电场，其方向从 n 型层指向 p 型层。当光生载流子扩散至异质 pn 结边界时，受该电场作用，有效地分离至电子收集区和空穴收集区，实现电子和空穴在空间上的分离。

3）本体异质结

有机半导体中的最高占据分子轨道（HOMO）和最低未占分子轨道（LUMO），可以分别类比于无机半导体中的价带和导带。根据给出和接受电子的能力，有机半导体中给出电子的材料为给体材料，接受电子的材料为受体材料。有机给体材料和受体材料由于功函数差在界面上产生明显的内建电场，能带弯曲近于突变。有机材料吸光产生的弗仑克尔激子结合力较大，往往不能直接分离，而是以电子-空穴对的形式存在，需要依靠给受体界面进行有效的电荷分离，才能产生自由的电子和空穴。此外，有机半导体的激子扩散长度（L_D）一般为 10～20 nm，激子在到达界面前很容易复合，因此只有在界面处 10～20 nm 范围内产生的光生载流子可以有效分离。然而，为充分吸收太阳光，有机太阳电池的光吸收层厚度通常需要至少 100 nm，而这远远大于激子的扩散长度。通过给体材料和受体材料的充分混合构建本体异质结，使给体和受体的相分离尺度在 20～30 nm，形成大量的给受体界面，如图 5.10（b）所示，能有效解决有机半导体材料中激子扩散长度与光吸收长度不一致的问题，从而提高有机太阳电池光生载流子的分离效率。

4）表界面电荷传输

这里讨论的表界面电荷传输主要是染料敏化太阳电池中的载流子分离机制。染料敏化太阳电池中光吸收过程和电子收集过程分别由敏化剂和介孔氧化物半导体基底完成。敏化剂吸附在纳米晶（如二氧化钛多孔纳米结构）薄膜表面，再浸泡在液态电解质中或置于固态空穴传输层（HTL）中，具有与本体异质结相似的结构。如图 5.10（c）所示，染料敏化太阳电池中，敏化分子的 LUMO 能级一般高于氧化物半导体基底的导带（CB），光激发染料敏化分子后其激发态的电子注入到半导体基底的导带，此过程主要靠界面接触的电子势能差驱动；同时，激发态的染料分子从电解液中俘获电子实现再生。染料敏化太阳电池依靠染料分子与介孔氧化物半导体（如 TiO_2）和电解液的接触界面实现高效电荷分离过程及光电转化过程，其中的染料分子不参与电荷的输运过程。

5.2.3 载流子的输运和收集

有效的光吸收及载流子分离之后，高效的载流子输运和收集是实现高性能太阳电池的另一关键步骤。通常而言，金属电极与半导体的接触界面由于接触势垒、表面态等因素，会影响载流子的收集。在满足金属电极和半导体之间形成欧姆接触的基础上，在电极和半导体之间加入界面修饰层（图 5.11），可以有效降低电极与半导体之间的能垒，从而降低接触电极与半导体之间的载流子复合，提升太阳电池的性能。

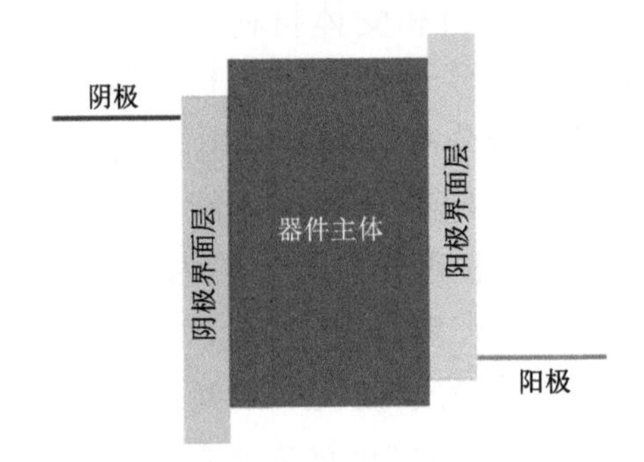

图 5.11　具有界面修饰层的太阳电池结构示意图

载流子的收集过程与载流子扩散长度 L_D 相关。L_D 是指载流子在复合之前在半导体内部自由迁移的长度，是载流子可以被有效收集的长度范围，与载流子的扩散系数 D 和寿命 τ 密切相关，可用公式（5.1）表述：

$$L_D = \sqrt{D\tau} \tag{5.1}$$

载流子的扩散系数 D 和寿命 τ 与半导体材料固有的性质相关，还与半导体材料内部杂质、缺陷以及表面态相关。通常，杂质、缺陷和表面态会增加载流子被俘获和复合的概率，降低载流子的寿命；杂质和缺陷对载流子的散射作用使载流子定向传输距离变短，影响扩散系数。因此在器件的制备过程中要严格控制杂质和缺陷的浓度，以达到最佳的器件性能。

在太阳电池器件结构的设计过程中，需要根据半导体材料的吸光长度 L_{abs} 和载流子的扩散长度 L_D 两个本征属性来设计合理的构型，实现对太阳光的最大化利用和载流子的有效收集。在器件制备过程中需要考虑吸光长度与载流子的扩散长度的匹配，以合理使用材料。

对于 $L_{abs} \leq L_D$ 的材料，如图 5.12（a）所示，可以用平面结构的 pn 结或异质结来构筑太阳电池。晶体硅太阳电池和碲化镉薄膜太阳电池均采用了此类构型。特别是硅基太阳电池，由于其光吸收系数较低（所需 L_{abs} 较大），构筑 pn 结太阳电池时需要严格控制硅材料的缺陷和杂质密度，使得载流子扩散长度 L_D 最优化，以实现高效的太阳电池器件。

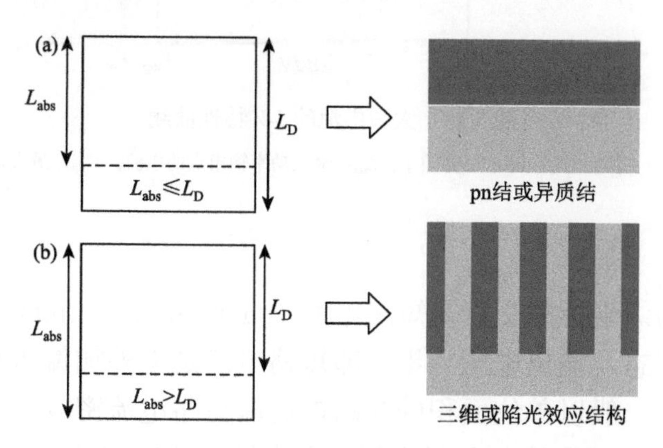

图 5.12　半导体材料用于太阳电池研究时的器件构型选择及优化规则

（a）吸光长度 $L_{abs} \leq$ 扩散长度 L_D；（b）吸光长度 $L_{abs} >$ 扩散长度 L_D

对于 $L_{abs} > L_D$ 的材料，如图 5.12（b）所示。由于载流子在半导体内部的扩散长度远小于吸光长度，若采用传统 pn 结或异质结来构筑太阳电池，半导体材料吸光后产生的载流子在被有效收集之前大部分复合，造成能量损失。通过构建具有三维结构或陷光效应的结构，可以提高对光的利用率，增加载流子的有效收集。典型的例子如有机太阳电池，有机半导体的激子扩散长度约 10 nm，吸光长度约 100 nm，采用给体受体共混的设计，构建纳米尺度上的三维异质结，可以有效增加载流子输运和收集能力。

综上分析，半导体吸收太阳光的能力、激子的高效分离、载流子的有效传输和收集都是影响太阳电池效率的重要因素。

5.2.4　太阳电池性能表征

太阳电池性能的基本参数主要有短路电流、开路电压、填充因子、光电转换效率等，可通过测试光照下的电流-电压（*I-V*）曲线得到，如图 5.13 所示。

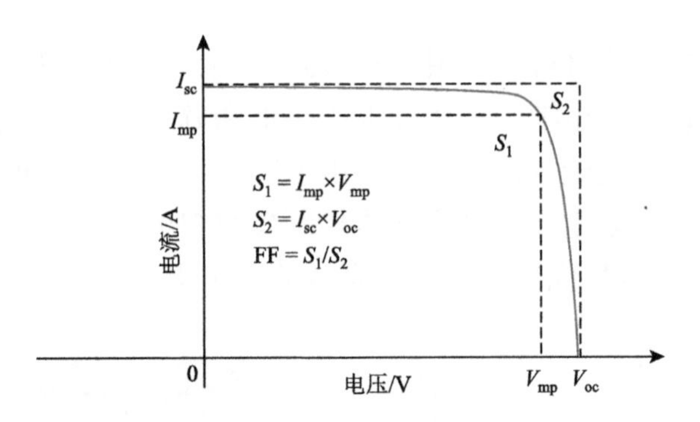

图 5.13 太阳电池的 I-V 特性曲线

I_{sc}：短路电流；V_{oc}：开路电压；FF：填充因子；I_{mp}：最大功率输出点的电流；V_{mp}：最大功率输出点的电压

1. 短路电流

曲线中与纵坐标的交点是短路电流（short circuit current，I_{sc}），此时电池处于短路状态，输出电压为零，即短路电流是无外加偏压时电池输出的最大光电流，一般以单位面积的短路电流即短路电流密度（J_{sc}）来表示，单位是 A/m^2。短路电流与入射光强度和内转换效率有关，增加入射光的吸收、提高激子的分离以及增加载流子的迁移率可以提高短路电流。太阳电池的最大短路电流可以根据太阳光子流密度按波长的分布谱 $f(\lambda)$和材料的能隙 E_g 估算[12]：每入射一个能量大于 E_g 的光子，外电路最多增加一个电子，假设光吸收量子效率和载流子收集效率都等于 100%的理想情况，最大的短路电流密度 J_{max} 可表示为

$$J_{max} = qF_B \tag{5.2}$$

式中，F_B 为太阳光中能量大于 E_g 的光子流密度；q 为电子电量。

那么对于确定材料

$$F_B = \int_{\lambda_0}^{\lambda_m} f(\lambda)\mathrm{d}\lambda \tag{5.3}$$

式中，积分限 λ_0 和 λ_m 分别为太阳光的短波限和材料的长波吸收限；在 AM 1.5G 测试条件下，$f(\lambda)$表示于图 5.14（a），不同带隙的半导体材料的最大短路电流密度如图 5.14（b）所示。

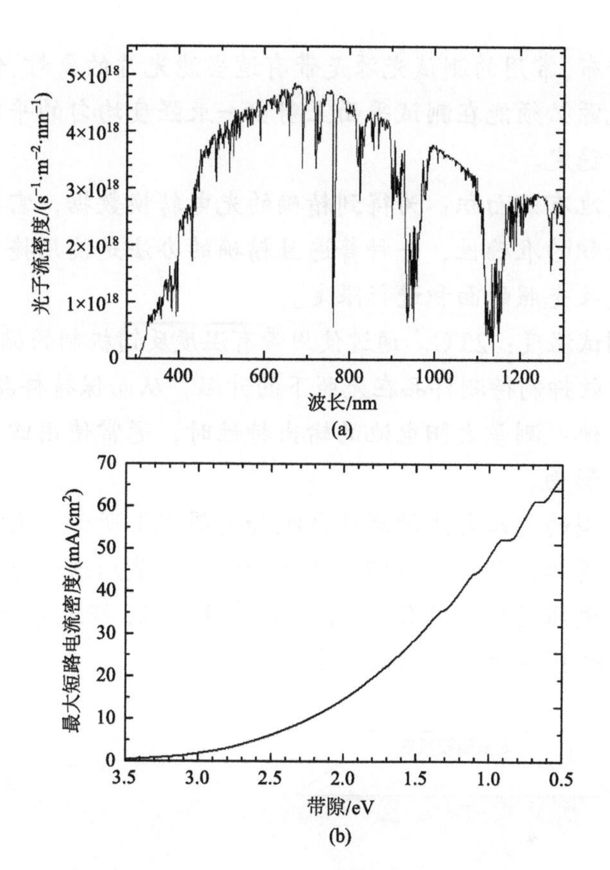

图 5.14　标准地面太阳光谱下（AM1.5 G）不同波长的光子流密度曲线（a）与不同带隙半导体材料的最大短路电流密度（b）

太阳电池性能的测试方法

电流-电压曲线的测试是太阳电池表征的基本手段，可以得到太阳电池的短路电流、开路电压、填充因子和光电转换效率等。

实验室中，一般测试标准如下：

（1）光照强度：1000 W/m^2。光照强度的校准一般采用标定过的参考电池为基准，要求在特定范围内，参考电池和被测电池对不同波长的光谱响应一致，用来进行比较测试的光源的光谱接近标准光源的光谱。

（2）光谱分布：需满足 AM1.5 G 光谱分布。实验室中用太阳能模拟器来代替自然环境的太阳光，测试中所参考的标准太阳光谱分布是

AM1.5 G分布，常用的测试光源是带有适当滤光片的氙灯、钨灯或LED灯，要求光源必须能在测试平面上射出一束强度均匀的平行光，且在测试过程中稳定。

（3）电池有效面积：为得到精确的光电转换数据，需要保证太阳电池有效面积的准确性，一种普遍且精确的办法是使用掩模板对太阳电池实际接收光照的面积进行限定。

（4）测试温度：25℃。通过使用带有温度反馈机制的循环水冷却装置，可以有效抑制待测样品在光照下的升温，从而保持样品温度恒定。

（5）其他：测量太阳电池的输出特性时，通常使用四线法来减少导线电阻的影响。

一种典型的太阳电池的测试系统如插图 5.3 所示。太阳电池与精密测试源表连接，构成一个回路来进行测试，最后通过电脑测试软件记录电流随电压的变化过程，给出 *I-V* 特性曲线，经过分析可获得 J_{sc}、V_{oc}、FF 和 PCE 等太阳电池的基本参数。

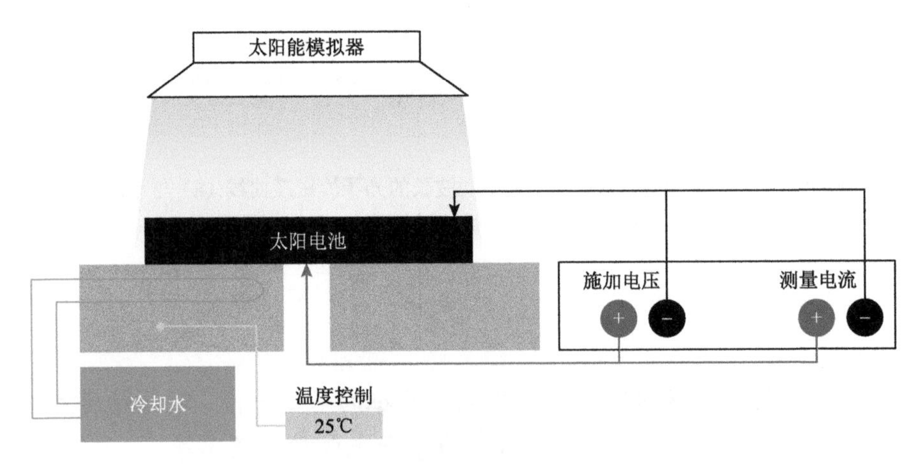

插图 5.3　太阳电池性能的测试方法

2. 开路电压

当电路为断路时，两电极之间的电位差就是开路电压（open circuit voltage，V_{oc}），*I-V* 曲线与横坐标的交点处即是开路电压。

3. 填充因子

填充因子（fill factor，FF）定义为最大功率输出点对应的电流和电压的乘积与短路电流和开路电压乘积的比值。它反映了太阳电池的最大输出功率与 V_{oc}、I_{sc} 间的关系，是分析太阳电池内部损耗的重要参数，其定义可用式（5.4）表示：

$$\mathrm{FF}=\frac{P_{m}}{V_{oc}\times I_{sc}}=\frac{V_{mp}\times I_{mp}}{V_{oc}\times I_{sc}} \tag{5.4}$$

式中，V_{mp} 和 I_{mp} 分别为最大输出功率 P_{m} 对应的电压和电流。简单来说，FF 就是 I-V 曲线下最大长方形面积 S_1 与 $V_{oc}\times I_{sc}$ 的面积 S_2 之比。FF 是太阳电池性能高低的重要衡量指标，它的值越大，太阳电池的 I-V 曲线就越“方”。

4. 光电转换效率

太阳电池的光电转换效率（photoelectric conversion efficiency，PCE）由最大输出功率（P_{m}）与入射光功率（P_{in}）的比值决定：

$$\mathrm{PCE}=\frac{P_{m}}{P_{in}}=\frac{V_{oc}\times I_{sc}\times \mathrm{FF}}{P_{in}}\times 100\% \tag{5.5}$$

实验室中，一般用 AM 1.5G 的太阳能模拟器来代替自然环境的太阳光，入射光的功率密度为 100 mW/cm^2。光电转换效率是衡量太阳电池的重要指标，与电池的结构、所用材料的性质、工作环境及温度等有关。

5. 外量子效率和内量子效率

外量子效率（EQE）又称为入射光子到电流转换效率（IPCE），内量子效率（IQE）也称为吸收光子到电流转换效率（APCE），分别定义为太阳电池收集的电子数与入射光子数和吸收光子数之比。

当入射光为单色光时，外量子效率可表示为

$$\mathrm{IPCE}=\frac{N_{\mathrm{electrons}}}{N_{\mathrm{photons}}}=\frac{j_{sc}(\lambda)/e}{P_{in}(\lambda)/h\nu}=\frac{1240\times j_{sc}(\lambda)}{P_{in}(\lambda)\times\lambda} \tag{5.6}$$

IPCE 是衡量太阳电池光电转化性能的重要参数，其数值大小主要由光吸收效率、电子注入效率及电荷收集效率三部分共同决定。式（5.6）中 λ 为单色光的波长，ν 为对应的单色光的频率，$P_{in}(\lambda)$为相应波长下入射光的能量，$j_{sc}(\lambda)$为太阳电池在能量为 $P_{in}(\lambda)$、波长为 λ 的入射光照射下产生的光电流密度。我们可以计算出波长为 λ 的 $P_{in}(\lambda)$强度的单色光产生的光电流密度 $j_{sc}(\lambda) = IPCE(\lambda)\times P_{in}(\lambda)\times\lambda/1240$。通过对 $j_{sc}(\lambda)$在入射光范围内积分，即可得到太阳电池的短路电流密度 J_{sc}。

器件的内量子效率可通过器件的吸收光谱和外量子效率来表示：

$$IQE = \frac{EQE}{1-T-R} \tag{5.7}$$

式中，T 和 R 分别为透射率和折射率。内量子效率体现的是被吸收的光转换为电的效率。

6. 串联电阻和并联电阻

通过分析太阳电池在光照时的等效电路，可以得到太阳电池内部工作状态的更多参数，如串联电阻（series resistance，R_s）、并联电阻（shunt resistance，R_{sh}）等，如图 5.15 所示。太阳电池的串联电阻主要来自太阳电池的各膜层之间的电阻和引线电阻。串联电阻主要影响填充因子，当串联电阻非常大时也会降低短路电流。并联电阻反映了太阳电池产生的电流在自身短路回路中的损耗。当太阳电池的并联电阻较低时，可视为太阳电池中存在一个额外的回路，太阳电池产生的电流会在该旁路中发生损耗，从而导致电池电压和电流的降低。

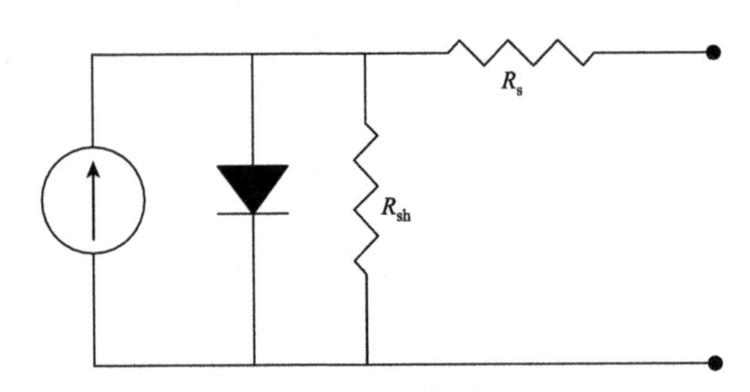

图 5.15　太阳电池的等效电路

5.2.5　太阳电池热力学极限效率

太阳电池效率和半导体带隙关系具有普适性，适用于太阳电池体系并对器件的优化具有重要指导作用。以效率极限为指导探索太阳电池的损耗机理并进行优化，可以有效提升太阳电池的性能。

分析太阳电池中载流子的产生与输运过程，对分析太阳电池效率的影响因素有重要意义。如图 5.16（a）所示，基于半导体能带理论，能量低于

带隙的光子无法激发半导体价带电子发生跃迁，由此产生损失过程①；能量高于带隙的光子被半导体吸收产生一个电子-空穴对，生成高能态的光生载流子，如图 5.16（a）所示。被激发至高能态的电子，其能量会在与晶格碰撞过程中发生损失而弛豫至带边能级，这一过程中受激发载流子的能量转化为晶格振动，由此产生的损耗如图 5.16（a）过程②所示。光生电子和空穴实现电荷的完全分离（过程③），随后光生载流子输运到电极处，被电极收集，对外电路输出电流和电压（过程④）。电子和空穴在传输过程中存在辐射复合（过程⑤）。过程③和④主要影响开路电压。图 5.16（b）给出了相应的太阳电池能量损耗示意图。其中：①能量低于半导体带隙的光子无法被利用，因为这些光子无法使电子发生跃迁；②能量高于半导体带隙的光子，其超过半导体带隙的能量会由于弛豫效应造成损失；③④分别表示结区和电极部分的电压损失；⑤表示载流子复合造成的损失[13]。

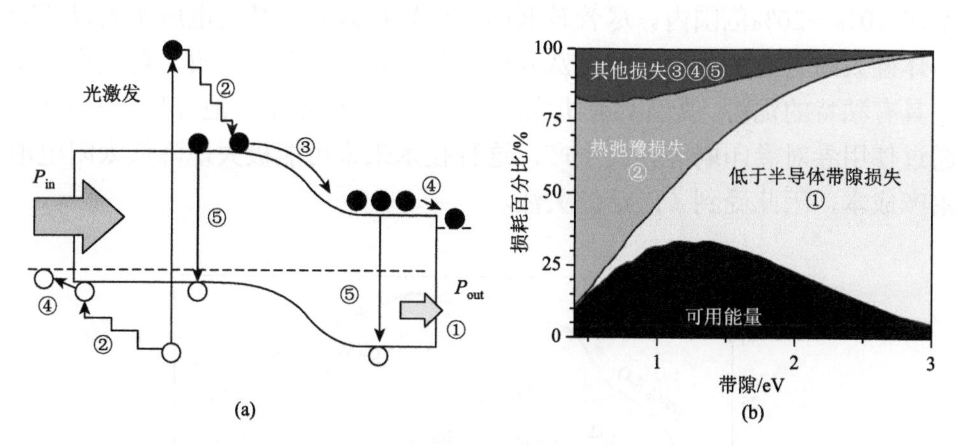

图 5.16　（a）典型 pn 结太阳电池光电转换及能量损失分析示意图；（b）实际太阳电池的能量损耗分析

Shockley 和 Queisser 在 1961 年提出“细致平衡效率极限”的概念，也称 S-Q 理论或极限，S-Q 极限认为理想的太阳电池应该像黑体一样能够吸收能量大于其带隙的光子。其中来自导带电子和价带空穴的辐射复合产生的光子数可以利用不同温度下能量高于带隙的黑体辐射光谱计算得到。S-Q 极限考虑了太阳电池中产生的光生载流子的辐射复合对器件性能的影响。当在电池上施加电压 V 时，Shockley 的 pn 结理论显示靠近结区的载流子浓度与 qV/kT 具有自然指数关系［25℃时的“热电压（kT/q）”

约等于 26.7 mV]，其中，q 为电子电量，k 为玻尔兹曼常量，T 为温度。相似的增强效应会导致复合速率的相应提升。基于这一假设，Shockley 和 Queisser 对太阳电池的效率极限进行计算，得到太阳光谱为 AM 1.5G 的无聚光条件下，单结太阳电池的理论效率极限为 31%，相应的最佳带隙为 1.3 eV。通过更精确的计算，最佳带隙为 1.34 eV 时理论效率极限为 33.7%。

图5.17所示为计算得到的不同带隙太阳电池的理论效率极限和目前报道的最高实际效率。可以看到晶体硅和砷化镓太阳电池的光电转换效率已超过 25%，多晶、单晶器件和多种薄膜太阳电池的光电转换效率为 20%～25%，这一范围内的太阳电池已可大规模应用，其中晶体硅太阳电池由于技术成熟、性能稳定、生产成本低廉而成为目前太阳电池应用的主要技术。相比而言，硅薄膜、染料敏化太阳电池等多种准实用化器件的光电转换效率在 10%～20%范围内。尽管较低的光电转换效率使其发电成本难以匹敌晶体硅太阳电池，但在一些特殊领域，其美观、柔性、轻质、耐损伤等特点具有独特的优势。此外，有机太阳电池、钙钛矿太阳电池等也在发展中，通过使用卷对卷印刷等方式生产，这种技术未来可能极大地降低太阳电池生产成本，因此受到了广泛的关注。

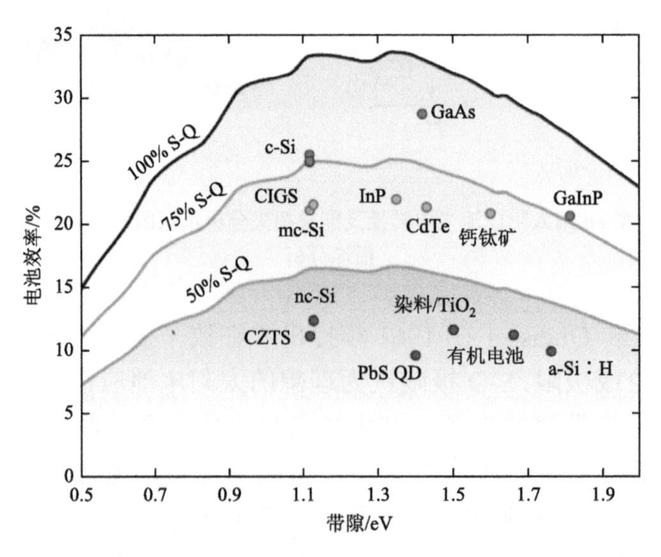

图 5.17　太阳电池的 S-Q 极限效率与半导体带隙的关系[14]

太阳电池理论效率极限估算

1961 年，W. Shockley 和 H. J. Queisser 提出太阳电池中少数载流子的辐射复合是限制器件效率的重要因素，因此应该存在一个与半导体中少数载流子寿命密切相关的效率极限。类似于热力学第二定律对热机效率极限的计算，统计热力学中的“细致平衡”原理可以对半导体中少数载流子的复合过程进行准确的评价。基于这一原理对太阳电池光照下的载流子复合概率进行分析，发展出一种太阳电池效率的计算方法。当半导体带隙为 1.1 eV 时，太阳电池具有最高的光电转换效率，其值约为 30%，这一极限被称为“细致平衡效率极限”或“S-Q 极限”[15]，至今依然被广泛地用于太阳电池效率的预测。

使用“细致平衡效率极限”评价太阳电池效率极限基于以下假设：

（1）单一的半导体带隙；

（2）仅存在一个 pn 结；

（3）入射太阳光未经聚焦；

（4）大于带隙的光子弛豫产生的能量完全变成热能。

“细致平衡效率极限”理论经过不断修正与改进，效率极限的计算也更加精准。目前普遍认为太阳电池“细致平衡效率极限”为 33.7%，对应带隙为 1.34 eV。那么，剩余的约 67%能量都到哪里去了呢?

（1）47%通过热弛豫转化为热能；

（2）18%由于光子能量低于带隙无法被太阳电池吸收；

（3）2%能量在新生成的电子-空穴对处复合。

使太阳电池效率超越“细致平衡效率极限”的策略有：

（1）使用多种带隙的半导体材料形成多结叠层太阳电池；

（2）综合利用太阳电池的热能，如热电过程等。

5.3　各类太阳电池简介

太阳电池中发展最完善、使用最广泛的材料是Ⅳ主族元素硅。此外，以砷化镓为代表的Ⅲ-Ⅴ族、以碲化镉为代表的Ⅱ-Ⅵ族化合物半导体材料和以铜铟硒为代表的Ⅰ-Ⅲ-Ⅵ族化合物半导体材料也得到了广泛的发展和

应用。除了无机半导体材料，一些有机材料以及有机-无机杂化材料也被用于太阳电池中。下面对各种太阳电池逐一进行介绍。

5.3.1 晶体硅太阳电池

晶体硅太阳电池作为发展最早、技术最成熟的光伏器件，目前占全部太阳电池产量的 95%。晶体硅太阳电池起源于半导体芯片技术，随着理论认识和制备技术的进步而不断发展，目前最高的光电转换效率已超过 26%，组件最高效率也超过 24%，且生产成本日益降低。晶体硅太阳电池可以分为单晶硅和多晶硅太阳电池，其中单晶硅的光电转换效率较高。

晶体硅太阳电池的生产工艺流程如图 5.18 所示，包括原料的还原、纯化，硅料的加工，硅片的制备，电池的测试封装及组件的制备过程。

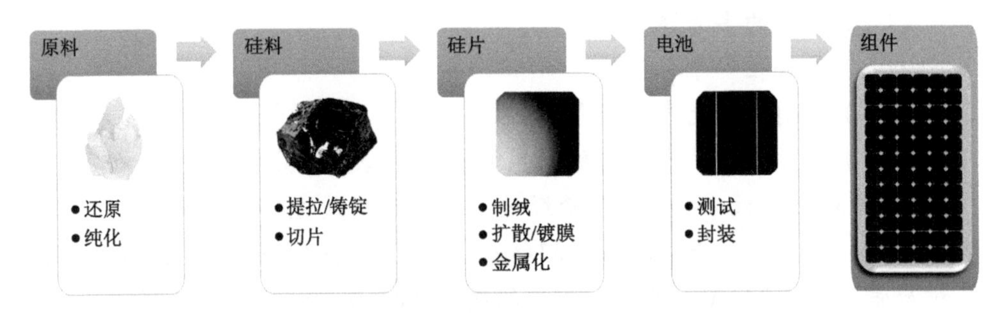

图 5.18　晶体硅太阳电池的生产工艺流程示意图

1. 硅料的生产

石英砂，其主要成分为二氧化硅（SiO_2），是生产晶体硅的主要原料。高纯硅通常经过两步法处理石英砂得到，其过程如图 5.19 所示。将石英砂和焦炭混合于坩埚中并加热至 1500～2000℃，发生如式（5.8）所示的化学反应，二氧化硅被还原，可获得纯度达 98%以上的冶金级硅（metallurgical-grade silicon），所含杂质主要为碳、碱金属、过渡金属元素等。金属杂质会导致深能级缺陷，冶金级硅材料并不适用于太阳电池，需要进一步提纯、精炼。

$$SiO_2(s) + C(s) \longrightarrow Si(s) + CO_2(g) \tag{5.8}$$

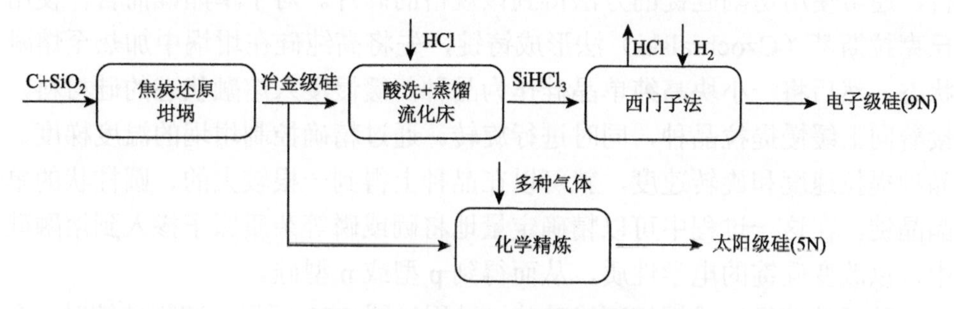

图 5.19　硅料的生产流程示意图

将粉末状的冶金级硅研磨后投入流化床反应器中，在 300℃条件下与无水氯化氢进行反应，如式（5.9）所示，生成三氯氢硅（$SiHCl_3$）。经过这一过程，Fe、Al、B 等杂质元素生成的氯化物（$FeCl_3$、$AlCl_3$、BCl_3）经蒸馏过程被几乎完全除去，杂质含量可降至 1ppb（$1ppb = 10^{-9}$）水平。

$$Si(s) + 3HCl(l) \xrightarrow{300℃} SiHCl_3(l) + H_2(g) \quad (5.9)$$

最后，高纯的三氯氢硅在 1100℃被氢气还原生成高纯的多晶硅料。

$$SiHCl_3(g) + H_2(g) \xrightarrow{1100℃} Si(s) + 3HCl(g) \quad (5.10)$$

上述过程最早由西门子公司提出并发展，因此该法被称为西门子法。使用西门子法制备的硅材料纯度可以达到电子级（99.9999999%，9N），可直接用于半导体芯片的生产。

然而西门子法所用设备十分昂贵，生产过程耗能大，使得生产太阳电池所用的硅材料成本难以降低。事实上，用于生产太阳电池的硅材料纯度达到太阳级（99.999%，5N）即可满足太阳电池的生产要求。因此许多技术的开发旨在实现太阳级硅料的廉价制备，例如，流化床技术可以降低西门子法的生产温度，且可进一步减少副产物；气液沉积技术可以提高产物的生成速度，这两种方法可以生产出 6～7N 的高纯硅材料。此外，直接使用化学方法精炼冶金级硅材料是一种与西门子法区别较大的技术，通过使用气体处理高温熔融带状硅材料，去除其中的硼、磷杂质的同时进行直接固化，可大幅降低生产成本，获得 5N 纯度的硅材料。

2. 硅片的制备

晶体硅太阳电池的吸光材料是厚度介于 100～500 μm 之间的片状硅材

料，通常使用切割硅锭的方法得到该规格的硅片。对于单晶硅而言，使用丘克拉斯基（Czochralski）法形成铸锭，先将高纯硅在坩埚中加热至熔融状态，然后将一小块高纯单晶硅作为晶种，缓慢浸入熔融状态的硅材料，接着向上缓慢提拉晶种，同时进行旋转。通过精确控制坩埚的温度梯度、晶种提拉速度和旋转速度，就可以在晶种上得到一根较大的、圆柱状的单晶晶锭。在这一过程中可以精确定量地将硼或磷等杂质原子掺入到熔融硅中，以改变硅锭的电学性质，从而得到 p 型或 n 型硅。

随后硅锭经过线锯切割成硅片，过程如图 5.20 所示。切割硅锭时，金刚线并不直接切割硅片，起作用的是附着在金刚线表面的研磨料，其成分主要为分散在有机溶剂中的碳化硅或金刚石颗粒。在切割线与硅锭接触前，这种研磨料被喷洒在切割线表面，通过控制切割线的直径、研磨料材质、溶液黏度等参数可以对获得的硅片厚度进行调整。

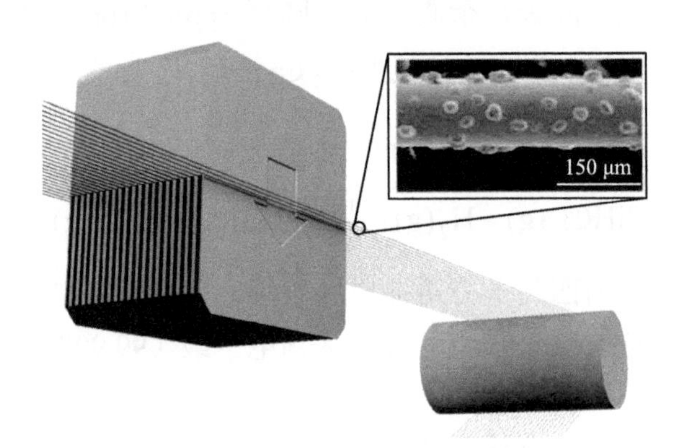

图 5.20　硅片切割过程示意图

单晶硅生长的丘克拉斯基法（CZ 硅片）

丘克拉斯基（Czochralski）法，又称直拉法，是一种单晶材料的生长方法（插图 5.4），可以用来获取半导体（如硅、锗和砷化镓等）、金属（如钯、铂、银、金等）、盐和合成宝石等多种材料。该方法得名于波兰科学家扬·丘克拉斯基，他在 1916 年研究金属的结晶速率时发明了这种方法。后来，这种方法演变为钢铁工厂的标准制程之一。

丘克拉斯基法广泛用于晶体硅太阳电池的生产之中。高纯硅料被置于石英坩埚中，通过电感耦合的方式加热至约 1400℃，掺杂元素（如

硼、磷）也在这一过程中加入，以实现掺杂单晶硅的提拉。具有精准晶格取向的籽晶浸入熔融硅，籽晶在被缓缓向上提拉的同时缓慢旋转。通过精确控制提拉速度、旋转速度及坩埚温度，可以在籽晶上形成具有确定晶格取向的圆柱形单晶铸锭。丘克拉斯基法最重要的应用是晶锭、晶棒、单晶硅的生长。其他的半导体，如砷化镓，也可以利用丘克拉斯基法进行生长。

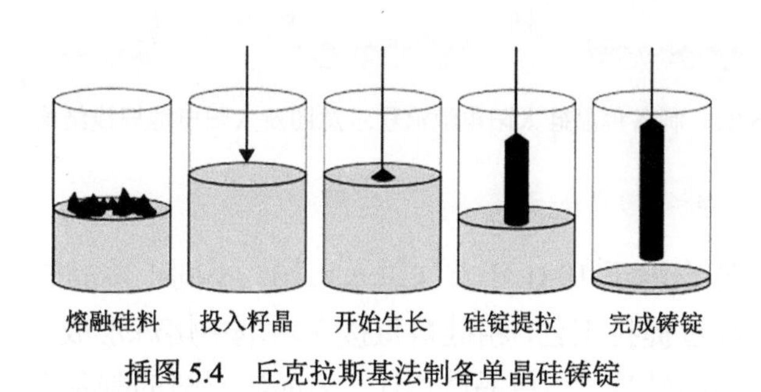

插图 5.4　丘克拉斯基法制备单晶硅铸锭

3. 单晶硅太阳电池的制备

单晶硅太阳电池制备过程可分为制绒和表面清洗、扩散形成 pn 结、减反射层镀膜、金属化印刷、电极高温退火和电池边缘隔离六个步骤，如图 5.21 所示。单晶硅太阳电池的 pn 结形成从单晶硅的提拉过程就开始了，通过在提拉坩埚中引入硼元素可以实现晶体硅材料的掺杂。将掺杂的硅片置于扩散炉中，控制炉内温度稍低于硅的熔点（约 1400℃），通入含有磷元素的气体，此时由于接近熔化的硅的表面会变得“柔软”，磷原子通过扩散的方式进入硅片的晶格。通过精确控制这一过程的温度和时间，可以调整扩散层的深度和均匀性。

单晶硅太阳电池的金属化通常通过丝网印刷的方式实现。太阳电池的前电极必须很窄以保证充足的光线入射。前电极栅线通常由少数较宽的主栅和大量收集电流的副栅组成，副栅收集太阳电池表面的电流并汇集到主栅。

目前，多种更先进的单晶硅太阳电池制备技术不断涌现。例如，交叉背接触（interdigitated back contact，IBC）技术通过将前电极移至背面以减少光学损耗，钝化发射极及背表面接触（passivated emitter and rear contact，PERC）技术通过改进硅片表面钝化以降低界面复合，本征薄层异质结（heterojunction with intrinsic thinlayer，HIT）技术通过使用宽带隙半导体与单晶硅片形成异质结以提升太阳电池的开路电压，从而提高单晶硅太阳电池的性能。

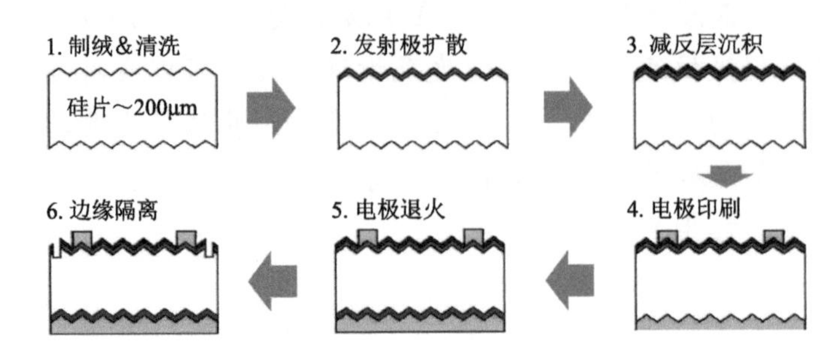

图 5.21 制备单晶硅太阳电池流程示意图及太阳电池栅线结构示意图

4. 多晶硅太阳电池的制备

多晶硅太阳电池于 1981 年首次进入市场。不同于单晶硅太阳电池，多晶硅太阳电池不经过提拉工艺，粗硅料直接在坩埚中熔炼形成立方体多晶，经冷却和切割得到多晶硅片。与单晶硅相比，多晶硅材料的制备工艺更为简单、廉价，且在生产过程中废弃的硅料更少。但由于多晶硅片与单晶硅片相比纯度较低，且多晶晶界会导致光生载流子的复合，因此多晶硅太阳电池与单晶硅相比器件性能较低。目前多晶硅电池的最高效率为 22.3%，组件最高效率为 19.9%。

图 5.22 示出了直接熔炼法制备高纯多晶硅，将装有多晶硅粗料的石英坩埚置于石墨坩埚中，在惰性气氛保护下，通过电感耦合的方式加热熔炼硅料。直接熔炼法一次制得的高纯多晶硅锭可达 1 吨，是单晶硅锭的数倍，这使得多晶硅技术的成本大大降低。由于坩埚壁区域的杂质扩散、熔炼过

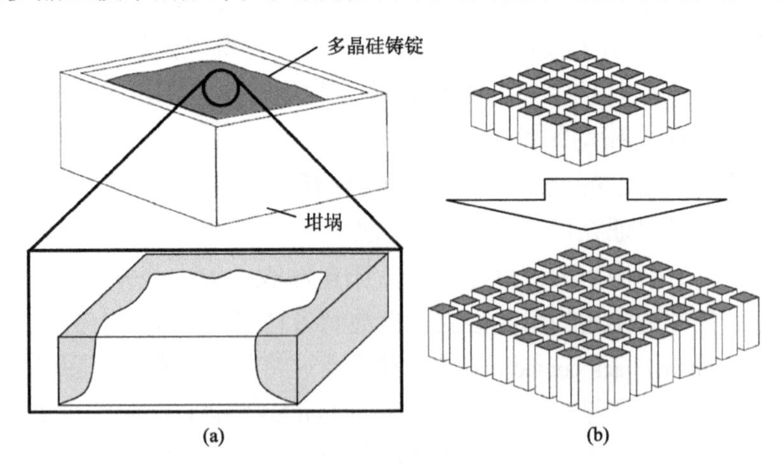

图 5.22 （a）多晶硅铸锭；（b）多晶硅砖

程杂质向下沉淀、顶部冷却最晚导致杂质向上运动等因素，直接熔炼法得到的多晶硅铸锭的中间部位具有最佳的质量。

多晶硅铸锭随后被切割形成多晶硅砖，目前普遍使用的是第五代切割技术切割成 5 块×5 块，每块 156 mm×156 mm。下一代技术旨在实现 8 块×8 块切割，且在提升产能的同时提升切割质量。通过发展金刚线切割技术取代现有的基于研磨料的切割技术，可以使切割速度得到提升并且减少切割过程中硅料的损耗。

单晶生长的区域熔炼法（FZ 硅片）

浮带硅(float zone Si)是一种利用区域熔炼技术制备的高纯度单晶硅材料（插图 5.5）。将晶体的一段很小的区域加热至熔融状态，随着熔融区域沿着晶体缓慢移动，晶体中的杂质在熔融区域的前进端被熔化，更纯净的材料在熔融区域的尾部逐渐固化。这一过程使得晶体中的杂质始终保留在熔融区域，并被移至晶体的顶部。区域熔炼法的关键是控制分离系数 k（杂质在固相/液相中的溶解比例）小于 1。

使用区域熔炼技术制备的单晶硅片，其载流子寿命是所有单晶硅制备技术中最高的，原因主要在于区域熔炼法可以更加有效地去除单晶硅中的杂质氧，从而抑制单晶硅中硼-氧电对的生成，因此 FZ 硅片的载流子寿命一般高于 CZ 硅片。

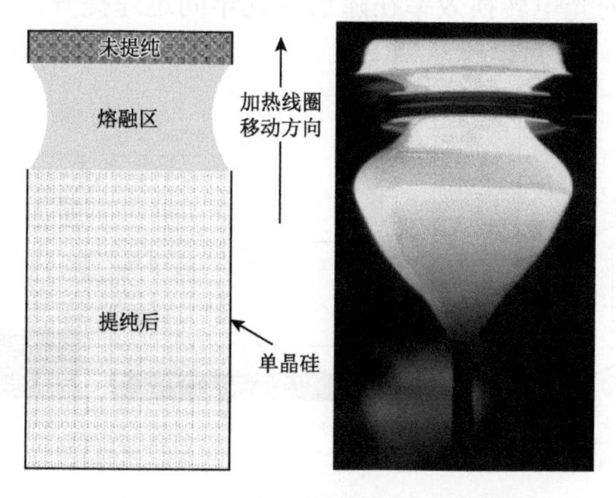

插图 5.5　区域熔炼法制备单晶硅铸锭

然而将区域熔炼法广泛用于太阳电池行业仍存在困难，原因在于其对所用多晶硅棒体材料要求高致密性、无裂痕、面光滑并具有与所需单晶硅相当的直径。目前用于区域熔炼法的多晶硅棒体的市场价格一般高于多晶硅。

5.3.2 硅薄膜太阳电池

硅薄膜是一系列硅基薄膜材料的统称，如非晶硅、纳晶硅、非晶硅锗薄膜等。其中，非晶硅是最早用于太阳电池的硅薄膜材料。1969 年 R. Chittick 在硅烷气氛的辉光放电设备中无意中发现了非晶硅材料。随后，W. E. Spear 于 1970 年通过在反应中引入掺杂气体，成功实现了对非晶硅薄膜材料的掺杂，并对掺杂硅薄膜材料的电学性质进行了考察，这些发现使得基于硅薄膜材料的 pn 结太阳电池的制备成为可能。但掺杂硅薄膜的载流子扩散长度低，使得硅薄膜太阳电池的性能受到限制。

1977 年 D. Carlson 使用本征非晶硅（i 型硅）作为光吸收层，制备出 pin 型结构的非晶硅太阳电池，获得了约 3%的光电转换效率。与掺杂硅薄膜材料相比，本征硅薄膜材料缺陷密度较低，载流子迁移率更高。如图 5.23（a）所示，通过在本征层两侧分别制备 p 型、n 型掺杂的非晶硅材料（形成 pin 型或 nip 型结构），本征层和掺杂层之间的费米能级差可以产生足够强的内建电场，使本征层中产生的光生载流子发生分离。硅薄膜太阳电池的光电转换效率在随后的几年间迅速提升，截至 1982 年其

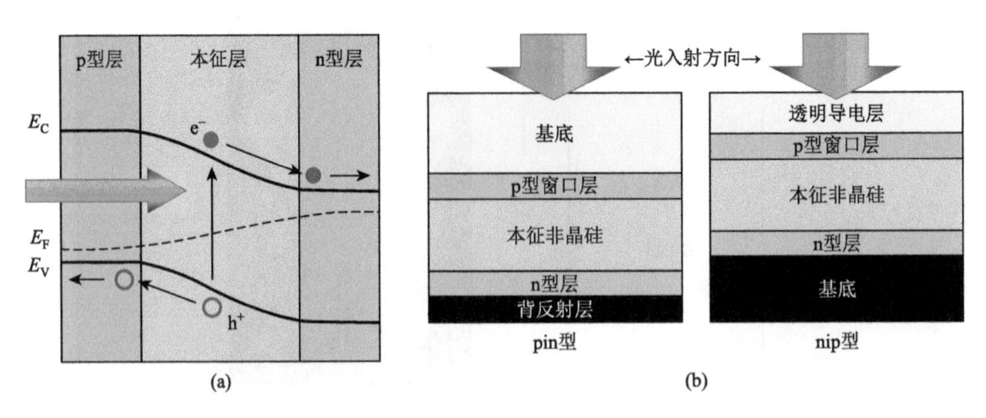

图 5.23 （a）硅薄膜太阳电池中的载流子运动方向；（b）pin 和 nip 型器件结构示意图

光电转换效率已达 10%。除了 pin 型，nip 型硅薄膜太阳电池也发展迅速，这种构型的太阳电池可以在不透明的基底表面制备，因而具有更广泛的应用前景。图 5.23（b）所示为两种太阳电池构型示意图。

硅薄膜太阳电池的制备通常使用等离子体增强化学气相沉积（PECVD）的方式，如图 5.24 所示为多腔室团簇式 PECVD 设备内部结构示意图。PECVD 通过射频电场激发硅烷中的电子从而使气体分解，由此产生的硅物种具有很高的活性，可以附着在基底表面形成硅薄膜材料。

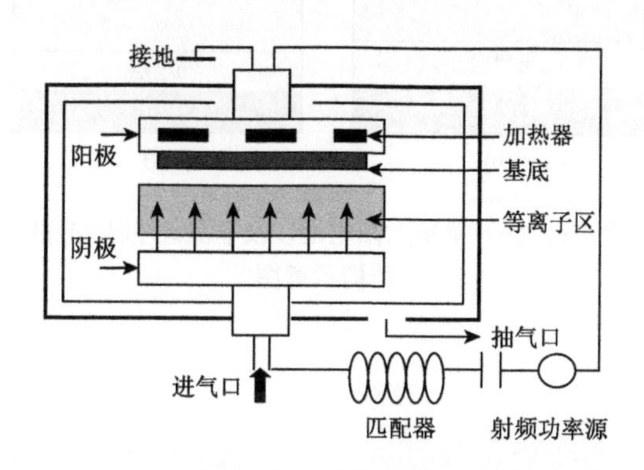

图 5.24　多腔室团簇式 PECVD 设备内部结构示意图

非晶硅材料的无序晶格结构使得太阳电池性能随着光照发生衰减（Staebler- Wronski 效应），限制了非晶硅太阳电池的光电转换效率。通过减薄非晶硅光吸收层的厚度，可一定程度上抑制光致衰减效应，但光吸收层的减薄也会导致器件性能的降低。微晶硅薄膜是包含晶体硅纳米颗粒的硅薄膜，通过控制 PECVD 的沉积条件，使硅在薄膜沉积过程中结晶形成纳米尺度的晶粒，材料几乎不受光致损伤的影响且更易掺杂。目前，非晶硅和微晶硅电池的光电转换效率均可达 11%。

器件结构的优化是提升硅薄膜太阳电池性能的一个重要途径。非晶硅/微晶硅叠层太阳电池可以提升硅薄膜太阳电池器件光电转换效率并有效抑制光致损伤，器件结构如图 5.25 所示，通过使用宽带隙的非晶硅、微晶硅材料作为顶电池和底电池的光吸收层，叠层太阳电池的顶电池、底电池分别吸收太阳光谱的短波、长波能量。目前，三结叠层硅薄膜太阳电池光电转换效率可达 14.0%，大面积量产的柔性多结硅薄膜太阳电池效率可达 10%。

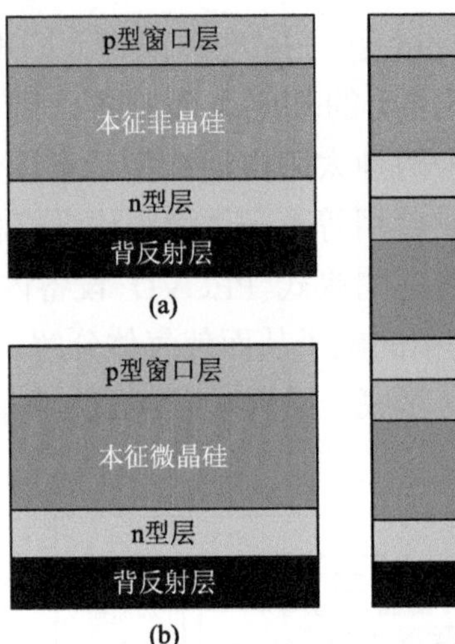

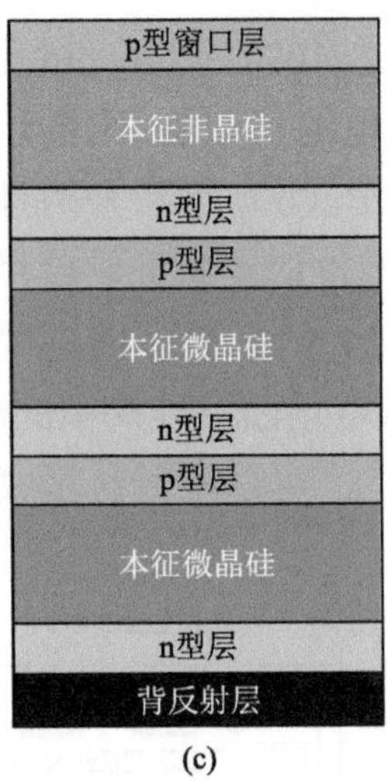

图 5.25 非晶硅（a）、微晶硅（b）单结太阳电池以及非晶硅/微晶硅/微晶硅多结太阳电池（c）结构示意图

非晶硅及 Staebler-Wronski 效应

晶体硅通常呈正四面体排列，每一个硅原子位于正四面体的顶点，并与另外四个硅原子以共价键紧密结合。这种结构可以延展得非常庞大，从而形成稳定的晶格结构。非晶硅（amorphous silicon，a-Si），是晶体硅的一种同素异形体。与晶体硅不同，非晶硅中并非所有的原子都与其他原子严格地按照正四面体排列，因此原子间的晶格网络呈无序排列，不存在晶体硅周期性延展开的晶格结构。由于这种结构，非晶硅中的部分原子含有悬空键。这些悬空键被氢填充后，缺陷密度会显著减小。这种特殊结构使非晶硅太阳电池具有较高的光电转换效率。

在光的照射下氢化非晶硅电池的光电转换效率会发生衰退，这种特性被称为 Staebler-Wronski 效应（Staebler-Wronski effect，SWE）。不同材料质量和器件结构的非晶硅电池的 SWE 衰减率在 10%～30% 范围变化。SWE 的衰退机制并不十分清楚，基于目前的实验结果：非晶硅材料的光暗电导在光照下会迅速衰减。当光照中断时非晶硅光暗电导的衰减停止且光照中断不会对后续的衰减速率造成影响。此外，

微晶硅材料不存在 SWE 衰退，说明这种衰退可能主要源于非晶硅材料的晶格无序结构。

5.3.3　碲化镉薄膜太阳电池

碲化镉薄膜太阳电池是一种以 p 型碲化镉（CdTe）和 n 型硫化镉（CdS）形成的异质结太阳电池。碲化镉为Ⅱ-Ⅵ族化合物，是直接带隙半导体，光吸收强，其禁带宽度与地面太阳光谱相匹配，可吸收 95%以上的太阳光，适合用作光电转化材料。

碲化镉太阳电池的主流生产技术是近距离升华（CSS）和气相输运沉积（VTD），该技术具有沉积速率高、膜质量好、晶粒大、原材料利用率高等优点。目前已验证的碲化镉薄膜太阳电池实验室小面积效率约为 21%，组件效率约为 19%。

碲化镉薄膜太阳电池制造成本较低，这主要是由电池结构、原材料及制造工艺等方面决定的。碲化镉薄膜太阳电池是在玻璃或柔性衬底上依次沉积多层薄膜而形成的光伏器件。一般而言，电池由五层结构组成，即衬底、透明导电氧化层（TCO 层）、硫化镉（CdS）窗口层、碲化镉（CdTe）吸收层、背接触层和背电极。碲化镉的吸收系数在可见光范围高达 10^5 cm^{-1}（高于晶体硅材料 100 倍），太阳光中有 99%的能量高于碲化镉禁带宽度的光子可在 2 μm 厚的吸收层内被吸收，因此碲化镉薄膜太阳电池吸收层厚度在几微米，原材料消耗少，电池制造成本低。

一般而言，当温度上升时半导体因晶格振动加剧导致的载流子散射现象变得显著，由此引起太阳电池性能降低，主要体现在开路电压的下降。温度系数（temperature coefficient）是指太阳电池组件输出功率随工作温度的升高而变化的速率。晶体硅太阳电池组件的温度系数为 –0.45%/℃～–0.50%/℃，即温度每升高 1℃，太阳电池组件的输出功率降低 0.45%～0.50%。而碲化镉薄膜太阳电池组件的温度系数较低，约为 –0.25%/℃，比晶体硅太阳电池低一半。此外，碲化镉薄膜电池具有良好的弱光响应，无论在清晨、傍晚，还是阴雨天等弱光环境下都能发电。这意味着与晶体硅太阳电池相比，相同功率的碲化镉薄膜太阳电池可以产生更多的电能。

虽然碲化镉薄膜太阳电池具有工艺简单、易规模化生产、性能稳定、成本低、效率高等优势，但也面临多方面问题。首先，由于 CdTe 本身具有很强的自补偿效应，很难像硅半导体一样通过掺杂对电学性能进行调控。其次，CdTe 载流子浓度低，薄膜电阻率大，因而影响了电池的电流输出。CdTe 难以与金属材料形成欧姆接触，为大规模生产器件造成了困难。此外，从原材料的稀缺性角度考虑，碲（Te）是一种稀有金属，主要伴生于铜、铅、锌等金属矿产中，广泛应用于冶金、电子、化学、玻璃等领域，工业上，碲主要从电解铜或冶炼锌的废料中回收得到，其有限的天然蕴藏量将会制约碲化镉薄膜太阳电池的长期发展。目前，全球碲的储量仅为 2.4 万吨左右。如果按照制造 1 MW 电池组件需 130～140 kg 碲来测算，地球上的碲资源可以供 100 个年生产能力为 100 MW 的生产线用 17 年左右。最后，从经济层面考虑，碲原料价格的不断上涨将成为碲化镉电池产业发展的一大障碍。2000 年，当全球碲化镉薄膜太阳电池还没有大规模生产时，碲原料价格每千克仅为 34.4 美元，全球产量为 110 吨。随着碲化镉薄膜电池产业的快速发展，碲原料的价格不断攀升，2011 年全球碲原料平均市场价格为每千克 349 美元，上涨了 9 倍多。当前碲化镉电池的年产量约为 1900 MW。如果全球碲化镉电池的产能不断扩大，那么这种稀缺原料的价格必然会大幅上涨，继而导致碲化镉薄膜电池的生产成本增加，电池的经济性也将降低。

5.3.4 铜铟镓硒薄膜太阳电池

铜铟镓硒薄膜（CIGS）是一种 Ⅰ-Ⅲ-$Ⅵ_2$ 型四元半导体，是由铜-铟-硒和铜-镓-硒形成的固溶体，具有黄铜矿晶体结构。通过控制镓元素含量，其带隙可以在 1.0～1.7 eV 之间进行连续调变。CIGS 是直接带隙半导体，对于能量大于 1.5 eV 的光子具有极强的吸收能力，理论上的光电转换效率可达 25%～30%，目前实验室小面积电池的光电转换效率约为 23%，组件效率约为 19%，是一种有望得到广泛应用的太阳电池。

如图 5.26 示出的电池结构示意图，CIGS 太阳电池的基底可以是玻璃或柔性的不锈钢或聚合物薄膜，沉积在基底表面的金属钼与 CIGS 形成欧姆接触并起到背反射层的作用。在钼背反层上先沉积 CIGS（p 型），接着使用化学浴方法沉积 CdS 薄膜，形成 CIGS/CdS pn 结，然后在 CdS 表面沉积一层很薄的本征氧化锌缓冲层，最后在本征氧化锌表面沉积较厚的铝掺杂氧化锌（AZO）透明导电薄膜。本征氧化锌可以避免 CdS 在磁控溅射

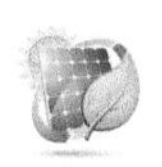

AZO 过程中受到损伤，AZO 具有很高的电导率，可以有效收集表面电荷并汇集至金属栅线。

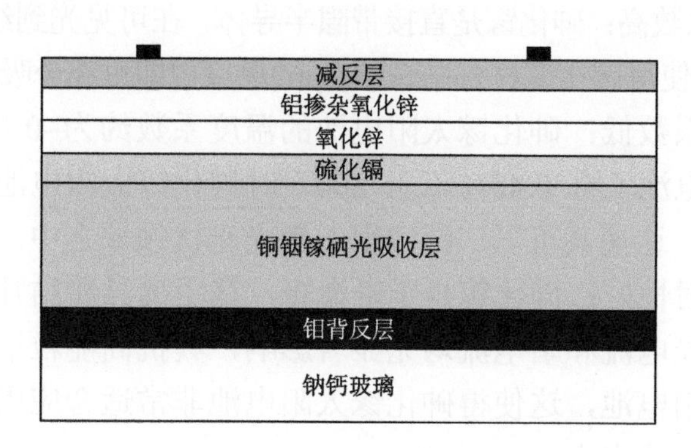

图 5.26　铜铟镓硒太阳电池结构示意图

CIGS 薄膜太阳电池产业发展经历了三个阶段：第一阶段（2000～2003 年），德国和日本的企业首先实现了玻璃基底 CIGS 太阳电池的大规模制备技术，并且逐渐发展成熟；第二阶段（2004～2007 年），柔性基底（不锈钢、钛、铜等金属）的研发取得长足进展，出现了可以量产的大面积柔性 CIGS 太阳电池组件；第三阶段（2008 年至今），卷对卷工艺制备的 CIGS 太阳电池性能取得进展，使得 CIGS 太阳电池更轻薄且成本更低。从成熟度来看，玻璃基底的 CIGS 薄膜太阳电池效率最高且成本可控，而柔性基底的 CIGS 太阳电池的成本较高，仍需要改进工艺以简化制备流程。

5.3.5　砷化镓薄膜太阳电池

砷化镓（GaAs）是一种Ⅲ-Ⅴ族化合物半导体太阳电池，发端于 20 世纪 50 年代。第一个砷化镓太阳电池于 20 世纪 60 年代问世，当时的光电转换效率仅为 9%～10%，远低于 27%的理论值。到了 70 年代，通过液相外延（LPE）技术制备的 GaAlAs/GaAs 太阳电池的表面复合速率显著降低，电池的光电转换效率提高到 16%。随后，通过改进的 LPE 技术制备的电池平均效率达到 18%，并实现了批量生产，开创了砷化镓太阳电池的新时代。80 年代以后，砷化镓太阳电池技术经历了从 LPE 到金属氧化物化学气相沉积（MOCVD）、从同质外延到异质外延、从单结到多结叠层结构的几个发展阶段，效率的提升也日益加快。目前，单结砷化镓太阳电池的效率纪录达到 29.1%，多结最高达 46.0%。砷化镓太阳电池具有以下特点。

（1）消光系数高：砷化镓是直接带隙半导体，在可见光到红外光区域均有很强的吸收，这使得砷化镓材料在 5～10 μm 厚度内即可充分吸收太阳光能量。

（2）温度系数低：砷化镓太阳电池的温度系数约为–0.2%/℃，显著优于晶体硅太阳电池（约–0.45%/℃）。200℃时砷化镓太阳电池的光电转换效率仍有约 10%，这使其可以广泛应用于聚光光伏领域之中。

（3）抗辐射性好：砷化镓少子寿命短，在距离异质结几个扩散长度外产生的损伤对光电流和暗电流均无显著影响，其抗高能粒子辐照的性能要优于晶体硅太阳电池，这使得砷化镓太阳电池非常适合应用于卫星太阳帆板等空间发电装置中。

（4）转换效率高：砷化镓的禁带宽度为 1.42 eV，远大于晶体硅的 1.10 eV，其光谱响应特性与太阳光谱的匹配度也优于晶体硅。因此，砷化镓太阳电池的光电转换效率要高于晶体硅太阳电池。随着 MOCVD 技术的日益完善，Ⅲ-Ⅴ族三元、四元化合物半导体材料（GaInP、AlGaInP、GaInAs）的生长技术取得重大突破，这些晶格常数接近、带隙不同的材料形成的体系，为砷化镓多结叠层太阳电池的发展提供了支撑。目前 GaInP/GaAs/InGaAs/Ge 四结叠层太阳电池在聚光条件下的最高光电转换效率可达 46.0%。

砷化镓太阳电池效率高但价格也高昂，仅能应用于航天、军事等特殊领域中。这主要是由昂贵的单晶基底、昂贵的制造设备和复杂的生产工艺造成的。新的技术如剥离黏附技术使得单晶基底变得可以重复使用，从而可以显著降低砷化镓太阳电池的生产成本。

5.3.6 有机太阳电池

有机太阳电池（organic solar cells，OSCs）以有机半导体为吸光材料，相比于硅太阳电池和无机多元化合物薄膜太阳电池，具有以下优点：①材料来源广泛、价廉易得、质量轻、分子结构可设计、光吸收系数大（通常＞10^5 cm^{-1}）；②电池制备工艺灵活简单，可通过蒸镀、旋涂、喷墨打印、丝网印刷、卷对卷等低成本生产方法制备，且制备过程对环境无污染；③可以制成半透明的器件，具有多种可选的色彩，便于装饰和应用；④质量较轻，可在柔性基底上加工，利于其在未来技术上的推广应用等。

有机太阳电池的研究始于 1958 年，当时的器件结构为酞菁镁（MgPc）

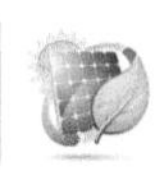

夹在两个电极之间，激子的解离效率太低导致其光电转换效率极低。随后，有机太阳电池的发展经历了从肖特基结电池（单一有机吸光层）、双层异质结电池（有机给体、有机受体双层吸光层）到本体异质结电池（有机给体、受体共混吸光层）的过程，如图 5.27 所示。1982 年，B. R. Weinberger 首次将聚乙炔用于有机太阳电池中，这是最早的肖特基型单层有机太阳电池。1986 年邓青云博士首次报道的电子给体/电子受体有机双层异质结器件，激子的光诱导解离效率提升，大大提高了器件效率，是有机电池研究的重大突破。1992 年，研究发现 C_{60} 作为电子受体的体系，在光诱导下可发生快速电荷转移，且该过程的速率远远大于其逆向过程。继而发展的以聚[2-甲氧基-5-(2-乙基己氧基)-1, 4-苯乙炔]（MEH-PPV）为给体、6, 6-苯基-C_{61}-丁酸甲酯（PCBM）为受体的共混材料制备的本体异质结器件，其纳米尺度的界面大大增加了异质结面积，激子解离的效率提高，器件效率进一步提高到 2.9%。有机太阳电池目前广泛应用的是这种本体异质结，其器件效率已经超过 18%。人们通过开发新的有机半导体吸光材料、优化吸光层形貌、发展新的界面材料和改进器件结构等手段不断提高有机太阳电池的能量转换效率。

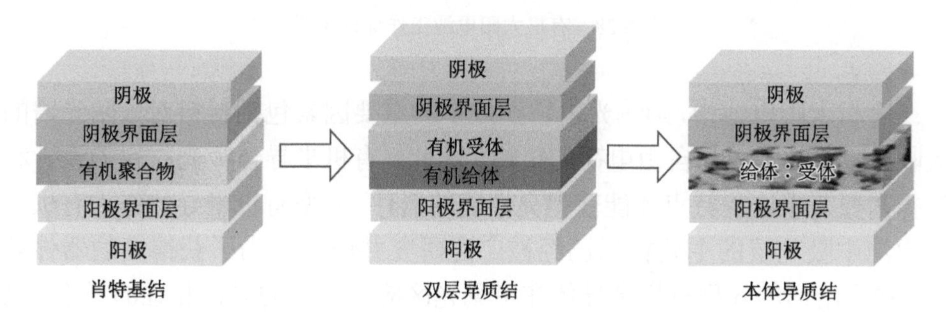

图 5.27　有机太阳电池器件的发展历程

有机太阳电池的基本结构由阳极、阳极界面层、有机吸光层、阴极界面层和阴极构成。根据入射光的方向，可以将有机太阳电池分为正式构型和反式构型器件。太阳光从阳极入射称为正式构型，代表性器件结构为：阳极(ITO)/阳极界面层(PEDOT：PSS)/有机吸光层/阴极界面层(PFN)/阴极（Al）；太阳光从阴极入射称为反式构型，代表性器件结构为：阴极(ITO)/阴极界面层(ZnO)/有机吸光层/阳极界面层(MoO_3)/阳极（Ag）。

本体异质结有机太阳电池的工作原理如图 5.28 所示。当光照射到太阳电池时，具有一定能量的光子被有机半导体吸收，电子由 HOMO 能级跃迁到 LUMO 能级，形成束缚态的电子-空穴对（激子）；激子通过扩散，在给体和受体形成的界面处分离，产生自由的电子和空穴，电子和空穴分别传输到相应的电极，被电极收集，在外电路接通的条件下产生光电流。

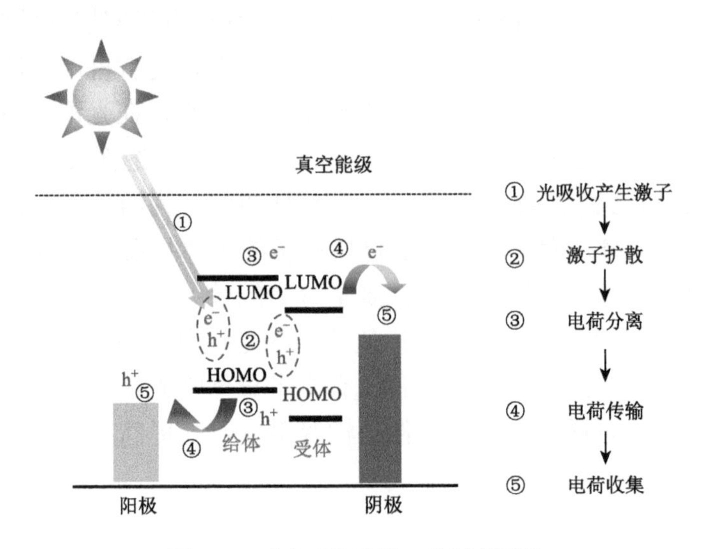

图 5.28　有机太阳电池工作原理图示

有机太阳电池中，影响光电转换效率的重要因素包括材料对太阳光谱的吸收、激子的解离和自由电荷的传输。因此，有机半导体吸光材料的设计和选择需要兼顾这些特点才能获得高性能的器件。p 型有机半导体作为有机太阳电池中吸光层的主要材料已经被广泛研究并应用。为了获得高的器件效率，作为给体的 p 型有机半导体在可见光区应具有宽的光谱和强的吸收、高的空穴迁移率、高的纯度、良好的溶解性和成膜性。

聚 3-己基噻吩（P3HT）作为代表性的 p 型有机半导体材料，其较宽的带隙（≈1.9 eV）和较高的 HOMO 能级（–4.90 eV），限制了对近红外光谱的吸收和器件开路电压的提高。具有窄带隙、较低 HOMO 能级的共轭聚合物，如 PTB7（E_g≈1.6 eV，E_{HOMO} = –5.15 eV）、PDPP3T（E_g≈1.31 eV，E_{HOMO} = –5.17 eV）、PBDB-T（E_g≈1.8 eV，E_{HOMO} = –5.33 eV）和 PM6（E_g≈1.9 eV，E_{HOMO} = –5.5 eV）等分别获得了 9%、12%甚至 16%的效率。窄带隙有机半导体可以更充分利用太阳光谱，从而可以获得更高的器件性能。这

些具有代表性的给体材料的化学结构式列于图 5.29 中。

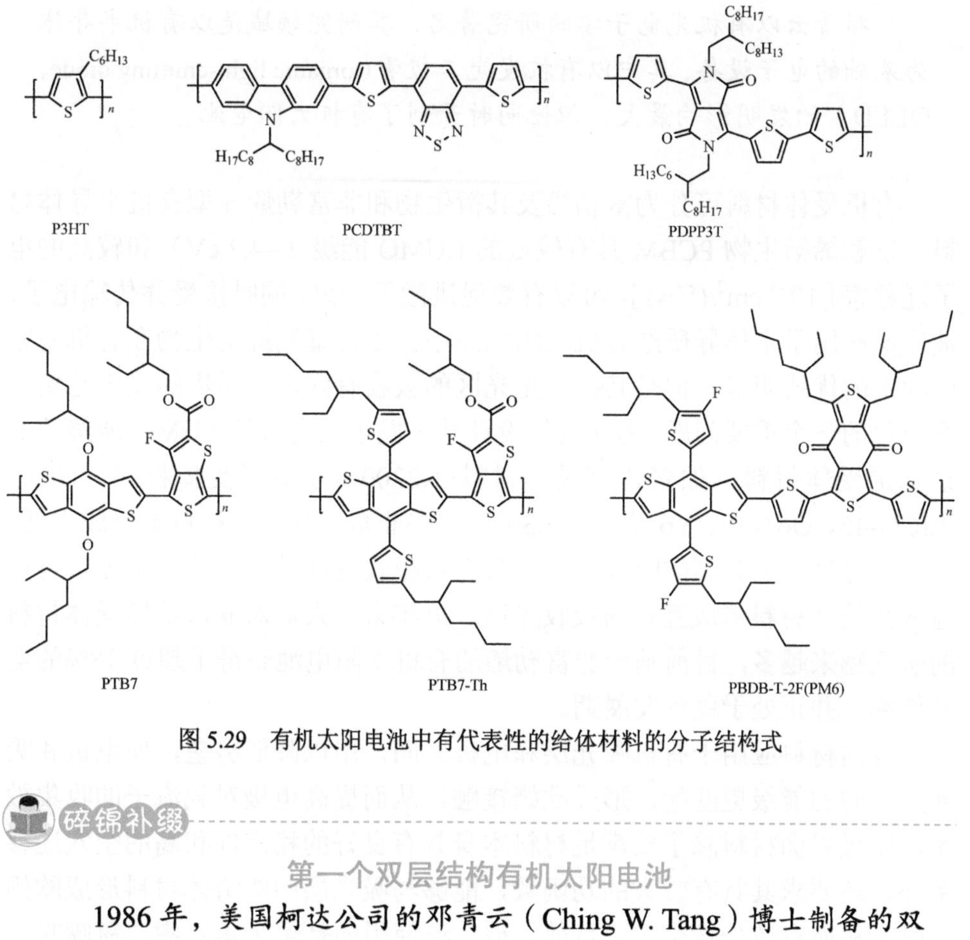

P3HT　PCDTBT　PDPP3T

PTB7　PTB7-Th　PBDB-T-2F(PM6)

图 5.29　有机太阳电池中有代表性的给体材料的分子结构式

碎锦补缀

第一个双层结构有机太阳电池

1986 年，美国柯达公司的邓青云（Ching W. Tang）博士制备的双层结构器件实现了有机太阳电池一个里程碑式的突破。器件核心结构是由四羧基苝的一种衍生物（简称 PV）和酞菁铜（CuPc）组成的双层膜，其本质是形成了由有机材料构成的异质结。他制备的这种双层有机太阳电池（插图 5.6），光电转换效率达到 1%左右，相对于以往的肖特基结电池是一个很大的提升。这是一个成功的思路，为有机太阳电池的研究开拓了一个新方

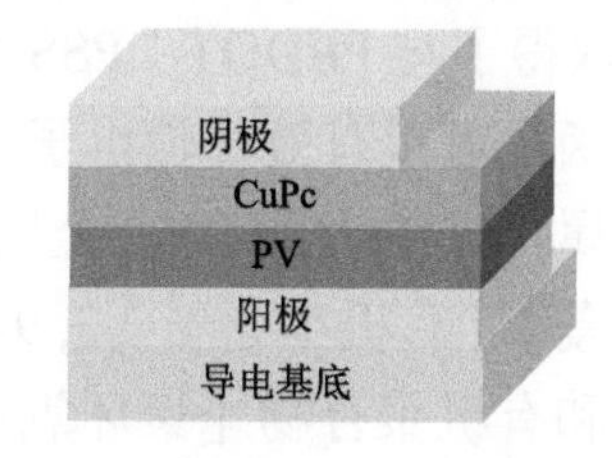

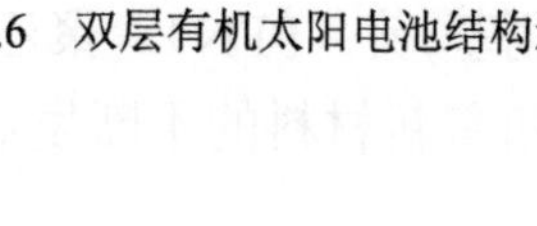

插图 5.6　双层有机太阳电池结构示意图

向，至今这种双层异质结的结构仍然是有机太阳电池采用的主要结构之一。

邓青云以有机光电子学的研究著名，其研究领域是以有机半导体为基础的电子设备，其中以有机发光二极管（organic light-emitting diode，OLED）的发明影响最大，但他同时开创了有机太阳电池。

有机受体材料可分为富勒烯及其衍生物和非富勒烯 n 型有机半导体材料。富勒烯衍生物 PCBM 具有较低的 LUMO 能级（–4.2 eV）和较高的电子迁移率［10^{-3} $cm^2/(V·s)$］，可以有效促进激子分离，同时接受并传输电子，被广泛应用于本体异质结有机太阳电池中。尽管富勒烯衍生物在有机太阳电池中的优势明显，但是其在可见光区的吸收有限，且昂贵的成本是实现产业化的一个重要问题。为此人们设计并开发了具有较低 LUMO 能级的非富勒烯受体材料，如聚合物受体材料 N2200，小分子受体材料 ITIC、IEICO-4F、O6T-4F、Y6 等（图 5.30）。这些非富勒烯受体材料不仅成本低，而且在可见光区有高的吸收系数，甚至可吸收近红外光区的太阳光，可以与 p 型给体材料形成互补的吸收光谱。近年来，人们对非富勒烯受体材料的研究越来越多，目前基于非富勒烯的有机太阳电池获得了超过 18%的器件效率，并正处于蓬勃发展期。

界面材料应用于有机吸光层和电极之间，用以降低势垒，使电极和吸光层之间的能级更匹配，形成欧姆接触，从而提高电极对载流子的收集效率。阳极界面材料除了要满足材料本身具有良好的稳定性和高的空穴迁移率外，还要求其具有较大的功函数，能够与吸光层中的给体材料形成欧姆接触，从而有效传输空穴。目前，被广泛使用的是聚 3, 4-乙撑二氧噻吩：聚苯乙烯磺酸盐（PEDOT：PSS）制备的阳极界面层。MoO_3、V_2O_5、WO_3、NiO_x 等过渡金属氧化物具有较宽的带隙和较高的功函，被用作阳极界面材料，取得了与 PEDOT：PSS 相近甚至更优的性能。阴极界面材料具有较低的功函，可以有效传输电子，常用的阴极界面材料包括低功函碱金属和碱土金属（K、Ba、Mg 等）、金属盐类（如 LiF、Cs_2CO_3 等）、金属氧化物（TiO_2、ZnO 等）、有机小分子［2, 9-二甲基-4, 7-二苯基-1, 10-菲咯啉（BCP）、C_{60} 等］和有机聚合物［聚环氧乙烷（PEO）、9, 9-二辛基芴-9, 9-双(*N*, *N*-二甲基胺丙基)芴（PFN）、聚乙烯亚胺（PEI）］等。

随着新材料的不断发展、器件结构的优化和制备工艺的渐趋成熟，有

机太阳电池的光电转换效率以及器件寿命正在不断提升。制约有机太阳电池效率的主要因素是有机半导体的光谱响应范围与太阳光的地面辐射光谱的匹配程度、载流子迁移率以及电极对载流子的收集效率等。此外，有机物对环境中水蒸气和氧气的不稳定性也导致有机太阳电池性能不稳定，这些是有待解决的问题。

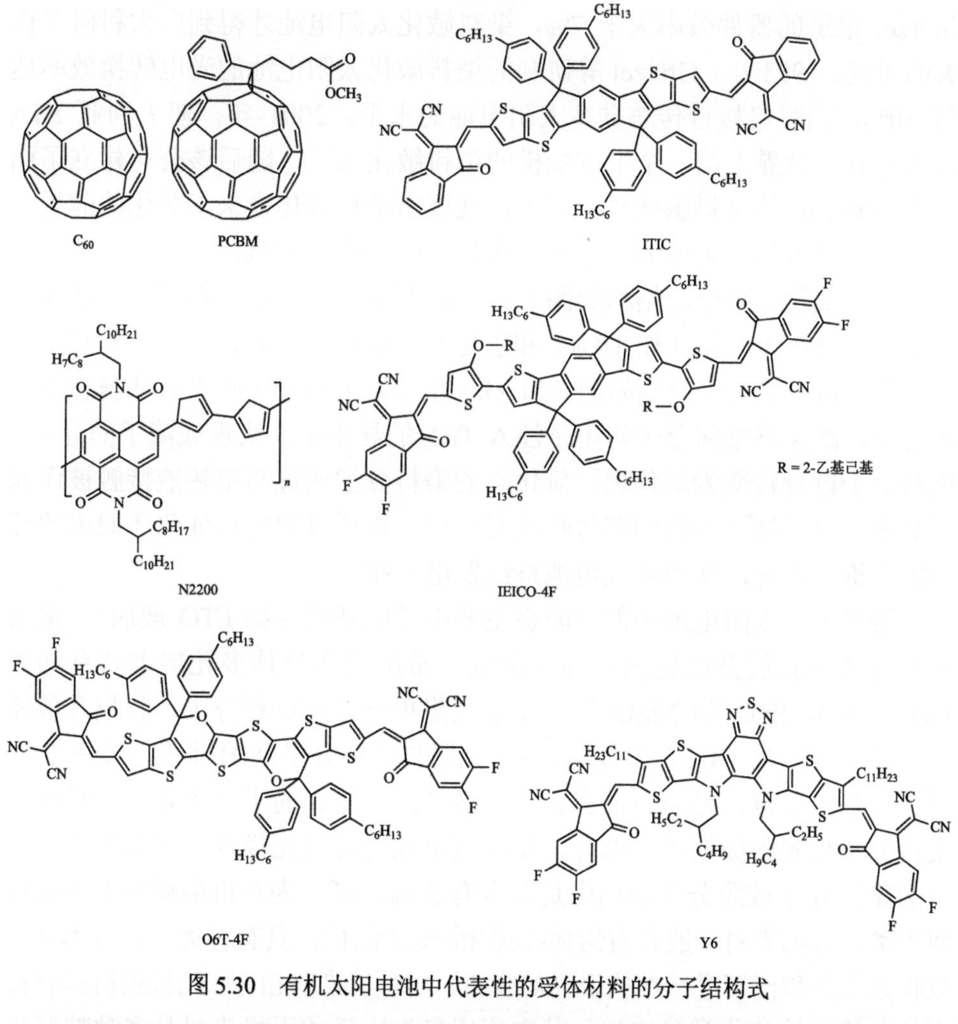

C_{60}　PCBM　ITIC

N2200　IEICO-4F（R = 2-乙基己基）

O6T-4F　Y6

图 5.30　有机太阳电池中代表性的受体材料的分子结构式

5.3.7　染料敏化太阳电池

染料敏化太阳电池（dye-sensitized solar cells，DSSCs）以纳米二氧化钛和光敏染料为主要原料，将太阳能转化为电能。与传统的太阳电池相比，其具有以下优点：①原料丰富、成本低、工艺相对简单，易于大规模工业化生产；②使用寿命可达 15～20 年；③电池制备过程耗能较少，能源回收周期短；④可制备轻量化、薄膜化、多彩化和多样化器件。

染料敏化太阳电池的研究始于 20 世纪 60 年代，人们发现吸附在半导体上的染料在一定条件下可以产生电流。此后，研究人员将染料分子单层吸附在平板电极表面，可获得接近 1%的光电转换效率。直到 1991 年，M. Grätzel 报道的器件效率大于 7%，染料敏化太阳电池才得到广大科研工作者的重视。1993 年，Grätzel 等研制的染料敏化太阳电池的光电转换效率达到 10%，当时已接近传统硅基太阳电池的水平。2001 年，澳大利亚 STA 公司建立了世界上第一个中试规模的染料敏化工厂，随后该公司建立了面积为 200 cm^2 的染料敏化显示屋顶，展现出染料敏化未来工业化的前景。目前，染料敏化太阳电池的光电转换效率已经达到 13%。

染料敏化太阳电池结构如图 5.31（a）所示，主要由光阳极［包括导电玻璃、半导体多孔层（如 TiO_2）和敏化剂（染料分子）］、电解质和对电极三部分组成。其工作原理如图 5.31（b）所示：染料分子吸光后从基态变为激发态，激发态染料分子将电子注入 TiO_2 的导带中，实现载流子的分离，染料分子自身转变为氧化态；氧化态的染料分子通过与电解液接触被还原至基态；电子经过外部回路传输到对电极，再通过对电极催化还原电解液中的高价态物种，从而实现电池持续发电工作。

染料敏化太阳电池中的光阳极主要由导电基底（如 FTO 玻璃）、宽禁带半导体多孔层及敏化剂三部分组成。常用的半导体多孔层主要有纳米 TiO_2、ZnO、SnO_2 和 Nb_2O_5 等，用于吸附单分子层染料分子，收集并传输电子。其中，纳米 TiO_2 带隙较宽，导带位置与染料分子匹配，折射率（$n \approx 2.5$）较高，稳定无毒，是应用最多且光电转换效率最高的半导体光阳极材料。染料分子是光阳极的核心部分，是决定电池对可见光吸收效率的关键。常用的染料分子按照分子结构中是否含有金属，可分为有机染料和无机染料两大类。有机染料一般具有给体-共轭桥-受体结构，具有种类多、成本低、吸收系数高和便于进行结构设计等优点。与有机染料相比，无机染料具有较高的热稳定性和化学稳定性，其中应用最为广泛的无机染料是多吡啶钌染料，如 N719。常见的有机和无机染料分子见图 5.32。此外，同时使用两种及两种以上具有互补光谱响应范围的敏化剂协同敏化，与使用单一组分染料分子相比，可以获得与太阳光谱更匹配的吸光范围，从而提高光电转换效率。

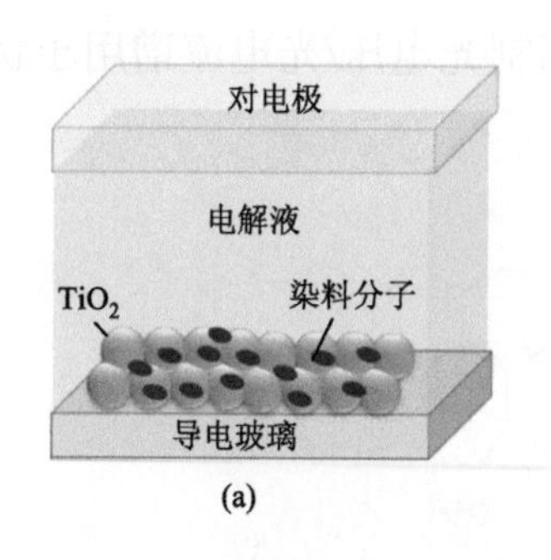

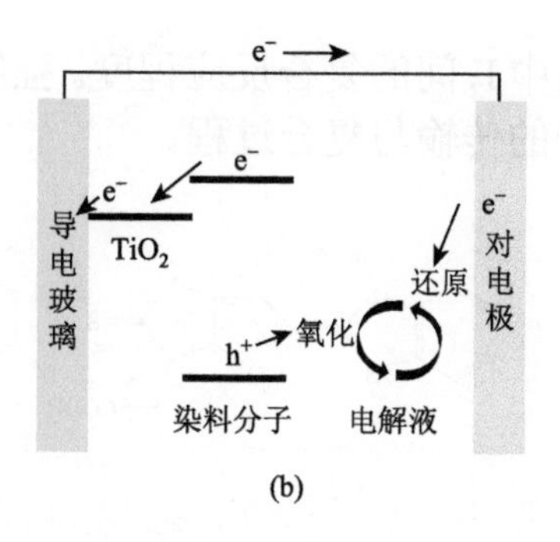

图 5.31　染料敏化太阳电池示意图：（a）器件结构；（b）工作原理

电解质通常含有氧化还原电对，能够将激发态染料还原，并可以在对电极接受电子，自身发生氧化还原再生过程。电解质在工作电极和对电极之间承担电荷输运的功能。根据电解质的物理状态不同，可以分为液态电解质、准固态电解质和固态电解质三大类。液态和准固态电解质主要包括溶剂、氧化还原电对和添加剂等。I^-/I_3^-的氧化还原电位的位置与常见的宽禁带半导体氧化物的导带以及许多染料分子的 HOMO 能级匹配，扩散速率较大，有利于染料分子的再生，是目前成功的氧化还原电对。基于液态电解质的太阳电池已经可以进行中试规模生产，在大面积染料敏化太阳电池中得到了充分应用，且长期稳定性良好。固态电解质（也称为空穴传输材料）可以克服液态电解质的易挥发、易泄漏、对封装材料和工艺要求严格等缺点，主要包括有机聚合物[如 PEDOT 和聚苯胺（PANI）]、有机小分子［如 2, 2′, 7, 7′-四（*N*, *N*-二对甲氧基苯基氨基）9, 9′-螺环二芴和 *N*-甲基-*N*-叔丁基吡咯烷碘盐］和无机 p 型半导体材料（如 CuI、CuSCN 等）。

对电极的主要作用是收集外电路电子并催化再生电解质中的氧化还原电对。目前对电极主要由导电基底及催化材料组成，催化材料主要有贵金属（Pt、Au、Pd 等）、高分子聚合物（PEDOT、聚吡咯、聚苯胺等）、碳材料和一些无机物（金属硫化物和碳化物）等。

染料敏化太阳电池的性能主要从电化学和光伏性能两方面进行考察。电化学性能主要有电化学阻抗、暗电流和强度调制光电压/光电流谱测试等。电化学阻抗可以用来研究电极过程动力学，对研究电解质、电池暗态及工作条件下的性能具有重要意义。暗电流测量是在暗态下对工作电极施加负偏压，测量阴极电流随偏压改变的变化曲线，可以反映电池的光阳极

与电解质中 I_3^- 间的复合反应程度。强度调制光电压/光电流谱用于认识电池内载流子的传输与复合过程。

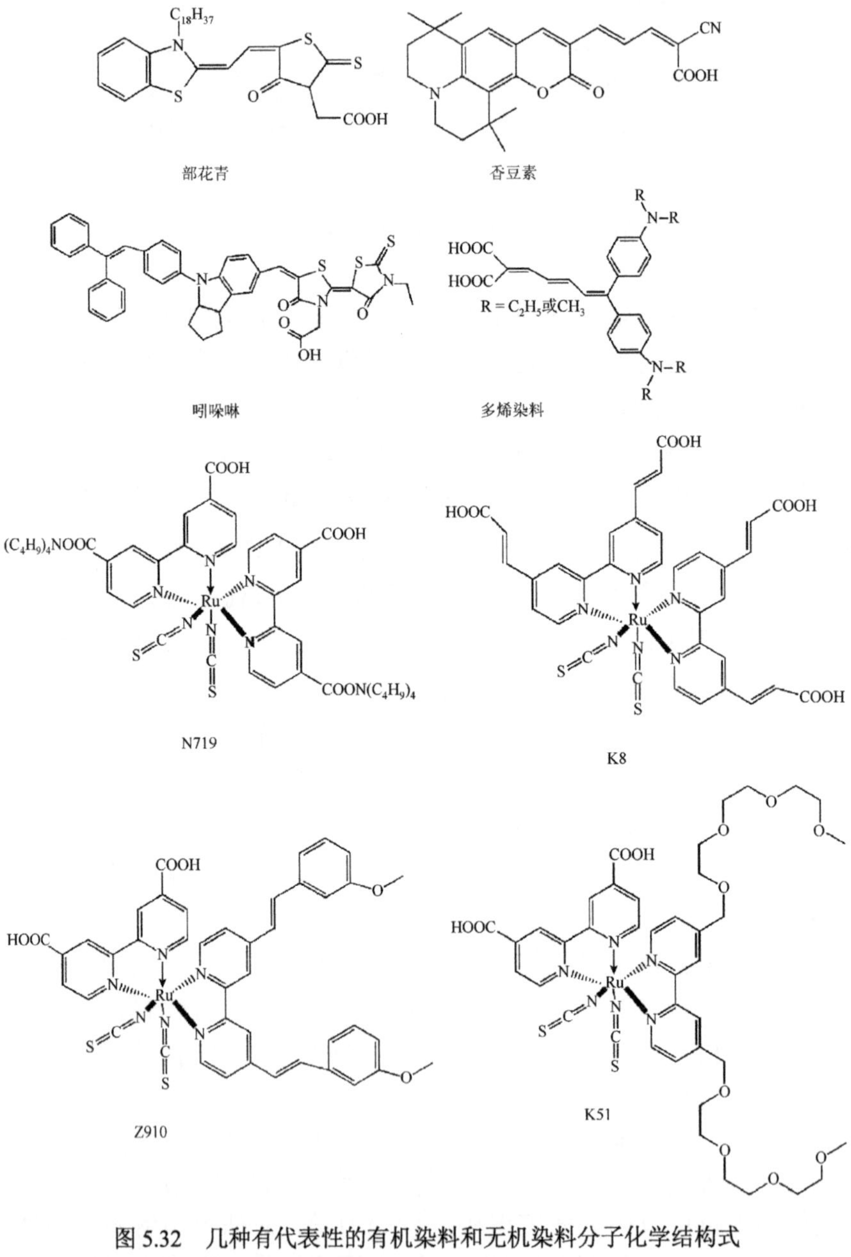
部花青
香豆素
吲哚啉
多烯染料
R = C_2H_5或CH_3
N719
K8
Z910
K51

图 5.32　几种有代表性的有机染料和无机染料分子化学结构式

染料敏化太阳电池对光谱的响应速度较慢，在光伏性能测试上不能采

用脉冲光源，必须采用稳定光源。此外由于其较强的电容性质，当给电池施加扫描偏压时，会出现瞬时过冲电流，当扫描速度过快时，电池内部光电子传输不能达到平衡，就不能准确反映出电池的真实特性。因此，测试中需注明扫描速度和扫描偏压等测试条件。

量子点敏化太阳电池（quantum dot-sensitized solar cells，QDSCs）使用无机窄禁带量子点替代 DSSCs 中的染料分子作为敏化剂，结构与染料敏化太阳电池相似，工作原理一致。量子点具有可调的半导体带隙、高的消光系数、较大的固有偶极距以及热载流子效应等优异的性质，使得量子点在理论和应用上均具有研究价值。目前 NREL 认证的 QDSCs 的光电转换效率已超过 16.0%。

染料敏化太阳电池目前存在光电转换效率低及器件长期稳定性差等问题。如何进一步提高染料敏化太阳电池的转换效率，开发高效稳定的固态电解质及高效敏化剂仍是染料敏化太阳电池有待解决的问题。尽管如此，近些年来在相关科研机构和企业的努力下，染料敏化太阳电池已经尝试向产业化过渡。

5.3.8　钙钛矿太阳电池

钙钛矿太阳电池（perovskite solar cells，PSCs）以卤化物有机-无机杂化钙钛矿半导体为吸光材料，是新兴的研究方向并迅速成为当前太阳电池领域的研究热点。它具有以下特点：①原料丰富价低，可使用溶液法大面积低成本制备；②钙钛矿吸收系数大，可制备质轻、柔性的薄膜电池；③载流子迁移率高，扩散长度长；④可以同时传导电子和空穴等。

钙钛矿太阳电池从染料敏化太阳电池发展而来，由 T. Miyasaka 于 2009 年首先将钙钛矿材料作为染料敏化剂制得，并取得了 3.8%的光电转换效率。钙钛矿太阳电池效率和稳定性的重大提升得益于 2012 年韩国科学家用有机小分子固态电解质代替液态电解质。随后，英国研究人员采用 Al_2O_3 代替多孔 TiO_2，制备出首个“介孔超结构”钙钛矿太阳电池，证实了介孔 TiO_2 在钙钛矿器件中的非必要性，实现了从传统介观结构向平面结构的过渡。之后，一系列新型制备方法被开发并应用于高效率的钙钛矿太阳电池中，目前 NREL 认证的最高光电转换效率为 25.2%。钙钛矿太阳电池发展之快是以往各类太阳电池发展过程中前所未有的。

钙钛矿电池结构及由来

钙钛矿（perovskite）最早发现于俄罗斯乌拉尔山的矽卡岩中，化学组成为 $CaTiO_3$，后以俄国科学家佩罗夫斯基（Perovski）的姓命名。狭义的钙钛矿指 $CaTiO_3$，其晶体结构为：钙离子位于立方晶胞的中心，与 12 个氧离子配位，形成最密立方堆积，钛离子位于立方晶胞的角顶，与 6 个氧离子配位，占据立方密堆积中的八面体中心。

广义的钙钛矿指具有钙钛矿结构的 ABX_3 型化合物。其中 A 位阳离子（如 Ca^{2+}、Na^+、K^+、Sr^{2+}、Ba^{2+}等）通常是具有较大离子半径的稀土或者碱土金属元素，B 位阳离子（如 Ti^{4+}、Nb^{5+}、Mn^{4+}、Fe^{3+}、Ta^{5+}、Th^{4+}等）一般为离子半径较小的过渡金属元素，由于其价态的多变性，其通常成为决定钙钛矿结构类型和材料性质的主要组成部分，X 为阴离子（如 O^{2-}、F^-、Cl^-、Br^-、I^-等）。可见，A、B 和 X 位可容纳的元素种类和数量非常广泛，半径大小悬殊的离子可以稳定共存于钙钛矿中。钙钛矿的结构大部分是立方空间群组，呈立方体晶形，也存在多种结构畸变类型，使其具有独特的物理性质和化学性质。

钙钛矿材料最早于 1956 年在光伏领域应用，当时人们在 $BaTiO_3$ 中发现了光电流，后来人们相继在 $LiNbO_3$ 等钙钛矿材料中发现了光伏效应。此后卤素钙钛矿开始受到人们的重视。1978 年，Weber 首次将甲胺离子引入，形成了具有三维结构的有机-无机杂化钙钛矿材料。ABX_3 型有机-无机杂化钙钛矿材料中，A 一般指有机胺离子（如 $CH_3NH_3^+$、$NH{=}CHNH_3^+$），B 指二价金属离子（如 Pb^{2+}、Sn^{2+}），X 指卤素离子（Cl^-、Br^-、I^-）或者多种卤素的掺杂。有机组分的引入整合了有机材料和无机材料各自性能上的优势，使其适合用作太阳电池的吸光层。2009 年，人们首次以 $CH_3NH_3PbI_3$ 和 $CH_3NH_3PbBr_3$ 作为敏化剂应用于染料敏化太阳电池，获得了 3.8%的光电转换效率，从此引发了人们对这种有机-无机杂化钙钛矿材料的研究兴趣，此后又发展了无铅和全无机的钙钛矿光吸收材料，人们将使用 ABX_3 型钙钛矿化合物作为吸光材料的太阳电池统称为钙钛矿太阳电池。

钙钛矿的分子式可用通式 ABX_3 表示，代表性的分子为 $CH_3NH_3PbI_3$，如图 5.33 所示。其中，铅离子位于 B 位，与周围六配位的卤素离子（$X = Cl^-$、

Br^-和 I^-）形成八面体结构，有机组分（A 位置，如 $CH_3NH_3^+$）周围是十二配位的卤素离子。从宏观上看，X 通过与八面体以共顶点的方式连接，在三维方向上无限延伸形成网状框架，A 填充在共顶点连接的三维网络结构的孔隙中。杂化钙钛矿材料的性质与其组成密切相关，通过调变晶体结构中有机组分 A、金属 B 和卤素 X 的组分可以实现对钙钛矿材料光电性质的调变。此种钙钛矿结构的化合物为直接带隙半导体，具有吸收系数高、载流子迁移率高等特性。

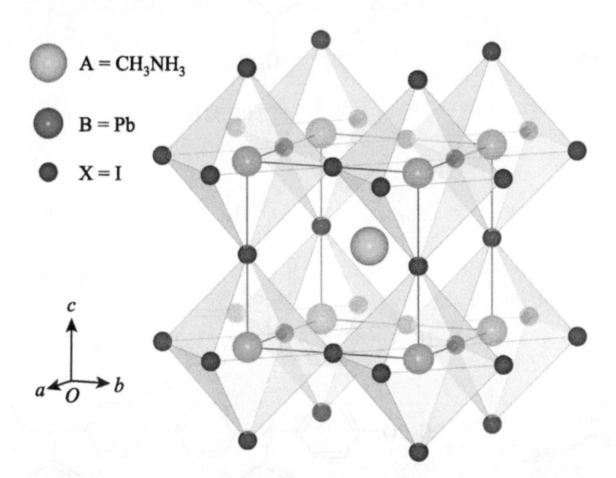

图 5.33　典型的有机-无机杂化钙钛矿（$CH_3NH_3PbI_3$）的晶体结构示意图

钙钛矿材料可以通过更换 ABX_3 中任何一种离子来获得新的材料，但是离子的取代过程要维持结构的稳定性。例如，用甲脒离子（$NH{=}CHNH_3^+$）取代甲胺离子（$CH_3NH_3^+$），$CH(NH_2)_2PbI_3$ 带隙小于 $CH_3NH_3PbI_3$，吸收范围更宽，可实现更高的光电转换效率；Sn 部分取代 Pb，$CH_3NH_3Pb_xSn_{1-x}I_3$ 可扩展光吸收范围至近红外波段；用 Cl 和 Br 取代 I，$CH_3NH_3PbCl_3$ 和 $CH_3NH_3PbBr_3$ 带隙分别为 3.11 eV 和 2.3 eV，均可应用于光电器件中。此外，用无机阳离子（如 Cs）取代有机阳离子，可制备全无机的钙钛矿太阳电池，$CsPbI_3$、$CsPbI_xBr_{1-x}$ 等全无机钙钛矿太阳电池因优异的热稳定性已经被广泛关注，并取得了 16%以上的光电转换效率。

尽管钙钛矿材料本身具有优异的性能，在钙钛矿太阳电池中应用空穴传输层和电子传输层可明显提升器件的性能。常用的电子传输材料有半导体氧化物（如氧化钛、氧化锌、氧化锡等）和富勒烯衍生物等，常用的空穴传输材料（图 5.34）有 2, 2, 7, 7-四[*N*, *N*-二(4-甲氧基苯基)氨基]-9, 9-螺二芴（spiro-OMeTAD）小分子及 PTAA 聚合物等有机材料，以及 CuI 和

CuSCN 等无机半导体材料。

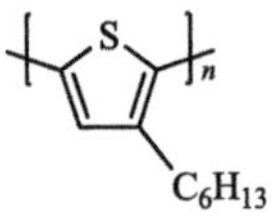

P3HT 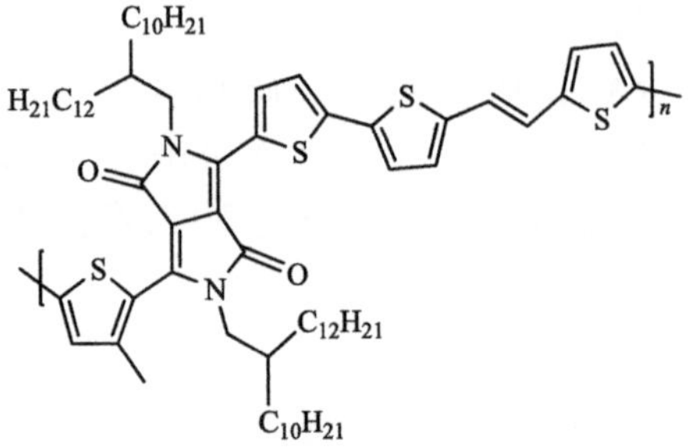　　PDPPDBTE

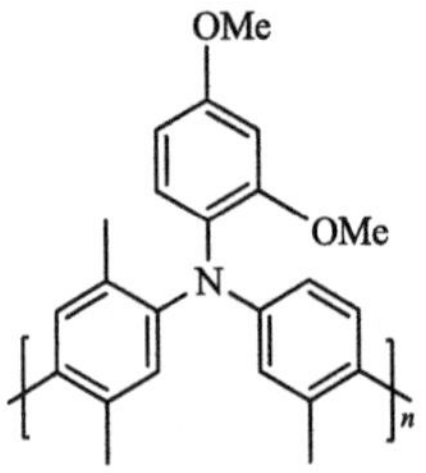

PTAA 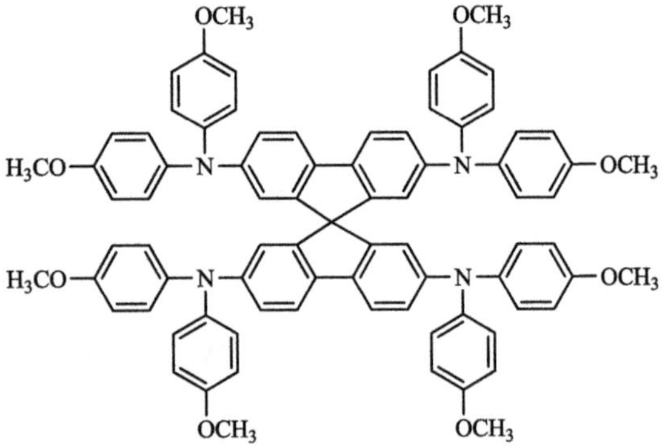　　spiro-OMeTAD

图 5.34　钙钛矿太阳电池中一些常用空穴传输材料分子结构式

钙钛矿太阳电池的器件结构根据其发展过程中钙钛矿及界面层的关系可以分为以下五种类型，如图 5.35 所示：（a）敏化型，导电基底/电子传输层/多孔半导体薄膜（TiO_2）+ 钙钛矿材料/固态空穴传输层/金属电极。这种结构采用染料敏化太阳电池构型，用有机小分子固态电解质代替液态电解质。（b）介观结构型，导电基底/电子传输层/多孔半导体（TiO_2）/钙钛矿薄膜/固态空穴传输层/金属电极。（c）介观超结构型，导电基底/电子传输层/多孔半导体薄膜（Al_2O_3）+ 钙钛矿材料/固态空穴传输层/金属电极。用 Al_2O_3 代替 TiO_2，与之前介观结构不同，受激发的钙钛矿无法将电子注入 Al_2O_3 当中，而是在其内部传输，这意味着钙钛矿材料本身具有良好的电子传输性能。（d）三维异质结构型（无空穴传输层），导电基底/电子传输层/

多孔半导体薄膜（TiO_2）/钙钛矿材料/金属电极。金属电极与钙钛矿层直接接触。（e）平面异质结构型，导电基底/电子传输层/钙钛矿材料/固态空穴传输层/金属电极。使用平板构型的电子传输层，不再使用多孔结构的 TiO_2。

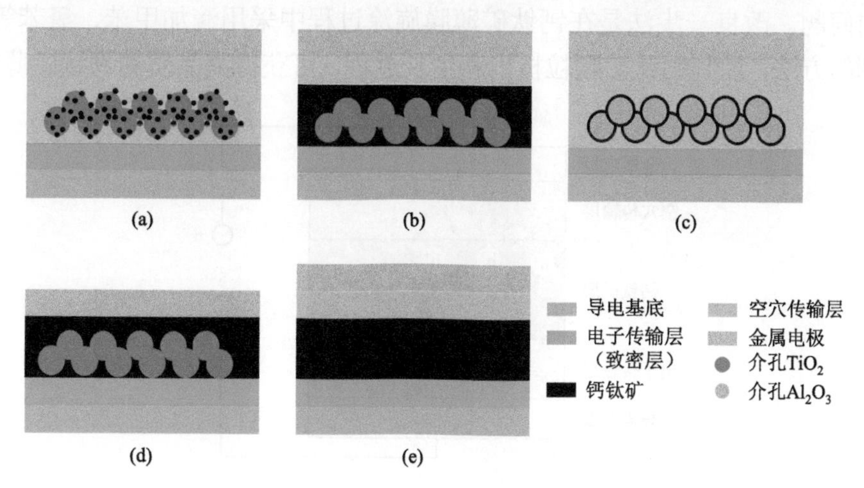

图 5.35　钙钛矿太阳电池的构型：（a）敏化、（b）介观结构、（c）介观超结构、（d）三维异质结和（e）平面异质结太阳电池

根据太阳光入射方向，可将钙钛矿太阳电池分为正式和反式构型：正式构型器件中太阳光从阴极一侧入射，代表性器件结构为导电基底（FTO）/电子传输层（TiO_2）/钙钛矿材料/空穴传输层（spiro-OMeTAD）/金属电极（Au）；反式构型器件太阳光从阳极一侧入射，代表性器件结构为导电基底（FTO）/空穴传输层（PEDOT：PSS）/钙钛矿材料/电子传输层（PCBM）/金属电极。

钙钛矿太阳电池的工作原理如图 5.36 所示。钙钛矿材料吸光后产生电子和空穴，这些载流子具有长的扩散距离和寿命，电子通过电子传输层传向阴极，空穴通过空穴传输层传向阳极，通过连接导电基底和金属电极的电路而产生光电流。

影响钙钛矿太阳电池效率的重要因素有钙钛矿材料的种类和薄膜的成膜质量、电子和空穴传输层等。其中钙钛矿薄膜的质量是影响其电池性能的关键因素。图 5.37 概括了目前制备钙钛矿薄膜的常用方法。

（1）溶液法：溶液法可以细分为一步法、两步法和改良一步法。一步法是将 CH_3NH_3I（MAI）和 PbI_2 按比例混合制成钙钛矿材料的前驱体溶液，通过旋涂、退火的方法制备钙钛矿层。这种方法简便、易行，但很难有效控制钙钛矿层的覆盖度和晶粒大小。两步法，先制备 PbI_2 薄膜，随后将涂有 PbI_2

的样品浸入 CH_3NH_3I 的异丙醇溶液中，或在 PbI_2 薄膜上旋涂 CH_3NH_3I 的异丙醇溶液，实现 PbI_2 到 $CH_3NH_3PbI_3$ 的转换。采用该方法可有效控制钙钛矿层，电池效率有了重大飞跃，但是该方法容易产生 PbI_2 不完全转换和薄膜脱落的问题。改良一步法是在钙钛矿薄膜旋涂过程中采用滴加甲苯、氯苯等反溶剂的方法，控制钙钛矿颗粒析出和生长过程，可获得高品质的钙钛矿薄膜。

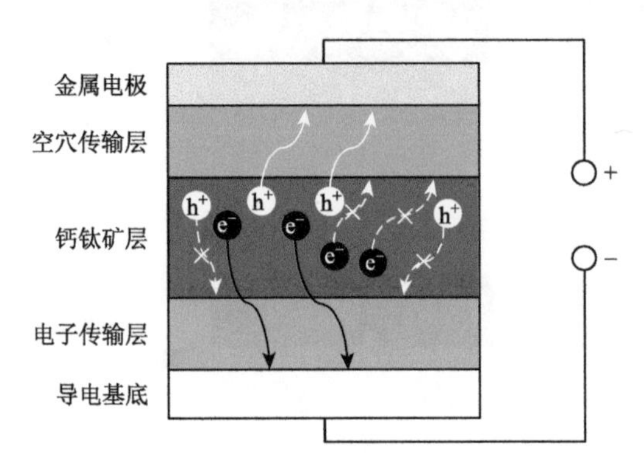

图 5.36　钙钛矿太阳电池结构及工作原理示意图

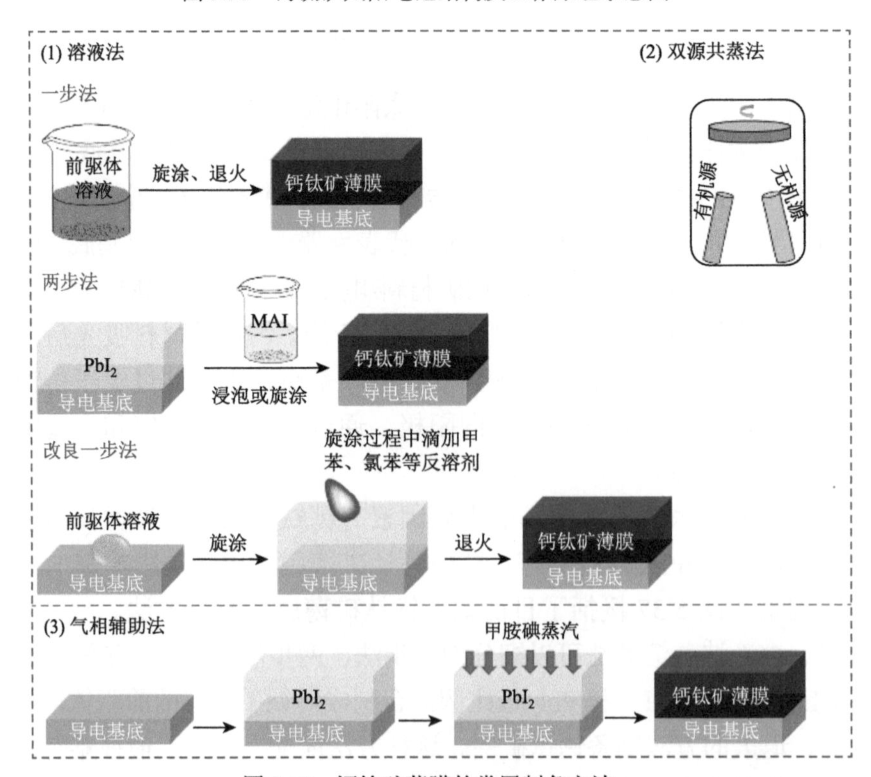

图 5.37　钙钛矿薄膜的常用制备方法

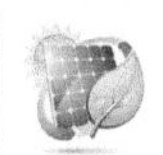

（2）双源共蒸法：真空条件下，通过物理气相沉积法制备 CH_3NH_3I 和 PbI_2，有效控制钙钛矿薄膜的质量，可制备出大面积可控的钙钛矿薄膜。

（3）气相辅助法：先用溶液旋涂的办法制备 PbI_2 薄膜，再将 PbI_2 样品置于 CH_3NH_3I 的蒸气氛围中，反应一段时间后，可获得大晶粒组成的致密钙钛矿薄膜。

钙钛矿太阳电池在光伏性能测试上受扫描速度、扫描偏压和扫描方向的影响较大。在电流-电压测试中，如果制备的钙钛矿太阳电池在正向电压扫描和反向电压扫描下得到的器件性能相差较大，这种现象被称为迟滞现象。通常反向扫描时可以获得较大的填充因子和器件效率，而正向扫描时填充因子和器件效率较低。这种现象也与扫描速度相关，扫描速度越快，迟滞越大。研究发现，迟滞现象主要发生在采用致密 TiO_2 制备的平面异质结器件中，以多孔材料构建的器件和反式平面异质结器件中则并不明显。对钙钛矿太阳电池中的迟滞现象有以下几种解释：钙钛矿材料中离子迁移、钙钛矿材料电容特性和界面缺陷等。

尽管钙钛矿太阳电池发展态势良好，但是仍然存在稳定性差和大面积器件效率低等方面的问题。钙钛矿太阳电池的稳定性分为材料和器件结构两方面。钙钛矿材料的稳定性以常用的钙钛矿材料 $CH_3NH_3PbI_3$ 为例，甲胺基离子具有易挥发的特性，在温度升高时容易从晶格脱离，在室温下 $CH_3NH_3PbI_3$ 为扭曲的三维结构，在 85℃和全日光照射 24 h 后，便会发生分解，其热稳定性较差。通过更换或部分引入不同大小的离子，可以获得晶体结构更稳定的钙钛矿材料。例如，使用体积更大的甲脒基团取代甲胺基团可以提升器件的稳定性。甲脒基钙钛矿材料在室温下具有立方相，但其形成过程中通常伴随六方相的碘化铅杂质，会诱导薄膜老化，将甲脒基钙钛矿材料与甲胺基钙钛矿材料混合，可以获得较好的性能和稳定性。

钙钛矿器件结构的稳定性受电子传输层、空穴传输层以及器件封装技术的影响。例如，常用的电子传输材料 TiO_2 易受紫外光的影响，发展紫外光下稳定的电子传输材料可以提高器件的光稳定性。常用的空穴传输材料 spiro-MeOTAD，需掺杂双三氟甲烷磺酰亚胺锂（Li-TFSI）和 4-叔丁基吡啶（TBP），但 Li-TFSI 极易吸潮，TBP 会与钙钛矿进行反应，这些都会影响器件稳定性。使用 P3HT 聚合物和无机半导体（如 CuI、CuSCN）材料作为空穴传输材料，可以提高器件稳定性。此外，发展适当的封装技术也是提升钙钛矿太阳电池稳定性的有效策略。钙钛矿太阳电池进入市场需要通过国际电工委员会（IEC）标准，其中包括温湿度（85℃/85%）测试（双八五测试）以及长时间地面光照测试。采用类似晶体硅太阳电池的封装技术，经过封装的钙钛矿太阳电池可以实现 1000 h 双八五条件下稳定运行。尽管 IEC 测试说明钙钛矿太阳电池可以在户外使用，但要成为一种成熟的光伏技术，仍需对钙钛矿的衰减机制和过程做进一步深入理解和研究。

钙钛矿太阳电池已经具有较高的光电转换效率，但仅限于小面积器件，面积增大会导致器件效率急剧下降，如何获得大面积器件的高光电转换效率是一大挑战。通过印刷方式可以实现无空穴传输层钙钛矿太阳电池的大面积制备，其特点是在单一导电基底上通过逐层印刷方式涂覆二氧化钛纳米晶膜、氧化锆绝缘层、碳对电极层，之后填充钙钛矿材料。该技术实现了介观太阳电池低成本和连续生产工艺的结合，可实现具有 12.8%的光电转换效率的 10 cm×10 cm 器件制备，且器件具有良好的稳定性。进一步放大电池面积并保持器件性能仍有挑战，通过器件串联可以实现平米级组件的制备。一些企业利用大面积连续涂布软膜法已开发了 64 cm^2 和 400 cm^2 钙钛矿大面积晶体的生长和培育工艺，光电转换效率达到 16%以上。除此之外，其他多种因素仍限制着钙钛矿太阳电池的产业化应用，如铅的环境影响。人们在进一步提升钙钛矿太阳电池效率的同时，也在寻找可替代的无铅钙钛矿太阳电池，并在努力提高无铅或非铅钙钛矿太阳电池器件的稳定性和效率。

随着研究的深入和认识的发展，学术界对钙钛矿的认识从最初单纯的敏化剂扩展到了对其更本质的电学、光学性质的认识，器件结构也从最初的敏化构型发展到平面异质结构型，这些发展将促进设计和制备出更高效的太阳电池。随着钙钛矿太阳电池对印刷工艺和低温工艺的不断适应，成本越来越低，质量也越来越轻，有可能通过低成本的制备工艺大规模生产出更高效、更稳定的钙钛矿太阳电池，若能解决稳定性和非铅等问题，钙钛矿太阳电池有望成为未来的新一代太阳电池。

5.3.9 叠层太阳电池

太阳光谱的能量范围分布在 0.4～4 eV，而材料的带隙（E_g）是一个固定值。只用一种吸光材料制备的单结太阳电池，如 5.2.5 小节所述，其效率

受 Shockley-Queisser 极限效率的限制。叠层太阳电池同时使用不同带隙的半导体材料来拓宽对太阳光谱的吸收范围，实现太阳电池的高效率，是突破单结器件效率极限的途径之一。图 5.38 示出了单结太阳电池与双结太阳电池光吸收过程的差别。单结太阳电池中，能量小于带隙的光子不被吸收，能量远大于带隙的光子被吸收后产生的高能态电子由于热弛豫而损失能量。双结太阳电池中，窄带隙的电池吸收长波光子，宽带隙的电池吸收短波光子，拓展了电池的吸收光谱，降低了高能态电子的能量损失。

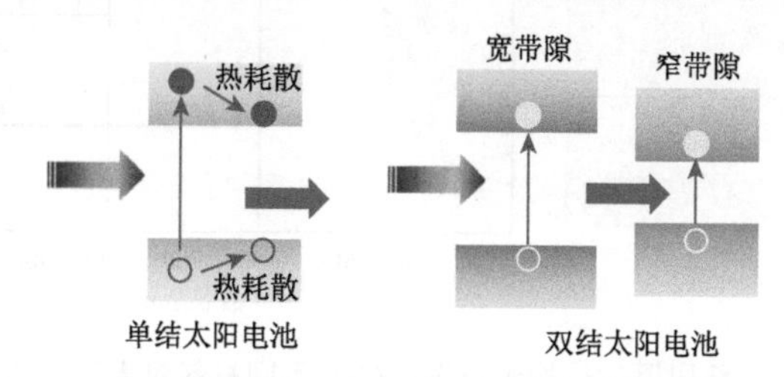

图 5.38　单结太阳电池与双结太阳电池光吸收过程示意图

叠层太阳电池的原理是将具有不同带隙材料的多个子电池，按照带隙从宽至窄的顺序以串联的方式形成一个器件，其中每个子电池只吸收和转换太阳光谱中与其带隙宽度相匹配波段的光子，而叠层太阳电池对太阳光谱的吸收和转换等于各个子电池的吸收和转换的总和。如图 5.39（a）所示，以三结太阳电池为例，三种半导体材料的带隙分别为 E_{g1}、E_{g2} 和 E_{g3}，其中 $E_{g1}>E_{g2}>E_{g3}$。以串联的方式制备的子电池结构为，宽带隙 E_{g1} 的子电池在最上面，首先吸收太阳光谱的短波光子（$\geqslant E_{g1}$ 部分的光子），称为顶电池；带隙为 E_{g2} 的子电池在中间（吸收太阳光谱中 $E_{g1}\geqslant$光子能量$\geqslant E_{g2}$ 部分光子），称为中间电池；带隙为 E_{g3} 的子电池在最下面，吸收长波光子（$E_{g2}\geqslant$光子能量$\geqslant E_{g3}$），称为底电池。从图 5.39（b）可见，太阳光谱被分成三段，分别被三个子电池吸收并转换成电能。这种三结叠层电池对太阳光的吸收和转换比组成它的任何一个子电池都有效，因而可以大幅度提高器件的光电转换效率。

叠层太阳电池的开路电压是各子电池的开路电压之和，短路电流由子电池中最小光生电流决定，可近似认为等于子电池中最小的短路电流值。仍以上述三结太阳电池为例，顶电池、中间电池和底电池的开路电压分别为 V_{oc1}、V_{oc2} 和 V_{oc3}，短路电流分别为 I_{sc1}、I_{sc2} 和 I_{sc3}，假设 $I_{sc1}>I_{sc2}>I_{sc3}$，则三结太阳

电池的 $V_{oc} = V_{oc1} + V_{oc2} + V_{oc3}$，$I_{sc} = I_{sc3}$。为获得最高效率的三结太阳电池，各子电池的短路电流应尽可能接近，这样组成的叠层电池才能获得最大的短路电流。叠层器件设计的关键是合理地选择各子电池材料的带隙并控制其活性层厚度，保证各个子电池之间的欧姆接触，达到高光电转换效率的目的。

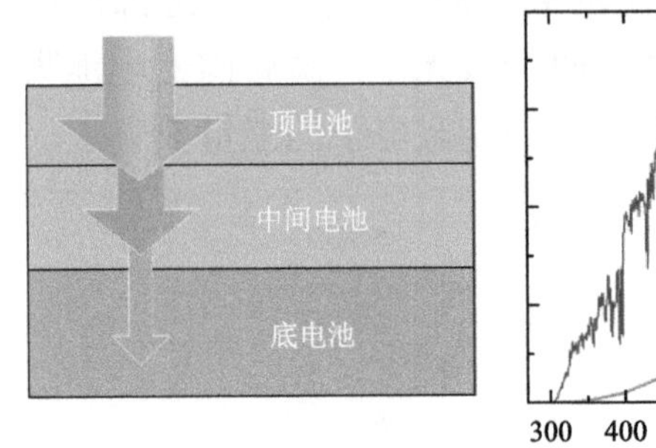

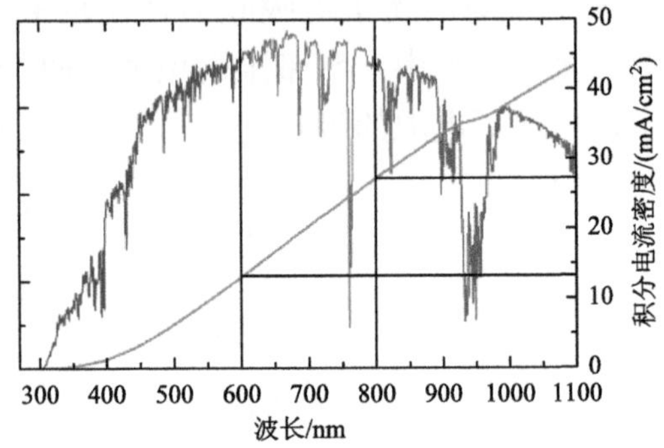

图 5.39 （a）叠层器件结构示意图；（b）不同材料对太阳光的互补吸收

根据叠层太阳电池的原理，构成叠层太阳电池的子电池数目越多，叠层太阳电池的吸收光谱就越接近太阳光谱，可获得的效率就越高。叠层太阳电池的制备工艺过程比单结太阳电池复杂得多，但可以大幅度提高太阳电池效率，并且其组成太阳电池组件的工艺过程与单结太阳电池组成太阳电池组件的工艺过程一样简单，因而被广泛重视，近年来发展迅速。目前认证的叠层太阳电池中双结的非聚光条件下的最高效率为 32.8%，三结为 37.9%，四结为 39.2%，钙钛矿/晶体硅、GaInP/GaAs/Si 叠层太阳电池效率分别为 29.1%和 35.9%。然而，从制备工艺的角度考虑，四结以上的叠层器件各子电池的材料选择和生长工艺将变得非常复杂，不利于提高材料和器件的质量，反而会降低太阳电池的效率。

5.4 展　望

随着近年来太阳电池技术的飞速发展，其制造成本从 20 世纪 70 年代到最近降低了 300 多倍，呈现出惊人的发展速度；太阳电池在全球范围内的装机容量也大幅增长，目前累计装机容量已经接近 200 GW。预计全球光伏装机容量将持续快速发展，并很快进入太瓦（TW）时代[16, 17]，将在全球能源总量中占据举足轻重的地位。目前绝大部分的太阳电池采用集中发

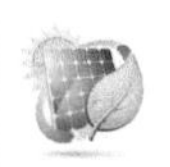

电的方式工作，但发电/用电的地域差异，带来了一定的“弃光”现象。就我国而言，东部地区是产业化基础区域和人口高密度区域，土地资源非常紧张，如何将西部清洁而丰富的太阳电能低成本输送到东部地区，是需要解决的问题。当然，我国太阳能发电的潜力还很大，就地消纳的分布式光伏发电也具有巨大的发展潜力。目前在应用领域已经创新性地出现了各种方式，包括屋顶电站、农光互补、渔光互补、工业厂房电站、商业楼宇电站、户用发电系统、移动光伏电源等。随着就地发电、就地消纳的分布式发电领域的发展，未来太阳电池将在集中和分布式两个方面对能源发展做出更大贡献。

太阳电池效率始终是决定该技术发展的关键。目前晶体硅太阳电池是最为成熟的太阳电池，占据全球太阳电池市场近 95%的份额，其量产效率普遍达到 22%，但人们还在不断进行技术创新，挑战晶体硅太阳电池的性能极限。最近报道的完全钝化晶体硅表面（异质结技术）可使量产晶体硅太阳电池的效率达到 25%。晶体硅太阳电池的热力学理论效率极限为 31%，在未来数十年内仍具有发展空间。通过不断创新，进一步提升效率是太阳电池发展的趋势，高效太阳电池及其发电成本不断降低，逼近和低于传统火电成本将是指日可待的目标。

此外，太阳电池技术将不断发展。图 5.40 汇总了近年来太阳电池性能的发展趋势，可以看到单结器件中，砷化镓太阳电池单结器件效率已经达到 29.1%，铜铟镓硒太阳电池最高效率达到 23.4%。叠层电池中，目前认证的非聚光条件下最高效率为双结 32.9%，三结 37.9%，四结 39.2%，通过与主流的晶体硅电池技术相结合，钙钛矿/晶体硅、GaInP/GaAs/Si 叠层太阳电池的实验室效率已经分别达到了 29.1%和 35.9%。尽管这些太阳电池技术在未来可能不会像晶体硅太阳电池一样应用广泛，但这些技术的发展将拓展太阳电池的应用领域。例如，砷化镓、铜铟镓硒、有机电池、钙钛矿等薄膜电池具有可制成柔性太阳电池的潜在优势，可以应用在服装、装饰、建筑等社会生活的方方面面。柔性太阳电池有望应用在太空、临近空间、航天航空，甚至登月及外太空探索中。相信随着未来人类科技水平的不断进步，太阳电池技术也将不断地发展和进步，太阳电池将在未来为人类的绿色生活做出更大的贡献。

当然能源的需求除了电能形式，液体燃料也非常重要。目前液体燃料主要来源于化石能源（煤、石油、天然气等），如何将太阳能等可再生能源发电转化为液体燃料（液态阳光）将是当前乃至以后重要的发展方向。

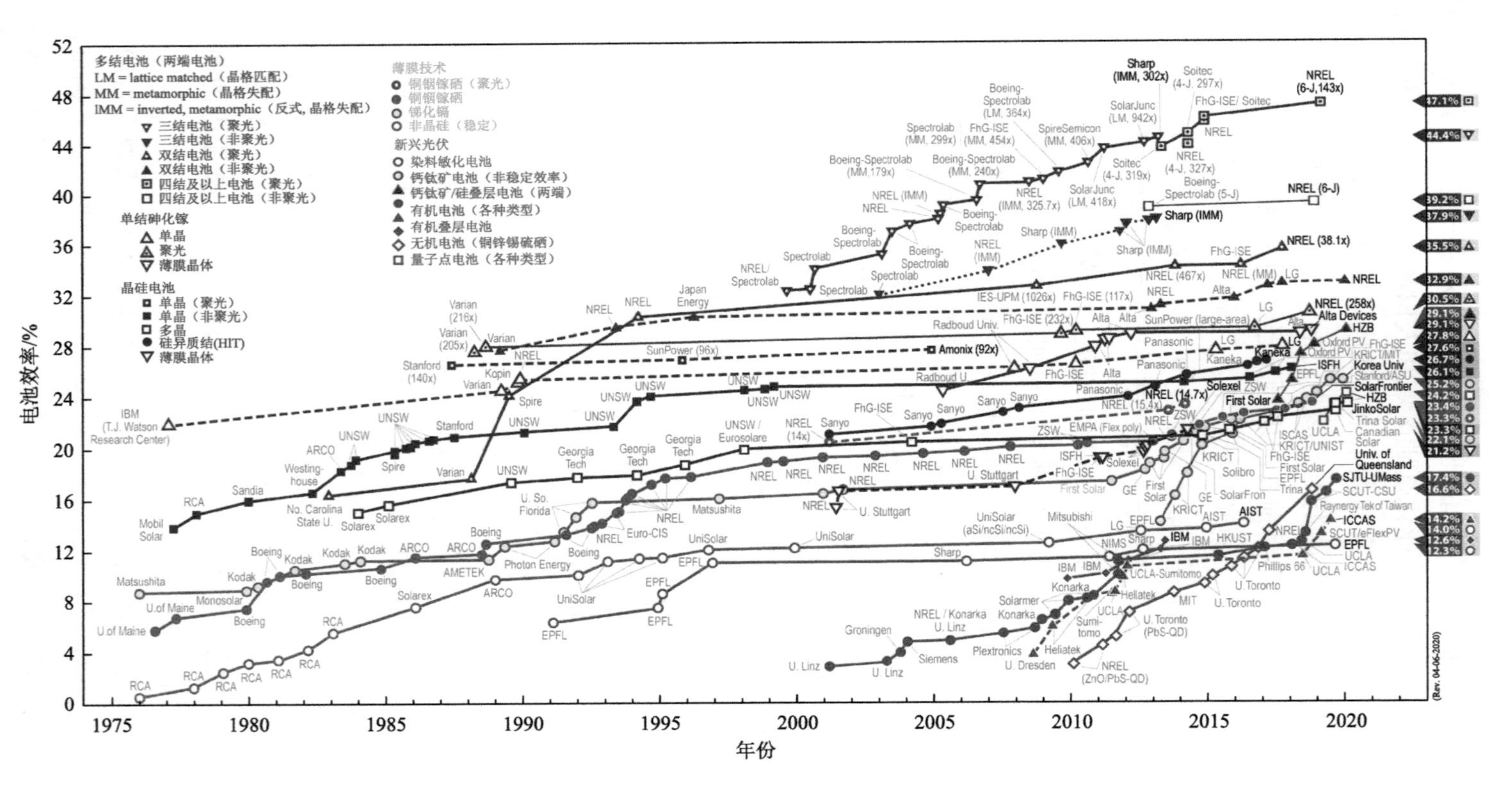

图 5.40 美国可再生能源国家实验室公布的太阳电池最高效率图（2020 年 4 月）

参考文献

[1] Becquerel A E. Recherches sur les effets de la radiation chimique de la lumiere solaire au moyen des courants electriques. Comptes Rendus de L'Academie des Sciences，1839，9：145-149.

[2] Smith W. Effect of light on selenium during the passage of an electric current. Nature，1873，7（173）：303.

[3] Adams W G，Day R E. The action of light on selenium. Proceedings of the Royal Society of London，1876，25（171/178）：113-117.

[4] Fritts C E. On a new form of selenium photocell. American Journal of Science，1883，26：465.

[5] Stoletow D A. Ueber die Magnetisirungsfunction des weichen Eisens，insbesondere bei schwächeren Scheidungskräften. Annalen Der Physik，1872，222（7）：439-463.

[6] Stoletow M A. On a kind of electrical current produced by ultra-violet rays. Philosophical Magazine Series 5，1888，26（160）：317-319.

[7] Millikan R A. A direct determination of "*h*". Physical Review，1914，4（1）：73-75.

[8] Lashkaryov V E. Investigations of a barrier layer by the thermoprobe method. Izvestiia Akademii Nauk Sssr Seriia Biologicheskaia，1941，5（4/5）：442-446.

[9] NREL. Best research-cell efficiency chart. https://www.nrel.gov/pv/cell-efficiency.html. 2019.

[10] 褚君浩. 窄禁带半导体物理学. 北京：科学出版社，2005.

[11] 刘恩科，朱秉生，罗晋生. 半导体物理学.7 版.北京：电子工业出版社，2011：158-165.

[12] 黄维，密保秀，高志强. 有机电子学. 北京：科学出版社，2011：242-243.

[13] 熊绍珍，朱美芳. 太阳能电池基础与应用. 北京：科学出版社，2009：583-584.

[14] Polman A，Knight M，Garnett E C，et al. Photovoltaic materials：present efficiencies and future challenges. Science，2016，352（6283）：aad4424.

[15] Shockley W，Queisser H J. Detailed balance limit of efficiency of p-n junction solar cells. Journal of Applied Physics，1961，32（3）：510-519.

[16] 国家发展和改革委员会能源研究所，能源基金会.中国 2050 高比例可再生能源发展情景暨路径研究. 2015.

[17] Asia-Pacific Infrastructure. Energy，vehicles，sustainability：10 predictions for 2020. http://www.infrastructurenews.co.nz/energy-vehicles-sustainability-10-predictions-2020/[2020-03-14].

第6章

太阳能转化之光热转化

导读

热的本质就是分子的振动、转动和平动运动，而其中分布在振动和转动能级的辐射就是红外和远红外长波长的光。太阳光谱的中红外、远红外甚至更长波的光，其能量本质就是热能。太阳光能到热能的转化实质就是将短波长的光转化为长波长的光。实际应用中，如图6.1所示，太阳光能到热能的转化主要通过聚光集热（非聚焦型和聚焦型集热器）和热储存（显热储热、潜热储热、化学储热）的方式进行。储存的热能又可转化为电能（热功间接发电、热电效应直接发电）或者通过驱动化学反应转化为化学能等。

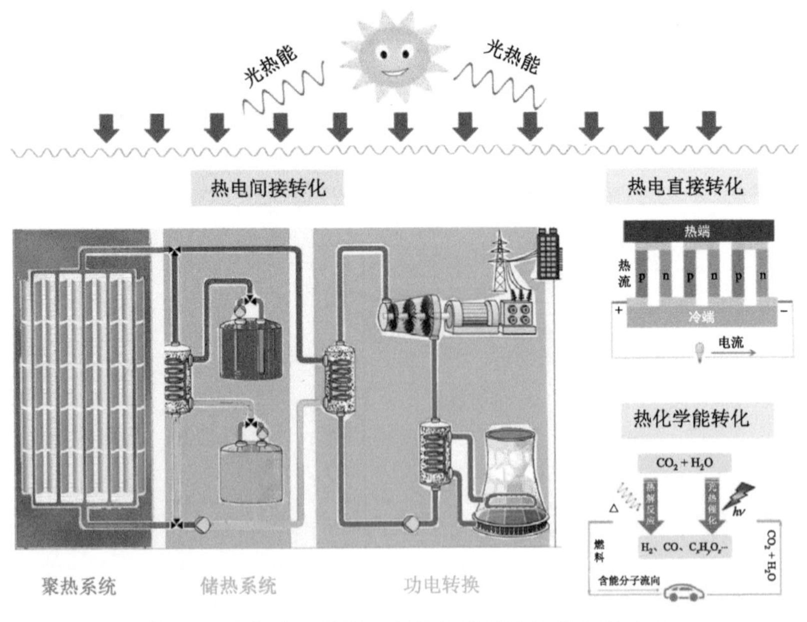

图6.1　太阳能—热能—其他能转化的几种主要方式

6.1　光能—热能转化

6.1.1　光热本质

人类利用太阳光热的历史可追溯到远古时代，古人在生活和生产中早已接触到许多热现象，但由于生产和认识水平的限制，人们对热的本质只有一些表象的了解。中国古代科学家提出的元气说认为热是物质元气聚散变化的表现，类似于古罗马卢克莱修著作中描述的“热把空气一起带来，没有热也就没有空气，空气和热混合在一起”这种热是物质的热质说；古希腊哲学家柏拉图认为热现象本身就是摩擦和碰撞引起的；17 世纪后，英国哲学家培根归纳大量经验事实，断言热就是物质内部微粒的运动；随后，英国科学家玻意耳提出分子运动假设，认为热是物体各个部分发生的杂乱运动；18 世纪 40 年代，俄国科学家罗蒙诺索夫明确提出了热是物质内部分子运动的表现以及气体分子运动是无规则的重要思想；但总的来说，热的运动说当时还缺乏精确的实验根据，直至 18 世纪中叶，系统计量学和热学的建立，使热现象研究走上实验科学的道路；1798 年，伦福德和戴维先后以金属钻削实验和冰块在真空容器中的摩擦融化实验为依据，对热质说进行反驳。19 世纪 40 年代，英国物理学家焦耳所做的热功当量的大量精确实验给予热力学第一定律以坚实的实验基础。德国物理学家克劳修斯和英国物理学家开尔文根据法国工程师卡诺的理想热机效率研究，提出热力学第二定律。至此，人们对热现象有了接近本质的认识。

热力学三大定律

19 世纪末，人们从对热的研究中总结出著名的热力学三大定律，这三大定律成为能量转化理论的基石。

热力学第一定律，也称能量守恒定律　一个热力学系统的内能增量等于外界向它传递的热量与外界对它所做的功的和，即能量既不能凭空产生，也不能凭空消失，它只能从一种形式转化为另一种形式，或者从一个物体转移到另一个物体，在转移和转化的过程中，能量的总量不变。

热力学第二定律　克劳修斯表述：热量可以自发地从温度高的物

体传递到温度低的物体，但不可能自发地从温度低的物体传递到温度高的物体；开尔文-普朗克表述：不可能从单一热源吸取热量，并将该热量完全变为功，而不产生其他影响；熵表述：随时间延长，一个孤立体系中的熵不会减小。

热力学第三定律　绝对零度（$T = 0$ K，即−273.15℃）时，所有纯物质的完美晶体的熵值为零；或表述为绝对零度不可能达到。

1850 年，物理学界普遍认识到了热现象和分子运动的联系，使分子运动理论得到飞跃发展。克劳修斯运用统计方法导出了玻意耳定律，得到气体压强和分子的平均平动能成正比的基本认识。人们逐渐认识到压强和温度等宏观性质都是大量分子杂乱运动的宏观表现。1870 年玻尔兹曼和麦克斯韦提出了研究分子宏观平衡性质的概率统计法；1887 年玻尔兹曼引入熵的概念，给予热力学第二定律以统计解释，即热力学存在一个态函数熵，孤立系统经绝热过程由一个状态到达另一个状态的熵值不减少，直至平衡态，这就是著名的熵增原理。19 世纪末，关于热容量理论和黑体辐射分布规律的研究，发现了微观运动的本质，同时揭示了经典统计物理学理论的重大缺陷。1900 年普朗克提出的能量量子化假设，即物体中的原子运动可看作微小的量子谐振子，其能量只能取某些基本能量单位的整数倍，这些基本能量单位只与电磁波的频率有关，且和频率成正比，这一假设成功地解释了黑体辐射问题及气体、固体比热随温度变化的规律，最终促使经典统计物理学发展成为量子统计物理学[1]。

从玻尔兹曼热力学统计分布来看，热能分布在分子的较低能态上，表现为无序运动方式，主要包括分子的平动、转动和振动，而其中分布在振动和转动能级的辐射就是红外和远红外的长波长光，太阳光谱中长波部分与物质相互作用即表现为光的热效应。

太阳光谱和分子运动之间的关联

太阳光在地球表面的光谱分布可分为三个区域，如插图 6.1 所示，波长小于 400 nm 的紫外光区域、波长为 400～780 nm 的可见光谱区域和波长大于 780 nm 的红外光谱区域。其中，紫外光谱仅约占太阳光谱总能量的 7%（95 W/m^2），可见光谱约占太阳光谱总能量的 47%

（640 W/m^2），红外光谱约占太阳光谱总能量的 46%（618 W/m^2）。由此可见，太阳辐射的能量主要分布在可见和红外光谱区域。

分子运动包括整体的平动、转动、核的振动及电子的运动。粗略地说，分子的总能量是整体的平动能和分子内部的能量（包括转动能、振动能、电子能量、核运动能量）之和。其中平动能是分子最低能级的能量分布，除平动能外，其他能量都是量子化的，称为分子的内部运动能。

光谱产生于分子、电子、原子运动状态的改变。电子在分子不同能态之间的跃迁会吸收或发射一定的能量，表现为一定频率光子的吸收或发射。在一个电子能态上有许多振动能级，一个振动能级上又有许多转动能级。当分子的电子能态改变时，其发射光谱对应于紫外和可见区；若电子能态不变，振动能态改变，其发射光谱对应于红外区。若单纯的转动能态发生改变，其发射光谱对应于远红外区或微波区[2]。

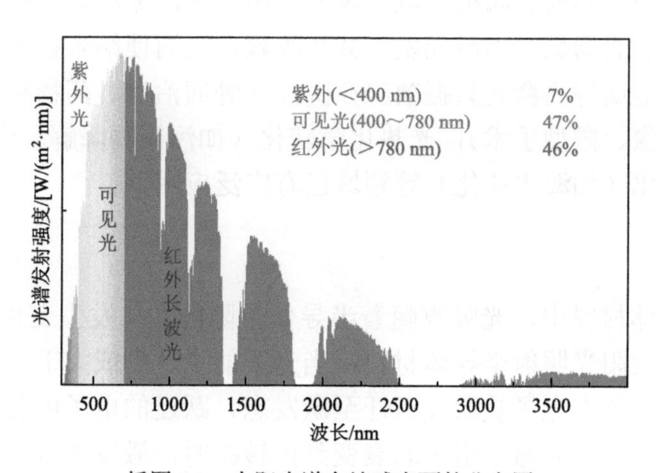

插图 6.1 太阳光谱在地球表面的分布图

6.1.2 光热转化原理

光能和热能是如何相互转化的呢？光热之间的转化主要分为两种方式：上转化和下转化。上转化发光是指低能级热能转化为高能级光能，即太阳光谱的长波长的光转化为短波长的光，以更高能量的光子输出，又称反斯托克斯发光。上转化发光机理是基于双光子或多光子吸收的过程，即发光中心相继吸收两个或多个光子，光子经过辐射弛豫到达激发态能级，再跃迁至基态时释放出单光子的过程。下转化是指太阳光谱中短波长的光转化为长波长的光，以热的形式输出，又称斯托克斯过程。本节主要介绍光热转化之光能到热能的转化。下转化产热机理是指材料吸收电磁辐射产生晶格振动而引起材料温度升高。对于不同的光热转化材料，其光热转化形式也不尽相同，可分为三类。

1. 金属的等离激元局部热效应

在金属材料中，电磁辐射吸收主要通过自由电子被激发到高能态的带内跃迁产生，称为自由载流子吸收。以金属纳米颗粒为例，其可看作是由带正电的固定离子实和带负电的自由电子组成；当光照射到金属纳米颗粒的表面时，会形成振荡电场驱动电子云离开离子实；由于原子核的恢复力作用，自由振动的电子与光子相互作用发生集体振荡，如图 6.2（a）所示，当入射光子的频率与金属纳米颗粒表面自由电子的振动频率相匹配时，金属纳米颗粒表面局域等离激元发生共振吸收，从而使纳米颗粒产生局部热效应。目前金属等离激元共振效应在医疗（肿瘤治疗、药物和基因定向输送、光声成像、微型手术），光热化学转化（如污染物降解、光热催化），光热物理转化（如海水淡化）等领域已有广泛应用[3]。

2. 半导体的非辐射弛豫

在半导体材料中，光吸收随着半导体带隙的变化发生变化，如图 6.2（b）所示：太阳光照射半导体材料，当光子能量达到或大于半导体材料的光学带隙时，激态电子被激发跃迁至激发态，跃迁的电子由激发态最终返回至基态；当短波光激发电子态衰变到振转态时，激发能量耗散为热能引起晶格的局部热效应（无辐射跃迁），其主要表现形式是俄歇复合，即电子与空穴复合时将能量转移到另一个自由载流子的过程；当高能激发态电子衰变为基态时，其中一部分能量转移到材料的杂质/缺陷或表面悬空键等以荧光、磷光形式发射，另一部分能量转变为振转能（热能），最终能量以光和热的形式释放出来。

3. 分子的热振动

分子的热振动是指材料吸收长波光直接变为热能。大部分有机材料（碳

基材料、染料和共轭聚合物）吸收红外光并通过晶格振动将其转化为热能，如图 6.2（c）所示。

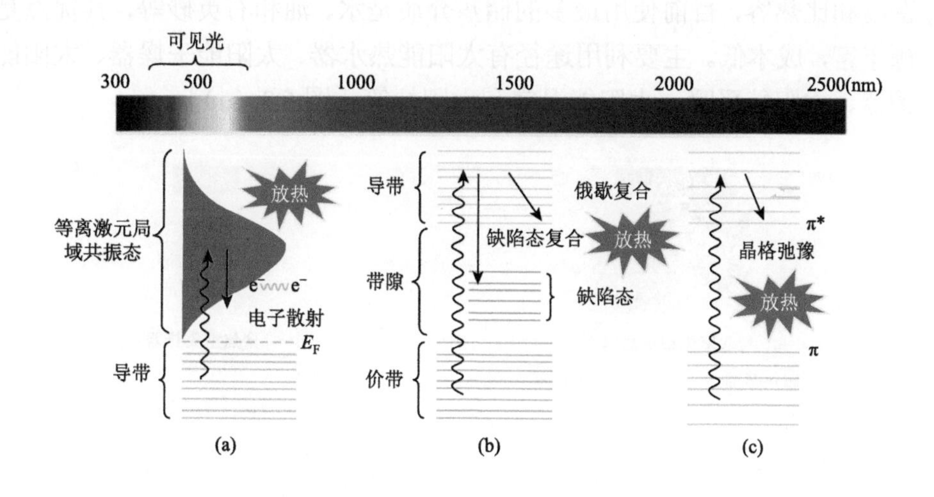

图 6.2　光热转化的不同机制[4]

（a）等离激元局域共振；（b）半导体非辐射弛豫；（c）分子热振动

6.1.3　光热储存原理

实际应用中，光能到热能的转化主要通过聚光集热（非聚焦型和聚焦型集热器）和热储存（显热储热、潜热储热和化学储热）方式进行。聚光集热主要是采用聚焦装置将太阳光聚焦收集起来，不同的聚光集热模式对应不同的储热模式。目前常用的聚光装置有两种：非聚焦型中低温集热器（平板型、真空管和陶瓷集热器等）和聚焦高温集热器（槽式、塔式和碟式聚焦系统等）。下面简单介绍不同类型聚光集热器的基本原理和其相对应的储热模式。

非聚焦型平板型集热器主要由吸热板、透明盖板、隔热层和外壳等几部分组成，太阳光穿过透明盖板投射到吸热板，使吸热板内的传热工质温度升高并转化成热能输出；真空管集热器主体结构类似于平板集热器，不同之处是将吸热板与透明盖板之间的空间抽成真空，抑制真空管内对流热损失，提高热能的利用率；陶瓷集热器主要以陶瓷为基体，具有刚性好且稳定的光热转换效率。非聚焦型集热器所对应的光热存储模式是显热储热，即将储热介质加热使其温度升高，增加储热介质内能，并将热量储存起来，这种利用物质因温度变化而储存热的方式称为显热储热。显热储热要求储热介质有高的密度和比热容，目前使用最多的储热介质是水、油和石英砂等，其优点是来源丰富，成本低。主要利用途径有太阳能热水器、太阳能干燥器、太阳能蒸馏器、太阳能采暖、太阳能温室和太阳灶等［图 6.3（a)］。

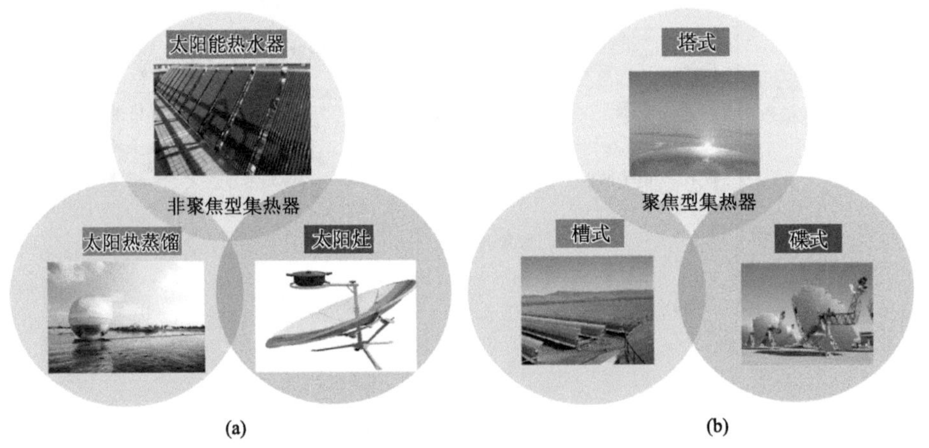

图 6.3　非聚焦型集热之显热储热（a）和聚焦型集热之潜热储热（b）的应用示范[5]

太阳能热水器的基本工作过程

太阳能热水器的结构以真空管式集热器为主。当阳光穿过吸热管的第一层玻璃照到第二层玻璃的黑色吸热层上时，可有效吸收太阳光热能，大部分热量传递给玻璃管中的水介质，使其加热，加热的水沿着玻璃管受热面进入保温储水桶，桶内温度相对较低的水沿着玻璃管背光面进入玻璃管补充，如此循环，使保温储水桶内的水不断被加热而获得热水。

聚焦高温集热器是利用光学和机械原理将太阳光集中反射到聚光器上形成稳定的高密度能量流，目前在光热电站应用广泛［图 6.3（b)］，其基本工作原理将在 6.2.1 节详细介绍。聚焦高温集热器所对应的热存储形式是潜热储热，潜热储热需要伴随存储介质的相变过程而实现热存储，存储介质由固态转化为液态，再由液态转化为气态，或自固态直接转化为气态，吸收相变热，进行逆过程时将释放相变热。潜热储热的储热密度约比显热

储热高一个数量级且储热容量大，物质的相变过程在特定温度下进行使得相变储热设备可保持恒定的热力效率和供热能力。目前，相变材料主要分为无机和有机两类：无机相变材料主要包括碱土金属卤化物、硝酸盐、磷酸盐、碳酸盐及乙酸盐等水合盐，其通常有较大的相变热、固定的熔点且成本较低；常用的有机相变材料有高级脂肪烃、醇、羧酸及盐、聚合物，其优点是固体成型好，不易发生相分离，腐蚀性较小，但导热系数低。

另一种储热模式是化学反应储热。化学反应储热是利用物质在受热或受冷时发生吸热或放热的可逆化学反应，通过化学能和热能的相互转化进行能量储存的过程。与前两种储热方式相比，其储能密度高，且正、逆反应可在高温（500～1000℃）下进行。另外，通过催化剂或产物分离等方式，化学反应储热可在常温下长期储存，易于长距离运输，这将在 6.3 节详细介绍[5]。

6.2　光热能—电能转化

光热能转化为电能的方式主要分为两种：一种是采用聚焦装置将太阳光聚焦产生热能并通过蒸汽热机原理驱动电机发电，我们将这种通过水蒸气作为中间媒介的发电方式称为间接发电；另一种是通过热电效应直接将热能转化为电能。本节将分别介绍这两种光热能转化方式的基本原理和发展历程。

6.2.1　光热间接发电

1. 基本原理

太阳能热发电技术是通过反射镜、聚光镜等聚热器收集太阳辐射热能，用来加热集热装置内导热油或熔盐等传热介质，传热介质经过换热装置将水加热成高温高压蒸汽驱动汽轮机带动发电机发电。目前，光热间接发电主要有槽式、塔式、碟式和菲涅耳式聚焦光热发电技术，虽然发电方式有所不同，但大致均可分为太阳能集热系统、热传输和交换系统、发电系统三个基本系统。下面分别介绍不同类型太阳能热发电技术的基本原理。

槽式太阳能光热发电系统是利用槽式抛物面聚光器聚焦太阳光间接

发电的线式聚焦集热系统，如图 6.4（a）所示。槽式抛物面聚光器将太阳光聚焦在一条线上，在这条焦线上安装管状集热器吸收聚焦太阳辐射能，并将众多的槽式聚光器串并联成聚光集热器阵列，对太阳辐射进行一维跟踪。集热场收集的多余热量通过换热装置进入油盐换热器；液态的熔盐（280℃）从低温熔盐储罐进入换热器，加热至 380℃；加热后的熔盐从换热器流出并存储在高温熔盐储罐内；当集热场光照不足时，高温

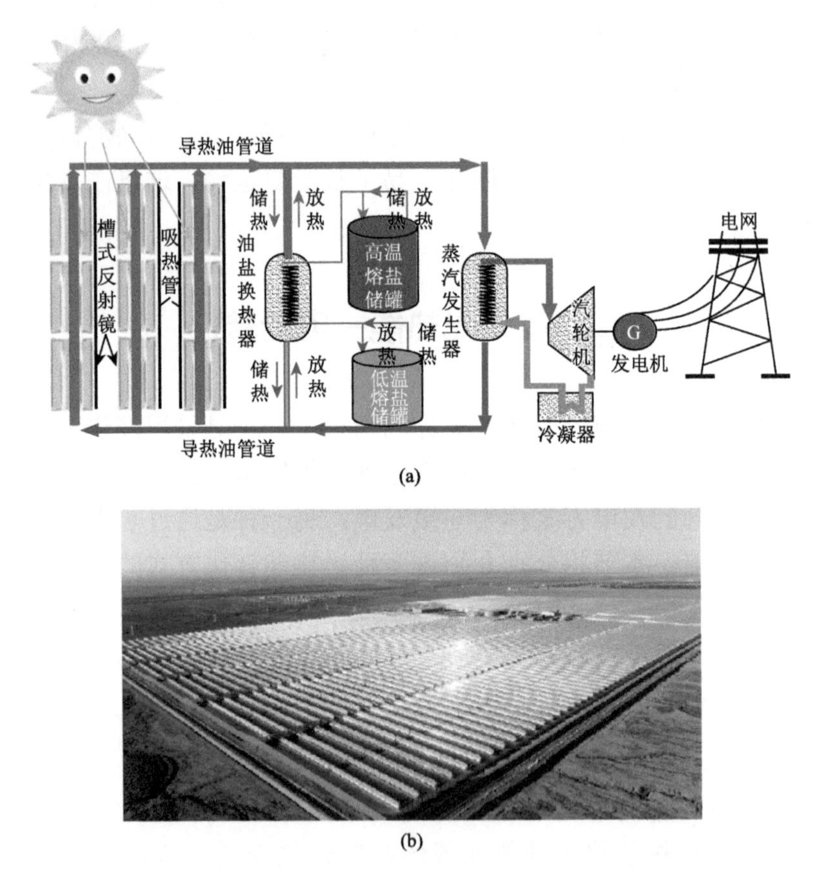

(a)

(b)

图 6.4　槽式太阳能光热发电系统示意图（a）和项目示范（b）

熔盐储罐内熔盐进入换热器，热量传导至蒸汽发生器，产生的蒸汽带动汽轮机发电，高温熔盐换热后回到低温熔盐储罐，如此循环，最终实现光热电转换。以我国首个商业化光热发电项目中广核德令哈 50 MW 槽式光热发电示范项目为例，如图 6.4（b）所示，该项目是由中国电建集团核电工

程有限公司承建，采用抛物面槽式导热油太阳能热发电技术，建设了 190 个槽式集热器标准回路，一套双罐二元硝酸盐储热系统，储热容量达 1300 MW•h，可有效储能 7.5 h，同时建设了一套 50 MW 规模的中温汽轮发电机组。

塔式太阳能光热发电系统是利用中央集热塔作为吸热器的点式聚焦集热系统，如图 6.5（a）所示，集热塔周围布置一定数量的定日镜，定日镜将太阳光反射至集热塔顶的吸热器上，加热吸热器内保持流动的传热流体，高温传热流体通过蒸汽发生系统产生高温高压的蒸汽，推动汽轮发电机组发电。以我国首座百兆瓦级首航塔式光热电站为例，介绍太阳光热聚焦并

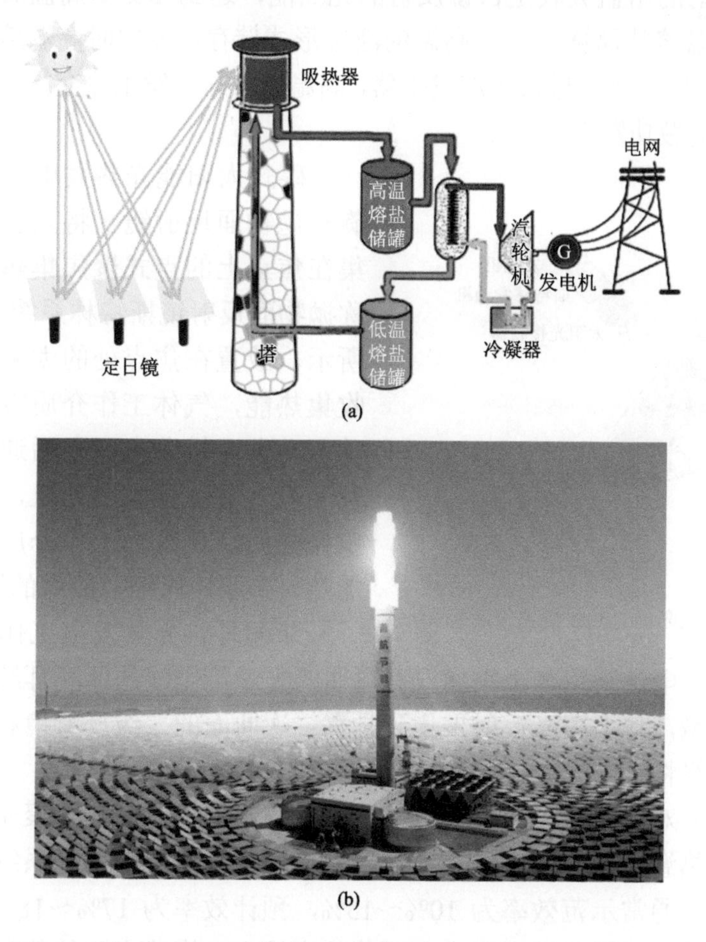

图 6.5　塔式太阳能光热发电系统示意图（a）[5]和项目示范（b）

发电的过程［图 6.5（b）］。光反射聚焦吸热器主要靠定日镜完成，定日镜是由反射镜、支撑框架、立柱、传动机构和跟踪控制系统五部分组成，就像一个机器人，顶着一面 100 多平方米的巨型反射镜，定日镜能在不同的位置和不同角度上接受统一指挥，经动态移动将阳光反射聚焦到吸热塔顶的吸热器上，实现聚光集热功能。

此外，利用熔盐技术可把间歇太阳热能储存为稳定的热能。熔盐（60%硝酸钠和 40%硝酸钾的混合物）最初储存在地面的两个储罐中，其中一个为低温熔盐储罐，温度为 287℃，另一个为高温熔盐储罐，温度达 565℃。低温熔盐储罐内的熔盐在太阳升起后被泵打入塔顶部的吸热器，在吸热器内高速流动的熔盐吸收定日镜反射的光热能，达到 565℃高温后通过下降管流入高温熔盐储罐，并以高温的液态形式储存，发电时高温熔盐流入蒸汽发生器，同时水也进入蒸汽发生器，高温熔盐与水发生热交换产生蒸汽后推动汽轮机做功发电。

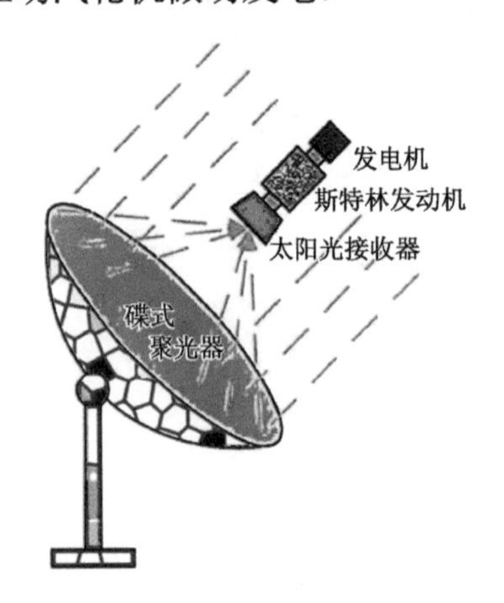

图 6.6 碟式太阳能光热发电系统示意图[5]

碟式太阳能光热发电系统是利用旋转抛物面反射镜，将入射太阳光聚集在焦点上的点式聚焦集热系统，也称抛物面反射镜斯特林系统。如图 6.6 所示，放置在焦点处的太阳光接收器收集热能，气体工作介质吸热膨胀做功驱动发电机发电，之后通过斯特林发动机，又称外燃发动机，压缩气体工作介质，使气体工作介质实现一个加热、膨胀、压缩、冷却的周期循环。

菲涅耳式光热发电工作原理类似槽式光热发电，采用多个平面或微弯曲的光学镜组成的菲涅耳结构聚光镜替代抛面镜，将太阳光反射聚集到具有二次曲面的二级反射镜和线性集热器上，最终将太阳光能转化为热能，驱动汽轮机发电。

表 6.1 对比了各种太阳能热发电技术的不同特点，槽式聚光器的聚光比低、集热温度不高使得槽式太阳能光热发电系统中动力子系统的热转功效率偏低，通常示范效率为 10%～15%，预计效率为 17%～18%，在进一步提高热效率、降低发电成本方面的难度较大。塔式太阳能热发电系统具有聚光比和工作温度高、热传递路程短、热损耗少、系统综合效率高（示

范效率为 10%～16%，预计效率为 15%～25%）等特点，适合于大规模应用，但塔式太阳能热发电系统一次性投入大，装置结构和控制系统复杂，维护成本较高。碟式太阳能热发电系统可以单机标准化生产，具有使用寿命长、综合效率高（示范效率为 16%～18%，预计效率为 18%～23%）、运行灵活性强等特点，但不具有储热功能，适合边远地区离网分布式供电。菲涅耳式光热发电的特点是系统简单、直接使用导热介质产生蒸汽，示范效率在 9%～11%，其建设和维护成本相对较低。

表 6.1　对比槽式、塔式、碟式和菲涅耳式热发电系统特点[5]

项目	槽式	塔式	碟式	菲涅耳式
对太阳能直射资源的要求	高	高	高	高
聚焦技术	线聚焦	点聚焦	点聚焦	线聚焦
聚光比	70～80	300～1000	1000～3000	25～150
吸热器运行温度/℃	320～400	230～1200	750	270～550
储能	可储热	可储热	否	可储热
示范效率	10%～15%	10%～16%	16%～18%	9%～11%
预计效率	17%～18%	15%～25%	18%～23%	
适宜规模/MW	30～150	30～400	1～50	10～320
占地规模	大	中	小	小

2. 发展历程——光热电站工业示范

太阳能热发电技术早在 20 世纪 50 年代就开始工业化，世界第一座塔式太阳能热发电电站是苏联设计的，90 年代初处于发展高峰期，截至 2016 年底，西班牙投产的太阳能热发电电站装机容量最大(2303 MW)，然后依次是美国(1952 MW)、印度(358 MW)、南非(200 MW)、摩洛哥(184 MW)、阿联酋(100 MW)，其他国家都在 100 MW 以下。与国外长达 50 多年的太阳能热发电技术研究相比，我国太阳能热发电技术研究起步较晚，经过不懈的努力我国在材料、设计、工艺及理论方面取得飞跃式发展，目前已拥有塔式和槽式等全套光热电站技术的独立知识产权，具备完整的设计能力和成套装备制造能力。下面简要介绍全球不同时期、不同技术路线和不同装机容量的代表性光热发电项目。

1984～1991 年，美国在加利福尼亚州沙漠相继建成并投运 9 座槽式光热电站 SEGSⅠ～SEGSⅨ，总装机规模为 353.8 MW。其中 SEGSⅠ槽式太阳能热发电站装机规模为 13.8 MW，配有 3 h 的储热系统，采用导热油储热方案，采光面积为 82960 m^2，运行时间共计 30 余年。

西班牙 PS10 塔式光热电站于 2005 年 7 月开工建设并于 2007 年 6 月投运，集热塔高度为 115 m，总采光面积达 75000 m^2，采用塔式水工质技术路线，占地面积为 55 hm^2，配置 1 h 蒸汽储热系统，装机规模为 11 MW。

西班牙 PuertoErrado2 菲涅耳热电站于 2011 年 4 月开工建设并于 2012 年 3 月并网发电，该项目装机规模为 30 MW，储热时长 0.5 h，共配置 28 个 16 m 宽的集热阵列，总采光面积为 302000 m^2。

西班牙 Andasol-1 槽式光热电站于 2006 年 7 月开工建设并于 2008 年 11 月投运，占地面积为 200 hm^2，配置了 7.5 h 的熔盐储热系统，总采光面积达 510120 m^2，装机规模为 50 MW。

西班牙 Gemasolar 塔式光热电站实现 24 h 连续发电，被视为世界上最具创造性的光热电站和可再生能源革命的里程碑之作，于 2009 年 2 月建设并于 2011 年 4 月实现并网发电，装机规模为 19.9 MW，储热时长达 15 h，年发电量为 110000 MW·h，可以满足当地 27500 户居民的日常用电，每年可减少 30000 吨的二氧化碳排放量。

阿联酋 Masdar 二次反射塔式光热发电示范项目于 2010 年 1 月建成，该热电站由 33 套联动的定日镜组成光场系统；集热塔是一种特殊的二次反射塔，塔顶安装二次反射镜，将太阳能二次反射至置于地面的热量接收装置，与传统的塔式热发电的热量接收器的位置不同，年装机容量达 100 kW·h。

西班牙 Termosolar Borges 电站于 2011 年 3 月底开工建设并于 2012 年年底并网发电。该电站由槽式光热镜场和生物质能锅炉两大部分组成，在太阳光照充足时主要采用光热发电，在晚间或太阳光照不足时主要采用生物质能发电，采用这种互补发电的方式可实现 24 h 持续发电。年发电量可达 101.6 GW·h，生物质贡献年发电量 47.3 GW·h，太阳能贡献年发电量 44.1 GW·h，另有燃气辅助贡献年发电量 10.2 GW·h。年发电能力可满足 27000 户普通家庭的日常用电需求，年减排二氧化碳 24500 吨。

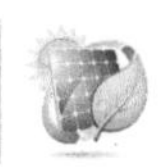

美国 Stillwater 地热光热混合发电项目于 2012 年加入了太阳能光伏发电系统，2015 年添加年装机容量为 17 MW·h 的槽式太阳能光热发电系统，至 2016 年 3 月投运。该电站采用光伏、光热和地热互补发电的形式实现较高的能源使用效率。

澳大利亚 Newbridge 光热电站是采用光伏发电和光热发电相结合的塔式光热示范项目，于 2015 年 3 月 27 日投运。该热电站塔顶的能量吸收器分为两个部分，上层部分为热量吸收器，主要吸收红外辐射，吸收的热量存入储热系统；光伏电池发出的电能用压缩机压缩空气存入压缩罐中，发电时释放压缩中的空气驱动发电机发电，同时利用储热系统加热空气，空气受热膨胀做功，促使发电效率大幅提升。

意大利西西里岛 2 MW·h 塔式光热电站采用空气/沙子流化床的太阳能蒸汽发生技术吸收储存太阳能并将热量转化为电力和其他热能使用。该电站年装机容量 2 MW·h，配备 786 台定日镜，将太阳光通过集热塔上方的二次反射镜集中于下置的集热器上，占地面积 2.25 hm^2，每年可减少约 890 吨的二氧化碳排放量。

丹麦 AalborgCSPSun 热电站专为沙漠农场提供清洁能源，于 2016 年 10 月投运，该热电站在沙漠地区安装超过 23000 个定日镜收集太阳光线，并将太阳光线反射至高达 127 m 的集热塔吸收器。在冬季，聚焦太阳光热能产生的高温将为温室中的作物提供热能；在夏季，该热电站可净化附近 5 km 外的 Spencer 海湾海水为温室提供淡水；此外，该热电站利用产生的高温蒸汽驱动蒸汽轮机发电，每年可以生产 1700 MW·h 的电能和 250000 m^3 淡水，每年可减排二氧化碳 16000 吨。

阿联酋 Shams 百兆瓦级槽式太阳能热发电站，于 2010 年 7 月开始建设并于 2013 年 3 月 17 日正式投运，该热电站镜场总采光面积达 627840 m^2，占地面积 2.5 km^2，年发电量 210 GW·h，可满足 2 万户普通家庭的日常电力需求，年减排二氧化碳 175000 吨。

我国具备大规模发展光热发电的资源条件，初步估算我国可利用的法向直接辐射量大于 1700 kW·h 的土地面积有 97 万 km^2，分布在内蒙古、西藏、青海、新疆、甘肃等地；2012 年，我国首座兆瓦级塔式太阳能热发电站建于北京延庆八达岭，2016 年在甘肃敦煌建成 10 MW 塔式光热电站，2018 年末，中广核德令哈 50 MW 槽式光热发电示范项目、玉门首航节能新能源 100 MW 光热发电示范项目、达华尚义 50 MW 塔式光热发电项目和敦煌首航 100 MW 塔式熔盐光热发电示范项目等并网投运。我国光热发电相关产业发展势头很好。

6.2.2 热电直接发电

1. 基本原理

热也可以直接转化为电，这种现象我们称之为热电效应。热电效应的发现起源于 19 世纪，1821 年，德国科学家托马斯·约翰·塞贝克在一次偶然的实验中发现，将两种不同的金属 A、B 连接形成回路，若在连接点一端加热产生温差（T_1、T_2），则接在回路旁边的小磁针发生偏转，说明回路中产生了电流。当时塞贝克称这种现象为热磁现象，后人称之为塞贝克效应，对此加以解释如下（图 6.7）。

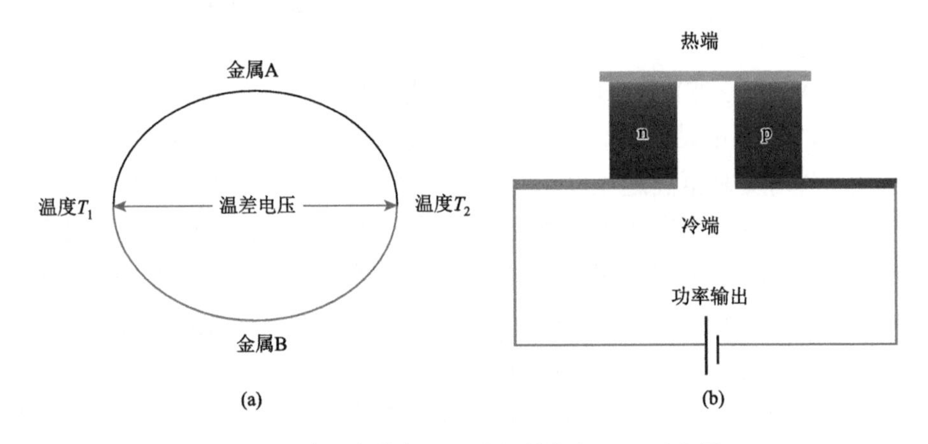

图 6.7 塞贝克效应（a）和温差发电（b）示意图

当半导体（n 型、p 型）两端没有温差时，载流子的分布是均匀的，若加热材料的一端，则该处的载流子动能增加，高于冷端载流子的动能，从而导致载流子由热端向冷端扩散；冷端附近由于载流子的聚集形成一个自建电场，阻碍载流子由热端向冷端扩散，当这一过程趋于平衡时，导体内无载流子的定向移动，导体两端就会产生一个电动势，称之为塞贝克电位[6]。当材料处于闭环电路中时，会有电流产生，从而将热能转化为电能。

1834 年，法国物理学家珀尔帖（也译作佩尔捷）发现了反塞贝克效

应。如图 6.8 所示，他将两根铋丝（材料 B）分别连接到一根铜丝（材料 A）的两端，其中一根铋丝接到电源的正极上，另外一根铋丝接到电源的负极上，接通电源后发现两个接头一端温度升高，另一端温度降低，这说明两个接头处产生了吸放热现象，后人称之为珀尔帖效应。对此现象的解释是：电荷载体在回路中运动形成电流，在不同的材料（n、p 型半导体）中，电荷载体所处的能级高低有别，若高能级处的电荷载体运动到低能级，则额外的能量会以热的形式释放；相反，若低能级的电荷载体跃迁到高能级，则会吸收热量。

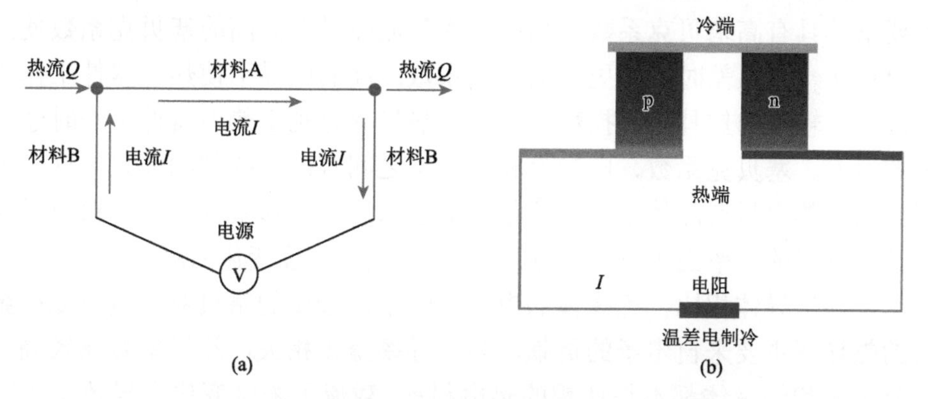

图 6.8　珀尔帖效应（a）和温差电制冷（b）示意图

1856 年，英国科学家威廉·汤姆逊首次将塞贝克效应和珀尔帖效应之间建立了联系，预言了一种新的温差电效应：当在温度不均匀的导体中通入电流时，不仅会产生不可逆的焦耳热，而且会出现吸热和放热现象；反过来，若一根金属棒两端存在温差，则金属两端会产生电位差，后人称之为汤姆逊效应，对该现象的物理解释为：当导体中任意两点间存在温差时，自由电子的动能不均匀，电子可以像气体扩散一样由高温端流向低温端，所以在低温端产生自由电子堆积现象，使导体内形成电场，产生一个温差电动势，方向由高温端指向低温端，该电场对电子的电场力作用，最后因电子的扩散达到平衡。

塞贝克效应、珀尔帖效应和汤姆逊效应分别被称为热电第一效应、热电第二效应和热电第三效应，这三大效应奠定了热电理论的基础。1911 年，德国科学家阿尔滕基希（Altenkirch）提出优异的热电材料需要具有较大的塞贝克系数（S）以保证具有较高的温差电效应，低的热导率（κ）以保证热量维持在连接处，高电导率（σ）以减少焦耳热对能量的损耗，进一步明确了热电研究的方向。这些值所反映的综合热电性能可以通过热电优值（ZT）来描述，其公式如式（6.1）所示：

$$\mathrm{ZT} = S^2\sigma T/\kappa \tag{6.1}$$

式中，S 为塞贝克系数；σ 和 κ 分别为电导率和热导率；T 为热力学温度。

2. 提高热电性能的途径

提高热电性能的途径有哪些呢？从式（6.1）可以看出，高热电性能材料要求其具有高塞贝克系数、高电导率和低热导率。高的塞贝克系数使热电材料在一定温差时产生更高的电压系数；高的电导率使热电器件工作时内部产生较少的焦耳热，损耗减小；低热导率有利于热电器件工作时建立大的温差。塞贝克系数、电导率和热导率之间有内在的制约关系，这三个因素均与热电材料晶体结构、能带载流子浓度和迁移率等有关。材料学家总结出材料的功率因子 $S^2\sigma$ 和热导率随载流子浓度变化的趋势，如图 6.9 所示。与半导体相比，绝缘体的电导率较小，金属的塞贝克系数较低；金属的热导率主要来自电子的贡献，与电导率呈正相关，热导率普遍较高，因此金属和绝缘体都不是理想的热电材料。载流子浓度变化会导致塞贝克系数、电导率和热导率同时发生变化，但是三者变化趋势不同，所以这三个参数之间相互制约，难以单独调变某一个参数而不影响其他参数。当载流子浓度在 $10^{19}\sim10^{31}\ \mathrm{m^{-3}}$ 之间时，可获得最佳的功率因子 $S^2\sigma$，随着载流子浓度的增加，材料从绝缘体变为半导体，再变到金属，这时塞贝克系数急剧降低，电导率迅速增加，载流子热导率也有所增加。由此可见，固体中所有的电和热输运参数紧密联系在一起，这也是在固体热电材料中难以获得优异热电优值的关键所在。下面分别简要介绍提高热电性能的具体途径。

1）提高功率因子

功率因子与电导率和塞贝克系数有关。材料的电导率与载流子浓度（n）和迁移率（μ）成正比（$\sigma = ne\mu$）。性能较高的热电材料的电导率一般在 10^5 S/m 量级，最优载流子浓度在 $10^{19}\sim10^{31}\ \mathrm{m^{-3}}$ 范围内。载流子浓度、迁移率与材料体系中的散射有关，通过掺杂引入具有高电导率的第二相，将杂质散射转变为混合散射，可以有效提高材料的载流子浓度和迁移率。

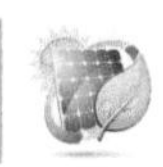

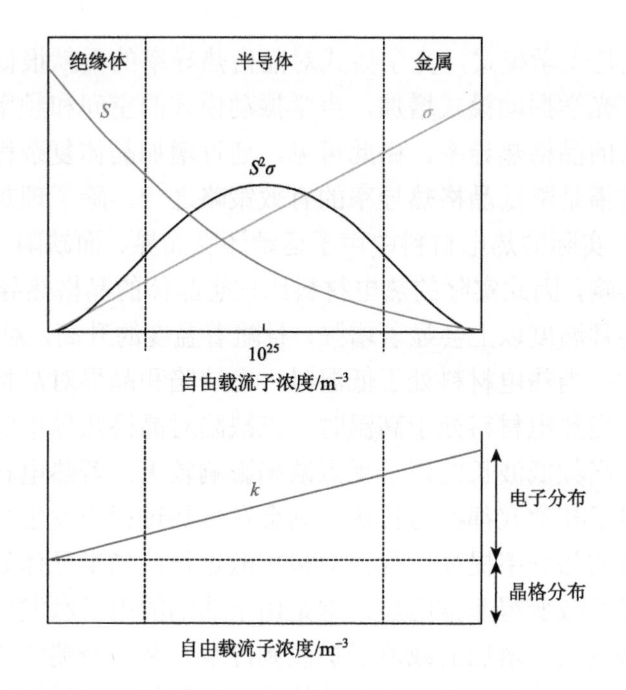

图 6.9　从绝缘体到金属，随载流子浓度增加电导率、塞贝克系数和热导率的制约关系[6]

功率因子与塞贝克系数的平方成正比，因此提高塞贝克系数对于提高功率因子尤其重要。在特定的载流子浓度下，塞贝克系数与载流子有效质量成正比，有效质量与能带简并度成正比，因此，能带结构调控（包括调控晶体对称性、能带收敛、振动能级等）是提高热电性能的有效途径。通过提高晶体对称性增加费米能级附近的能带，能带简并度增加，使载流子有效质量增加，有效提高塞贝克系数；当杂质的能级位于半导体的价带或者导带时，会产生共振能级，使费米能级附近的态密度增加，有效提高塞贝克系数；在热电材料中引入纳米结构的物质，若其能带与热电材料的能带相互作用，能带发生弯曲，则会产生能量过滤效应，散射掉低能量的载流子，使费米能级附近得到较大能量对称的电位差，可有效提高塞贝克系数。

2）降低晶格热导率

热导率是由电子热导率和晶格热导率之和共同决定的，其中电子热导率降低会伴随电导率降低，而晶格热导率与电输运性质无关，故提高热电性能的有效手段是通过降低晶格热导率来降低总热导率。晶体有 $3N$ 个振动模式，N 代表每个晶胞的原子数，其中 3 个振动模式是声学模式，另外

3(*N*−1)个模式是光学模式，光学模式对晶格热导率的贡献很低，因此晶体结构越复杂，光学振动模式增加，声学振动模式的空间和频率减小，从而使晶体有较低的晶格热导率。由此可见，通过增加晶体复杂程度阻碍不同频率的声子传播是降低晶格热导率的有效策略之一。除了理想情况下的声子-声子散射，实际的热电材料中声子运动还受晶界、面缺陷、点缺陷、载流子散射等影响，因此实际的热电材料比理想晶体的晶格热导率低；声子-声子散射在德拜温度以上会显著增强，且随着温度的升高，对声子-声子散射的影响更大；当热电材料处于低温时，面缺陷和晶界对晶格热导率的降低作用较大；当热电材料处于高温时，点缺陷对晶格热导率的降低作用较大，这是因为高频低波长的声子受点缺陷影响较大。若热电材料同时有两种载流子，电子和空穴都参与传热，则会在传热过程中发生复合传热的现象，会使材料的热导率提高，称作双极扩散过程；当半导体处于本征激发状态时，双极扩散变得非常明显，这是由于热端的电子激发到导带，产生更多的电子和空穴，增加的载流子扩散到冷端，并与冷端的载流子复合，放出的能量远大于载流子本身携带的能量，可显著提高材料的热导率。

3. 热电材料的研究进展

19 世纪初，热电材料的研究主要集中于金属材料，但其塞贝克系数远低于 100 μV/K，热电转换效率低。直到 20 世纪 30 年代，随着半导体物理的发展，发现半导体的塞贝克系数高于 100 μV/K，引起了人们对热电现象的再度重视。在 20 世纪 50 年代，苏联 Ioffe 院士从理论和实验上证明利用两种以上半导体形成的固溶体材料具有更高的热电性能，如 Bi_2Te_3、PbTe、SiGe 等固溶体合金，实验证明这些固溶体合金是当时室温下热电优值最高的材料。

其中，Bi_2Te_3 是一种层状半导体材料，带隙约为 0.15 eV，层状结构使其热电性能表现出明显的各向异性。最初，Bi_2Te_3 的 ZT 值一直停留在 1 附近，后来通过调控其微观结构，降低晶格热导率提高其 ZT 值[7]。PbTe 的晶体结构属于面心立方晶体，带隙为 0.29 eV，n 型和 p 型材料的 ZT 值都在 0.8 左右，其制成的热电模块适用的最高温度可达 900 K，PbTe 材料与其他化合物形成合金可有效降低晶格热导率，因此逐渐出现了很多高性能的 PbTe 基热电材料[8]。SiGe 具有较强的化学键相互作用和较低的原子量导致 Si、Ge 具有较高的晶格热导率。目前主要通过纳米结构化降低晶格热导率，优化 SiGe 合金热电性能，其因具有优异的高温稳定性，已经广泛

用于反射性同位素电机和高温环境中[9]。

随着环境问题日益突出，热电材料的发展由原来只关注性能逐渐过渡到同时关注环境经济效益，因此陆续开发了一系列新型、绿色、低成本的热电材料，如方钴矿化合物、笼状化合物、SnSe 合金、氧化物、硅化物以及过渡金属硫化物等。下面简要介绍目前主要的新型热电材料体系：以 $CoSb_3$ 为代表的方钴矿结构，其具有较高的电导率和功率因子，但热导率也较高，室温下可达约 10 W/mK，限制了其在热电领域中的应用，直到声子玻璃-电子晶体、纳米结构等新概念的引入，加速了 $CoSb_3$ 热电材料的研究；以 $Ba_8Ga_{16}Ge_{30}$ 为代表的笼式结构，其笼状晶体结构是由 Al、Si、Ga、Ge、Sn 等以四面体配位形成的多面体结构，在笼状结构中引入离子杂质和缺陷可降低热导率，增强载流子的离子散射，在温度 1000 K 时 ZT 值达到 1.2，是具有发展潜力的热电材料；以 WS_2 为代表的二维过渡金属硫化物半导体，体相 WS_2 的能带带隙为 1.4 eV，其带隙随着层数的变化而变化，单层带隙可达 1.8～2.1 eV[10-12]；近几年有机-无机复合热电材料也被广泛关注，其最大优势是既拥有无机热电材料的高电导率和高塞贝克系数，又具备了有机热电材料的低热导率，此外，具有成本低、质量轻、易加工且适合大规模生产的特点，有利于柔性热电器件的产业化。

由热电材料制成的热电器件具有体积较小、质量轻、无运动部件、运行无噪声、维护成本低等优点，目前无论在生活中还是外太空科学研究领域均有广泛应用。美国能源部 1995 年利用碲化铋基热电材料将重型柴油卡车的发动机废热回收利用，可以产生 1 kW 的电功率；在深空探测领域，放射性同位素热电机利用热电效应发电，是太空中唯一可以实现自行供电的系统，已成功应用于美国国家航空航天局发射的“旅行者一号”“先锋号”“伽利略号”等航空探测器；便携式的热电制冷工具在医药领域已经成功应用于人体血液运输过程；在电子技术领域，可通过热电效应吸收能量放大器、微反应器等在工作时产生的热量，从而使仪器获得较高的性能和寿命。相比传统空调制冷剂氟利昂会严重破坏臭氧层，利用热电材料替代氟利昂用于空调制冷将会更有利于保护生态环境。

6.3　光热能—化学能转化

根据热力学基本定律，可用吉布斯自由能（$\Delta G = \Delta H - T\Delta S$）来判定某化学反应是否能自发进行，只有当 $\Delta G<0$ 时，化学反应才能自发进行。对于各种化学反应又可以分为吸热反应（$\Delta H>0$）和放热反应（$\Delta H<0$）。吸热反应将部分热能转化为化学能储存于反应产物中。因此，利用热化学分解反应可以将热能转变为化学能储存起来，为热能—化学能转化提供一条途径。

6.3.1　热化学分解 H_2O 及 CO_2 研究

热化学分解 H_2O 和 CO_2 的研究始于十九世纪七八十年代，一直以来受到广泛关注。下面对热化学分解 H_2O 和 CO_2 的基本原理及其进展作简要介绍。

1. 基本原理

利用太阳能聚热产生的高温热源（500～3000℃），再通过若干个氧化还原化学反应组成的循环反应体系，可以将 H_2O 和 CO_2 分解为 H_2 和 CO[13-15]。通过热化学循环反应，太阳能热转化为化学能储存于 H_2 和 CO 等含能分子中，H_2 和 CO 可以用作燃料，由合成气（CO、H_2）可以合成各种高附加值化学品。按化学反应步骤分类，热化学循环分解 H_2O 和 CO_2 可分为一步法、两步法、多步法等三大主要类型。其中，一步法是指利用高温（>2000℃）将 H_2O 和 CO_2 直接分解；两步法循环分解 H_2O 和 CO_2 体系是指借助氧化还原材料构筑连续的两步氧化还原反应实现 H_2O 和 CO_2 分解闭环反应，该类循环反应体系的最高反应温度已降至 1000～1500℃区间；多步法循环是在两步法循环的基础上继续增加反应步骤，进一步降低反应温度，其反应温度可降至 1000℃以下，不足之处是反应步骤烦琐。需要指出的是，不管经过多少步反应，整个过程的净反应均为 H_2O 和 CO_2 的分解反应，即输入太阳能热以及 H_2O 和 CO_2，输出化学燃料（H_2 和 CO）。

2. 热化学循环反应的主要类型

1）H_2O 和 CO_2 的直接热分解

在一定的温度和压力条件下，H_2O 和 CO_2 可以发生直接裂解反应。从实验过程看，这是最简单的太阳能热利用方式。图 6.10 为常温常压下[25℃，1 atm（$1\ \text{atm} = 1.01325\times10^5\ \text{Pa}$）]$H_2O$ 和 CO_2 直接热分解的热力学计算结果。在平衡条件下，CO_2 直接热分解温度在 3097℃以上，而 H_2O 的直接热分解温度更是高达 4027℃。可见，H_2O 和 CO_2 在封闭体系中的直接热分解需要

的温度非常高，高温反应对反应器材质的要求苛刻，从而限制了其应用。

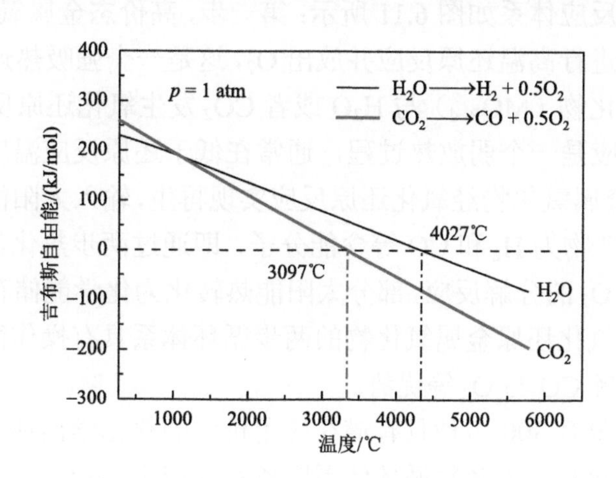

图 6.10　CO_2 和 H_2O 直接热分解的热力学计算结果

1905 年，德国化学家 W. Nernst 首次提出了高温直接热解气相 CO_2 的想法[16]，当时的实验大多数只给出定性结果，缺乏定量分析。1906 年，美国化学家 I. Langmuir 教授利用铂丝加热测得 H_2O 和 CO_2 热分解反应的指前因子分别为 $A_{H_2O} \approx 3.78$ 和 $A_{CO_2} \approx 5.15$[17]。此后有关直接热分解 H_2O 和 CO_2 的研究报道很少，可能是由于此类高温反应对实验设备条件要求高，应用的可能性较低。2001 年，J. L. Lyman 和 R. J. Jensen 发现当反应温度约为 2350℃时，CO_2 直接热分解的转化率为 4%～6%[18]。C. Etiévant 和 A. Kogan 研究了反应温度对 H_2O 直接热分解效率的影响，并对高温反应器的材质选择和后续 $CO_2/CO/O_2$ 混合物的分离方法提了一些建议[19, 20]。理论计算和实验结果均表明，当温度小于 2000℃时，H_2O 的直接热分解效率非常低（＜4.4%）。

研究发现一些氧化物（SiO_2、ZrO_2、$ABO_{3-\delta}$、$CoFe_2O_4$）以及贵金属（RhO_x、PtO_x、IrO_x）对 H_2O 和 CO_2 的高温（1000～1500℃）热分解反应具有催化效应，选择合适的催化剂引入热化学反应体系中有望进一步提高直接热分解 H_2O 和 CO_2 的效率，降低反应温度。

对直接热分解 H_2O 和 CO_2 反应进行研究，其意义在于揭示苛刻条件下氧化还原材料的结构和性能变化规律及其与 CO_2 和 H_2O 等小分子的作用机制，探索高温下太阳热能转化为化学能的可能性。

2）两步法热化学循环分解 H_2O 和 CO_2

两步循环反应体系如图 6.11 所示：第一步，高价态金属氧化物（MO_{Ox}）在惰性气氛下进行高温还原反应并放出 O_2，这是一个强吸热过程；第二步，低价态金属氧化物（MO_{Red}）与 H_2O 或者 CO_2 发生氧化还原反应，产生 H_2 或 CO，该反应是一个弱放热过程，通常在低于还原反应温度下进行。整个循环过程，金属氧化物经氧化还原反应实现再生，输入太阳能热以及 H_2O 和 CO_2，输出产物为 H_2 和 CO 等含能分子，即通过两步热化学循环反应完成了 H_2O 和 CO_2 的分解反应，部分太阳能热转化为化学能储存于 H_2 和 CO 分子中。基于氧化还原金属氧化物的两步循环体系具有操作简单、无需分离 H_2 与 O_2 或者 CO 与 O_2 等优势。

科研人员曾对 300 多种具有潜在应用价值的热化学循环进行了初步考察和筛选。虽然其中大多数循环体系距离实际应用还较远，但是这些研究工作为后续的研发提供了可参考的数据库。从表 6.2 可知，大多数金属氧化物的最低还原温度（T_{Red}）都在 2000℃以上，WO_3、TiO_2、NbO_2 的还原温度甚至高于 3700℃；除了个别体系（如 $SeO_3/SeO_2/Se_2O_3$）以外，大多数体系低价态氧化物（MO_{Red}）的最高再氧化温度（T_{Ox}）比高价态氧化物（MO_{Ox}）的最低还原温度（T_{Red}）低很多。从热力学角度考虑，氧化物的还原和氧化反应是两个相反的过程，较难还原的氧化物，一般容易被氧化。对氧化还原体系进行改性，需要综合考虑其还原和氧化反应性能。还原反应温度过高的氧化物受反应器材质限制难以应用，而还原温度过低的氧化物受热力学限制无法完成热化学分解 H_2O 和 CO_2 的循环反应。目前，研究相对较多和较深入的氧化还原体系主要有萤石结构的铈基氧化物、尖晶石结构的铁酸盐材料、挥发性金属氧化物（如 ZnO、V_2O_5、SnO_2 等）以及钙钛矿氧化物（$ABO_{3-\delta}$）等[21, 22]。

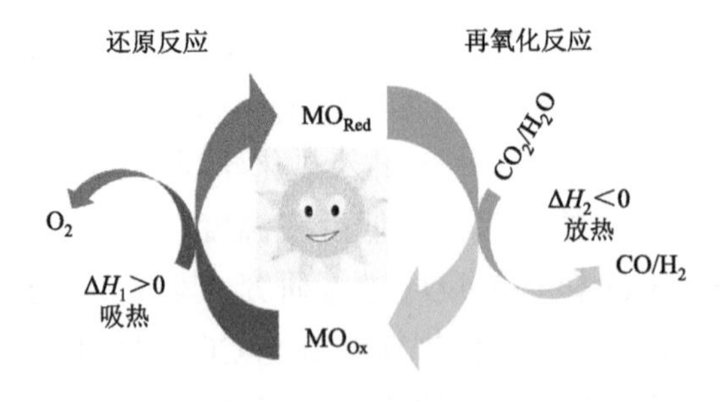

图 6.11　两步法热化学循环分解 H_2O 和 CO_2 示意图

表 6.2 常见两步法热化学循环分解 H_2O 体系的热力学计算结果[21]

氧化还原对	T_{Red}/℃	T_{Ox}/℃
WO_3/W	3900	800
TiO_2/Ti_2O_3	3950	3450
NbO_2/Nb_2O_3	3700	2800
Fe_3O_4/FeO	2900	1050
In_2O_3/In	2900	800
Er_2O_3/ErO	2500	25
CeO_2/Ce_2O_3	2400	1200
CdO/Cd	2400	30
SnO_2/SnO	2350	600
Ga_2O_3/Ga_2O	2150	1100
ZnO/Zn	2100	Any
GeO_2/GeO	1800	1000
V_2O_5/VO_2	1600	650
$SeO_3/SeO_2/Se_2O_3$	高于 0℃的任意温度	2700

3）多步法热化学循环分解 H_2O 和 CO_2

H_2O 和 CO_2 是很稳定的分子，只有输入足够多的能量才能使 C—O 键和 H—O 键直接断裂，因此直接热分解 H_2O 和 CO_2 反应所需的温度非常高。随着人们对热化学分解 H_2O 和 CO_2 的研究不断深入，研究方法和角度也变得多样化。为了降低反应温度，人们将 H_2O 和 CO_2 热分解反应拆分为多个串联的化学反应，从而将 H_2O 和 CO_2 分解的总焓变（ΔH）拆分为几部分，并引入有利的熵变，由此发展了一系列两步循环（＜1500℃）和多步循环（＜1000℃）体系。1966 年，J. Funk 等对电解水制氢、一步法热分解制氢、两步法以及多步法热化学循环分解 H_2O 制取 H_2 的能耗进行了分析[23]。他们发现，热化学分解 H_2O 的能量利用效率受卡诺循环的限制。对于多步热化学过程，当高温反应和低温反应分别为熵增加和熵减小的反应时，可以实现输入功的减少甚至为零的情况。热力学分析表明，当反应温度小于 750℃时，热化学分解 H_2O 和 CO_2 至少需要三步反应步骤。1974 年，R. E. Chao 对不同热化学循环分解水体系进行了总结和分析[24]。其中，大部分为多步热化学循环体系{如卤化物循环、基于逆迪肯反应［reverse Deacon reaction，式（6.2）］的循环、氧化铁-CO_2 循环、金属和碱土金属循环等}。

当时大部分热化学循环体系只是基于对核能低品位余热（废热）的利用，这种热源的温度通常在 1000℃以下，该温度区间与多步热化学循环分解 H_2O 和 CO_2 的反应温度相吻合。多步热化学循环的类型非常多，欧洲、美国、日本、印度、加拿大以及中国的研究者均对多步热化学循环进行过系统研究。

其中，比较经典的多步循环有：S-I 循环（图 6.12）[14]、Cu/Fe-Cl 循环［式（6.2）～式（6.5）］、金属氧化物-碱性化合物循环体系［式（6.6）～式（6.9）］[25]，这些是研究最深入、发展潜力较大的几类多步循环体系。S-I 循环分解 H_2O 由碘单质与二氧化硫的氧化还原反应、HI 分解反应、H_2SO_4 分解反应三步组成，通过碘和硫元素的价态变化完成 H_2O 分解反应。Fe-Cl 循环分解 H_2O 由四步反应构成，其中三步反应涉及氧化还原反应，通过铁元素和氯元素的价态变化完成 H_2O 分解反应。Cu-Cl 循环分解 H_2O 过程与 Fe-Cl 循环非常类似，不再赘述。

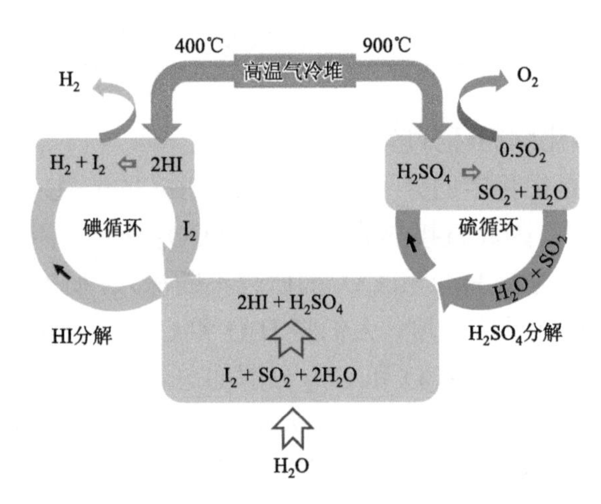

图 6.12　硫-碘（S-I）循环分解 H_2O 示意图[14]

$$3FeCl_2 + 4H_2O \xrightarrow{650\sim700℃} Fe_3O_4 + 6HCl + H_2 \tag{6.2}$$

$$Fe_3O_4 + 8HCl \xrightarrow{200\sim300℃} FeCl_2 + 2FeCl_3 + 4H_2O \tag{6.3}$$

$$2FeCl_3 \xrightarrow{280\sim320℃} 2FeCl_2 + Cl_2 \tag{6.4}$$

$$Cl_2 + H_2O \xrightarrow{600\sim700℃} 1/2O_2 + 2HCl \tag{6.5}$$

对于金属氧化物-碱性化合物循环体系，以 Mn_3O_4-Na_2CO_3 循环分解 H_2O

为例。该多步循环由四步反应组成，Mn_3O_4 与 Na_2CO_3 反应生成 $NaMnO_2$ 化合物和氢气，$NaMnO_2$ 在 CO_2 气氛中发生水解和歧化反应，层状化合物 $NaMnO_2$ 的层间 Na^+ 被萃取出来，生成 $H_xMnO_2 \cdot (y-x/2)H_2O$、$MnCO_3$、$Mn_3O_4$ 混合物，其可在 850℃发生分解反应并释放氧气，Mn_3O_4 完成再生。上述体系利用 Na_2CO_3 替代强腐蚀性的 NaOH，腐蚀性有所降低，有更好的应用前景。

$$2Mn_3O_4(s)+3Na_2CO_3(s)\xrightarrow{850℃}4NaMnO_2(s)+2MnO(s)+Na_2CO_3(s)+2CO_2(g) \tag{6.6}$$

$$2MnO(s)+Na_2CO_3(s)+H_2O(g)\xrightarrow{850℃}2NaMnO_2(s)+CO_2(g)+H_2(g) \tag{6.7}$$

$$\begin{aligned}&6NaMnO_2(s)+(3+b)CO_2(g)+ayH_2O(g)\xrightarrow{80℃}\\&\qquad 3Na_2CO_3(aq)+aH_xMnO_2\cdot(y-x/2)H_2O(s)+bMnCO_3(s)+cMn_3O_4(s)\end{aligned} \tag{6.8}$$

$$\begin{aligned}&aH_xMnO_2\cdot(y-x/2)H_2O(s)+bMnCO_3(s)\xrightarrow{850℃}\\&\qquad (2-c)Mn_3O_4(s)+ayH_2O(g)+bCO_2(g)+1/2O_2(g)\end{aligned} \tag{6.9}$$

3. 热化学循环反应中的高温催化效应

相关研究表明，在高温下热化学分解 H_2O 和 CO_2 不仅受热力学限制，也受反应动力学的影响[15, 26]。通过加快 H_2O 和 CO_2 热分解的动力学过程，可以提高单位活性材料在单位时间内的化学燃料产量，从而提高太阳光热能到化学能的能量转换效率。H_2O 和 CO_2 的热分解反应动力学行为主要取决于氧化还原材料的本征性质、气体分子扩散速率、气体分子的吸脱附性能等因素。通过制备三维有序大孔结构材料可加快 $H_2O(g)$和 CO_2 的扩散速率，从而加快 H_2 和 CO 的产生速率。由于热化学循环分解 H_2O 和 CO_2 的还原反应的温度一般在 1300℃以上，材料的多孔性结构在高温下易烧结，其动力学优势在多次循环反应后会逐渐消失。S. M. Haile 等发现在 CeO_2 表面负载少量贵金属 Ru 对两步热化学循环分解 H_2O 具有明显促进作用，Ru/CeO_2 经 1500℃高温还原处理之后，其 H_2 释放速率相比 CeO_2 仍能保持两倍以上的促进效果[27]。作者课题组发现 PtO_x、IrO_x 等贵金属对高温热化学分解 CO_2 反应同样具有催化作用，这主要是由于 PtO_x、IrO_x 等贵金属的存在促进了表面反应（如 O—O 键形成、C—O 键断裂）和体相传质过程（如 O^{2-}传导），见图 6.13[26]。

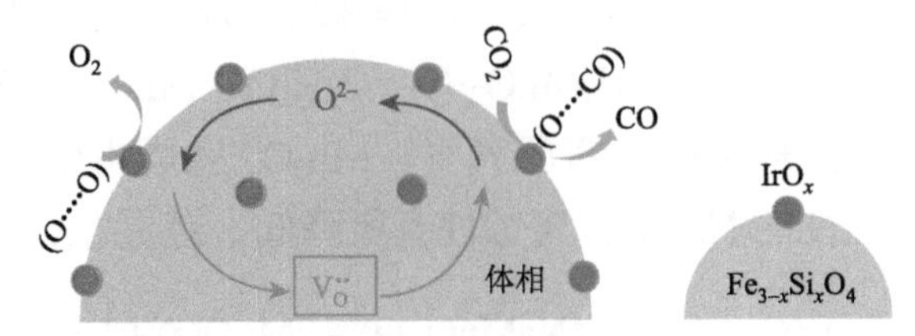

图 6.13　贵金属 IrO_x 催化的两步热化学循环分解 CO_2 可能机理[26]

4. 氧化还原活性材料设计

1）氧化还原氧化物的热力学性质

金属氧化物能否通过氧化还原反应实现热化学循环分解 H_2O 和 CO_2 取决于其本征热力学性质。在一定的条件（如温度、压力下），只有还原反应（ΔG_{TR}）和气体（H_2O、CO_2）分解反应（ΔG_{GS}）的吉布斯自由能均小于零的金属氧化物才能实现热化学循环分解 H_2O 和 CO_2；另外，循环反应的热能输入（ΔH_{cycle}）和熵增加（ΔS_{cycle}）要大于 H_2O 和 CO_2 直接热分解反应的相应焓变和熵变。这些限制条件为筛选可行的金属氧化物体系提供了基本理论依据[25, 28]。热力学分析表明，对于两步法热化学循环分解 H_2O 和 CO_2 体系，金属氧化物的还原反应温度（T_1）和再氧化温度（T_2）不可能同时低于 1000℃（图 6.14）。

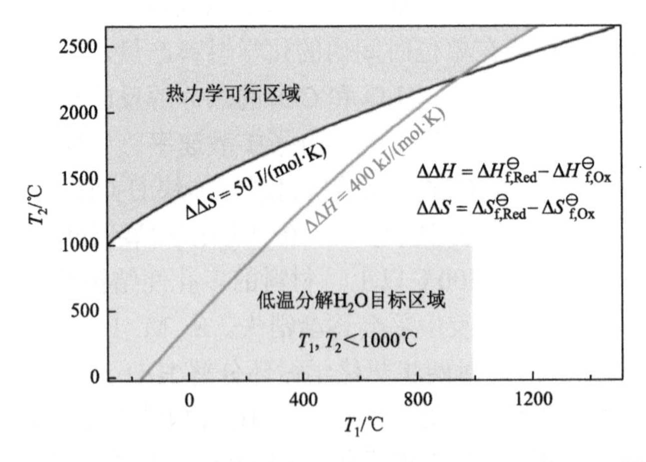

图 6.14　两步法热化学循环分解 H_2O 过程的等焓和等熵曲线[25]

对于以非化学计量系数变化进行氧化还原反应的金属氧化物（如

$CeO_{2-\delta}$、钙钛矿氧化物等），还可以通过计算其氧空位形成能（E_V）来判定能否实现热化学循环分解 H_2O 和 CO_2。对于以非化学计量系数变化进行氧化还原反应的金属氧化物，其热力学数据比较缺乏，无法应用常规的热力学判据来评价其氧化还原性质。通常需要借助密度泛函理论（DFT）计算等方法来估算金属氧化物的氧空位形成能（E_V），该方法与热力学状态函数判别方法在本质上是一致的。因此，利用高通量 DFT 计算方法预先估算 $CeO_{2-\delta}$、$ABO_{3-\delta}$ 等类型氧化物的 E_V，可为快速筛选和发展具有优良性能的热化学循环分解 H_2O 和 CO_2 体系提供有效方法。

2）热化学分解 H_2O 和 CO_2 的动力学问题

金属氧化物的本征热力学性质决定了其能否通过热化学循环分解 H_2O 和 CO_2，而 H_2O 和 CO_2 的热分解速率则受反应动力学的控制。反应动力学相关数据从化学反应快慢程度的角度为活性材料和反应器的设计提供指导。对于具有潜在应用价值的热化学循环体系，其动力学性能和热力学性能具有同等重要的地位。随着研究工作的不断深入，H_2O 和 CO_2 的热分解动力学问题越来越受到重视。研究表明，体相传质（离子电子导电性）和表/界面反应对热化学分解 H_2O 和 CO_2 具有很大影响，可以通过优化材料设计或者引入催化剂来促进 H_2O 和 CO_2 的热分解速率。研究发现，在金属氧化物（CeO_2、铁酸盐、钙钛矿氧化物等）的表面或者体相引入少量贵金属（RuO_x、PtO_x、IrO_x 等）作为催化剂，可以明显提高其热化学分解 H_2O 和 CO_2 的速率，H_2 和 CO 释放速率明显加快[15, 26, 27]。J. Scheffe 等和 C. Muhich 等利用气-固相反应模型分别对 $CoFe_2O_4/Al_2O_3$ 和 $CoFe_2O_4/ZrO_2$ 热分解 H_2O 和 CO_2 的反应过程进行了详细分析[29, 30]。为了得到 H_2O 和 CO_2 热分解反应的本征动力学数据，作者利用连续搅拌釜式反应器模型对滞流反应器中气体扩散和检测器的时间延迟等因素进行了修正。结果表明，$CoFe_2O_4/ZrO_2$ 在热化学分解 H_2O 中受二级表面反应（F2）和一维扩散反应（D1）两种机理控制，而 $CoFe_2O_4/Al_2O_3$ 在热化学分解 CO_2 中表现为二级表面反应（F2）。由此可见，对热化学循环分解 H_2O 和 CO_2 体系进行研究和开发，需兼顾热力学和动力学两方面的因素。

6.3.2　光热催化制备化学品简介

热化学循环分解 H_2O 和 CO_2 需要在高温下才能实现，而光催化反应在温和条件下即可将 H_2O 分解为 H_2 和 O_2。那么，是否可以将光催化和传统热

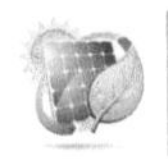

催化过程进行结合构筑光催化反应/热催化反应串联或者并联体系，从而在相对温和的条件下实现将H_2O（或者H_2）和CO_2转化为CH_4、CH_3OH等有机物，甚至合成长链碳氢化合物。前期研究发现，通过光催化（或者光热耦合催化）确实可以将CO_2和H_2O转化为CO、CH_4、CH_3OH等化合物。1978年，J. C. Hemminger等通过光热化学反应将催化剂$SrTiO_3$(111)-Pt表面吸附的H_2O和CO_2转化为CH_4[31]。后来，人们对光热催化进行了广泛的研究。例如，基于Au纳米粒子的等离基元效应构建的Au/TiO_2光催化剂具有比纯TiO_2更高的可见光吸收效率，可明显提高H_2O和CO_2转化为CH_4的产率；若采用紫外光(254 nm)激发，甚至可以将H_2O和CO_2转化为C_2H_6、CH_3OH、HCHO等产物[32]。W. Chanmanee等通过构建Co/TiO_2复合光热催化剂，在光照和加热加压［180～200℃，$p = 1.0～6.1$ bar（1 bar = 10^5 Pa）］条件下将H_2O和CO_2转化为多种碳氢化合物（C_2～C_{13}）[33]。虽然该文献报道的烃类物质产率非常低，但是其利用光热催化途径将H_2O和CO_2转化为油品的研究思路具有重要的启示意义。有研究指出，Co/TiO_2体系中的Co元素可调节化学反应路径，促使碳氢自由基发生偶合从而生成长碳链碳氢化合物。图6.15为采用光热催化制备碳氢化合物的基本原理示意图。其中半导体（TiO_2）作为光催化剂，CoO_x作为热催化剂，在光热耦合条件下，H_2O经过光催化过程分解为H^+(H)和O_2，H^+(H)迁移到热催化剂CoO_x上，与CO_2发生加氢反应，生成各种碳氢化合物。可见，该光热耦合催化CO_2和H_2O转化过程其实是“光催化分解H_2O反应”和“热催化CO_2加氢反应”之间的串联耦合。该人工光合成体系性能的优劣取决于光催化剂和热催化剂的性能以及它们之间的耦合效应。

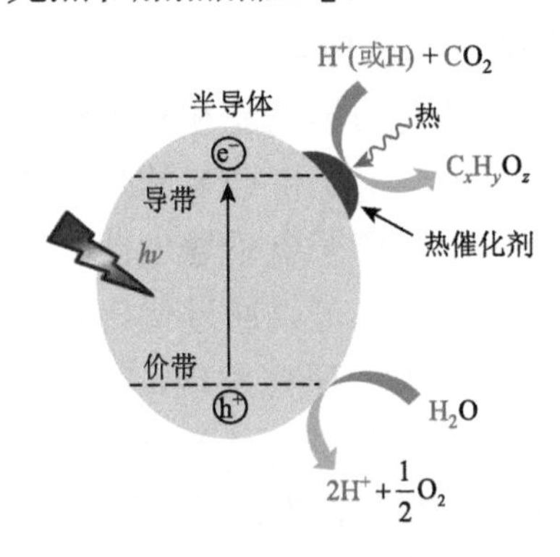

图6.15　采用光热催化制备碳氢化合物的基本原理示意图[33]

目前，有关光催化或光热耦合催化还原CO_2和H_2O制备高附加值碳氢化合物的研究还处于基础研究阶段，如何设计出能高效吸收光子和利用光生电荷的光催化剂，如何选择性地合成长碳链碳氢化合物，如何实现大规模合成碳氢化合物等很多关键科学问题尚待进一步研究。虽然该课题充满了挑战性，随着光催化理论、催化材料合成技术、表/界面反应机理等相关

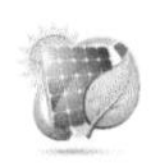

理论与技术的不断发展和进步，通过光热催化构建高效人工光合成体系将取得更大进展。

总之，太阳光热能—化学能的转化主要分为两个方面：一是太阳能热解反应，即太阳能储能，例如，热化学循环分解 H_2O 和 CO_2 制备 H_2 和 CO；二是光热催化反应，即温和条件下化学品的合成，例如，光热催化 H_2O 和 CO_2 转化为碳氢化合物、光热催化有机合成等。前者经过几十年的研究，陆续开发出了铁基、锰基、铈基等一些两步或者多步热化学循环分解 H_2O 和 CO_2 体系。然而，这些热化学循环体系受很多因素的限制，未来要想取得突破并走向实用，需要拓展新思路并开发新材料和新过程。可考虑结合两步法和多步法循环体系的共同优点，开发步骤较少、腐蚀性较弱的低温多步循环体系，或者结合膜反应器同时进行 H_2O 或者 CO_2 分解和烷烃升级反应。相对而言，光热催化反应具有在温和条件下克服反应所需活化能和提高反应速率等优点。未来，若能深入探究和理解光催化和热化学反应机理，并将二者进行有效结合，有望在温和条件下将 H_2O 和 CO_2 规模化地转化为碳氢化合物，从而走向实际应用。

6.4 展　望

太阳能转化之光催化、光电催化主要利用波长在 700 nm 以下的太阳光谱，太阳电池中晶硅电池目前可利用波长达 1000 nm 的太阳光谱，而红外光谱约占据太阳在地面辐射总能量的一半左右，若能利用长波长的红外光和远红外光，无疑会提高太阳光能的整体转换效率。

太阳光谱中红外及远红外长光谱的本质就是热能。目前太阳光热能的利用主要包括热能转化为电能或者化学能，其中通过聚焦装置将太阳光聚焦产生热能驱动蒸汽发电机间接发电已经实现工业规模化应用，光热发电可缓解太阳能间歇性带来的稳定上网难题；热电直接利用目前能量转换效率仍较低，主要原因在于缺少性能优良的热电转化材料，此外，热电的基础理论方面也有待进一步发展，总体来说，该领域仍处于技术研究阶段。利用热化学循环分解 H_2O 和 CO_2 可以储存太阳能，并从源头上生产洁净化学能源，有望实现资源化利用 CO_2，具有重要的发展前景。

参考文献

[1] 黄淑清，聂宜如，申先甲. 热学教程. 北京：高等教育出版社，1990.

[2] 张允武，陆正庆，刘玉中. 分子光谱学. 合肥：中国科学技术大学，1987.

[3] Zhang X，Chen Y L，Liu R S，et al. Plasmonic photocatalysis. Progress in Chemistry，2013，76（4）：046401.

[4] Gao M M，Zhu L L，Peh C K，et al. Solar absorber material and system designs for photothermal water vaporization towards clean water and energy production. Energy & Environmental Science，2019，12（3）：841-864.

[5] 汤学中. 热能转化与利用. 北京：冶金工业出版社，2002.

[6] 张建中. 温差电技术. 天津：天津科学出版社，2013.

[7] Hasan M Z，Kane C L. Colloquium：topological insulators. Reviews of Modern Physics，2010，4（82）：3045-3067.

[8] Biswas K，He J，Zhang Q，et al. Strained endotaxial nanostructures with high thermoelectric figure of merit. Nature Chemistry，2011，3（2）：160-166.

[9] Abeles B. Lattice thermal conductivity of disordered semiconductor alloys at high temperatures. Physical Review，1963，131（5）：1906-1911.

[10] Shi X，Chen L，Uher C. Recent advances in high-performance bulk thermoelectric materials. International Materials Reviews，2016，61（6）：379-415.

[11] Ge Z H，Zhao L D，Wu D，et al. Low-cost，abundant binary sulfides as promising thermoelectric materials. Materials Today，2016，19（4）：227-239.

[12] Pei Y L，Wu H，Wu D，et al.High thermoelectric performance realized in a BiCuSeO system by improving carrier mobility through 3D modulation doping. Journal of the American Chemical Society，2014，136（39）：13902-13908.

[13] Kodama T，Gokon N. Thermochemical cycles for high-temperature solar hydrogen production. Chemical Reviews，2007，107（10）：4048-4077.

[14] Onuki K，Kubo S，Terada A，et al. Thermochemical water-splitting cycle using iodine and sulfur. Energy & Environmental Science，2009，2（5）：491-497.

[15] Jiang Q Q，Tong J H，Chen Z P，et al. Research progress on solar thermal H_2O and CO_2 splitting reactions. Scientia Sinica Chimica，2014，44（12）：1834-1848.

[16] Nernst W，Wartenberg H V. Ueber die dissociation der kohlensäure. Nachrichten von der Gesellschaft der Wissenschaften zu Göttingen，Mathematisch-Physikalische Klasse，1905，1905：64-74.

[17] Langmuir I. The dissociation of water vapor and carbon dioxide at high temperatures. Journal of the American Chemical Society，1906，28（10）：1357-1379.

[18] Lyman J L，Jensen R J. Chemical reactions occurring during direct solar reduction of CO_2. Science of the Total Environment，2001，277（1/3）：7-14.

[19] Etiévant C. Solar high-temperature direct water splitting：a review of experiments in France. Solar Energy Materials，1991，24（1/4）：413-440.

[20] Kogan A. Direct solar thermal splitting of water and on-site separation of the products-Ⅱ. Experimental feasibility study. International Journal of Hydrogen Energy，1998，23（2）：89-98.

[21] Steinfeld A. Solar thermochemical production of hydrogen: a review. Solar Energy，2005，78（5）：603-615.

[22] Muhich C L，Ehrhart B D，Al-Shankiti I，et al. A review and perspective of efficient hydrogen generation via

solar thermal water splitting. Wiley Interdisciplinary Reviews: Energy and Environment，2016，5（3）：261-287.

[23] Funk J E，Reinstrom R M. Energy requirements in production of hydrogen from water. Industrial & Engineering Chemistry Process Design and Development，1966，5（3）：336-342.

[24] Chao R E. Thermochemical water decomposition processes. Industrial & Engineering Chemistry Product Research and Development，1974，13（2）：94-101.

[25] Xu B，Bhawe Y，Davis M E. Low-temperature，manganese oxide-based，thermochemical water splitting cycle. Proceedings of the National Academy of Sciences of the United States of America，2012，109（24）：9260-9264.

[26] Jiang Q Q，Chen Z P，Tong J H，et al. Catalytic function of IrO_x in the two-step thermochemical CO_2-splitting reaction at high temperatures. ACS Catalysis，2016，6（2）：1172-1180.

[27] Hao Y，Yang C K，Haile S M. High-temperature isothermal chemical cycling for solar-driven fuel production. Physical Chemistry Chemical Physics，2013，15（40）：17084-17092.

[28] Meredig B，Wolverton C. First-principles thermodynamic framework for the evaluation of thermochemical H_2O or CO_2-splitting materials. Physical Review B，2009，80（24）：245119.

[29] Scheffe J R，McDaniel A H，Allendorf M D，et al. Kinetics and mechanism of solar-thermochemical H_2 production by oxidation of a cobalt ferrite-zirconia composite. Energy & Environmental Science，2013，6（3）：963-973.

[30] Muhich C L，Weston K C，Arifin D，et al. Extracting kinetic information from complex gas-solid reaction data. Industrial & Engineering Chemistry Research，2014，54（16）：4113-4122.

[31] Hemminger J C，Carr R，Somorjai G A. The photoassisted reaction of gaseous water and carbon dioxide adsorbed on the $SrTiO_3$(111)crystal face to form methane. Chemical Physics Letters，1978，57（1）：100-104.

[32] Hou W，Hung W H，Pavaskar P，et al. Photocatalytic conversion of CO_2 to hydrocarbon fuels via plasmon-enhanced absorption and metallic interband transitions. ACS Catalysis，2011，1（8）：929-936.

[33] Chanmanee W，Islam M F，Dennis B H，et al. Solar photothermochemical alkane reverse combustion. Proceedings of the National Academy of Sciences，2016，113（10）：2579-2584.

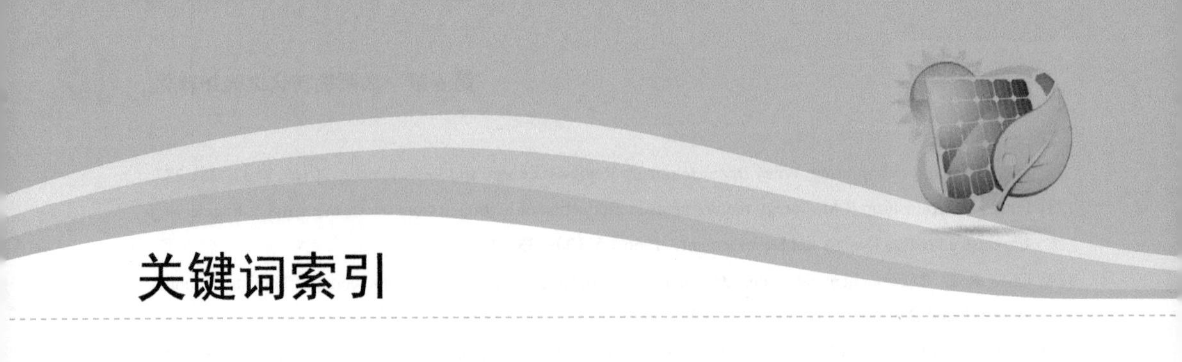

关键词索引